高等学校教材

机械工程材料

JIXIE
GONGCHENG
CAILIAO

朱荣 武艳军 张新平 编

化学工业出版社
·北京·

内容简介

《机械工程材料》从工程应用角度出发，阐述了金属材料的结构、组织、性能及其影响因素等基本理论和基本规律，介绍了常用黑色金属和有色合金的特点及应用，讨论了机械零件的失效及选材等内容。

本书共分8章。第1章介绍金属材料的力学性能，第2章介绍合金的结构与相图，第3章介绍金属材料的热处理，第4~7章分别介绍碳钢、合金钢、铸铁和有色金属的特点及应用，第8章介绍了工程领域的选材原则及方法。

《机械工程材料》可作为高等院校材料类专业、机械类专业的本科生教材，也可供相关科学研究和工程技术人员参考。

图书在版编目（CIP）数据

机械工程材料/朱荣，武艳军，张新平编. —北京：
化学工业出版社，2022.4（2025.2重印）
高等学校教材
ISBN 978-7-122-40810-5

Ⅰ.①机… Ⅱ.①朱… ②武… ③张… Ⅲ.①机械制造材料-高等学校-教材 Ⅳ.①TH14

中国版本图书馆CIP数据核字（2022）第027744号

责任编辑：陶艳玲　　　　　　　　　　　文字编辑：姚子丽　师明远
责任校对：李雨晴　　　　　　　　　　　装帧设计：史利平

出版发行：化学工业出版社（北京市东城区青年湖南街13号　邮政编码100011）
印　　装：北京盛通数码印刷有限公司
787mm×1092mm　1/16　印张15　字数383千字　2025年2月北京第1版第3次印刷

购书咨询：010-64518888　　　　　　　　售后服务：010-64518899
网　　址：http://www.cip.com.cn
凡购买本书，如有缺损质量问题，本社销售中心负责调换。

定　　价：49.00元　　　　　　　　　　　　　　　　　　　版权所有　违者必究

前言

材料是人类社会的基础和支柱之一，每一种重要的新材料的发现和应用，都会将人类生产力水平提高到一个新的阶段。从钻木取火到炼金术，从蒸汽机到电子技术，从计算机到深空探索，这些人类世界标志性的事件均离不开新材料的贡献。金属材料作为最为广泛应用的一类材料，在国计民生方面具有重要的作用。

"机械工程材料"课程是高等院校机械类专业的一门综合性技术基础课，其教学内容是从机械工程的应用角度出发，阐明金属材料的基本理论，了解材料的成分、加工工艺、组织、结构和性能之间的关系，介绍当前大量使用的金属材料种类及应用等基础知识，在此基础上，能够根据机械零件的使用条件和性能要求，对结构零件进行合理的材料选择，完成预定的功能及可靠性要求。

本书是根据高等工科院校机械类专业的"工程材料及机械制造基础"课程相关教学大纲和教学基本要求，在参考了大量相关教材和科技文献的基础上编写而成的。本书由8章组成：第1章为金属材料的力学性能，其内容包含各种常见力学性能测试方法、原理、定义及适用场合；第2章为合金的结构与相图，内容包括相图的建立方法、常见的相图类型、根据相图判断合金相的组织结构及相应的工艺性能；第3章为金属材料的热处理，介绍了各种热处理工艺及相应的组织结构；第4章到第7章分别介绍了常见碳钢、合金钢、铸铁及有色金属的成分、组织、性能及应用范围；第8章为工程材料的选用，介绍了机械零件的失效方式、分析方法、选材原则及选材方法。

参加本书编写的人员有朱荣（第6~8章）、武艳军（第1、2、4、5章）、张新平（第3章）。全书由朱荣统稿。

在本书编写过程中，参考了国内外有关教材、科技著作及论文，并应用了有关文献的资料和图表，在此特向有关作者和单位致以诚挚的感谢。

限于编者的水平，本书难免存在一些疏漏和不足，诚恳地希望读者予以指正。

编者
2022年1月

目录

第 1 章　金属材料的力学性能　1

1.1 ▶ 强度 ·· 1
1.2 ▶ 刚度 ·· 4
1.3 ▶ 塑性 ·· 5
1.4 ▶ 硬度 ·· 8
1.5 ▶ 韧性 ··· 11
　　1.5.1　静力韧性 ··· 11
　　1.5.2　冲击韧性 ··· 12
　　1.5.3　断裂韧性 ··· 14
1.6 ▶ 疲劳强度 ··· 15
1.7 ▶ 蠕变 ··· 20
1.8 ▶ 摩擦磨损 ··· 22
　　1.8.1　常见磨损类型 ··· 23
　　1.8.2　提高耐磨性的措施 ··· 25
思考题 ··· 27

第 2 章　合金的结构与相图　29

2.1 ▶ 固态合金中的相结构 ··· 29
　　2.1.1　固溶体 ·· 30
　　2.1.2　化合物 ·· 31
2.2 ▶ 相图的建立 ·· 33

2.3 ▶ 匀晶相图 ··· 35
2.4 ▶ 共晶相图 ··· 36
    2.4.1 简单共晶相图 ··· 36
    2.4.2 一般共晶相图 ··· 38
2.5 ▶ 包晶相图 ··· 40
2.6 ▶ 共析相图 ··· 41
2.7 ▶ 形成稳定化合物的相图 ··· 41
2.8 ▶ 合金性能与相图的关系 ··· 41
思考题 ··· 42

第 3 章 43

金属材料的热处理

3.1 ▶ 热处理发展史 ··· 44
    3.1.1 热处理发展阶段 ··· 44
    3.1.2 中国古代热处理案例 ·· 44
3.2 ▶ 钢的热处理 ·· 45
    3.2.1 钢在加热时的转变 ·· 45
    3.2.2 钢在冷却时的转变 ·· 47
    3.2.3 钢的普通热处理工艺 ·· 54
    3.2.4 钢的表面热处理 ··· 61
3.3 ▶ 有色金属的热处理 ··· 63
    3.3.1 铝合金的热处理 ··· 63
    3.3.2 铜合金的热处理 ··· 65
    3.3.3 镁合金的热处理 ··· 66
    3.3.4 钛合金的热处理 ··· 67
3.4 ▶ 典型零件热处理工艺 ··· 69
    3.4.1 齿轮类零件 ·· 69
    3.4.2 轴类零件 ··· 70
    3.4.3 弹簧 ·· 72
    3.4.4 飞机用零件 ·· 73
思考题 ··· 73

第 4 章

碳钢

- 4.1 ▶ 纯铁的同素异构转变 ·········· 75
- 4.2 ▶ 铁碳合金平衡态的相变 ·········· 76
- 4.3 ▶ 钢的冶炼 ·········· 80
  - 4.3.1 炼钢的基本原理 ·········· 80
  - 4.3.2 炼钢方法 ·········· 80
- 4.4 ▶ 碳钢中的元素 ·········· 81
- 4.5 ▶ 碳钢的分类 ·········· 83
- 4.6 ▶ 碳钢的牌号和用途 ·········· 84
  - 4.6.1 碳素结构钢 ·········· 84
  - 4.6.2 优质碳素结构钢 ·········· 84
  - 4.6.3 碳素工具钢 ·········· 85
- 思考题 ·········· 86

第 5 章

合金钢

- 5.1 ▶ 合金元素对钢性能和热处理的影响 ·········· 87
  - 5.1.1 合金元素对钢机械性能的影响 ·········· 87
  - 5.1.2 合金元素对钢热处理性能的影响 ·········· 88
  - 5.1.3 合金元素对钢的物理、化学性能的影响 ·········· 89
- 5.2 ▶ 合金钢的分类及编号 ·········· 90
  - 5.2.1 合金钢的分类 ·········· 90
  - 5.2.2 合金钢的编号 ·········· 90
- 5.3 ▶ 合金结构钢 ·········· 91
  - 5.3.1 低合金结构钢 ·········· 91
  - 5.3.2 易切削结构钢 ·········· 95
  - 5.3.3 渗碳钢 ·········· 96
  - 5.3.4 调质钢 ·········· 98
  - 5.3.5 弹簧钢 ·········· 101
  - 5.3.6 滚动轴承钢 ·········· 101

5.4 合金工具钢 ··104
5.4.1 刃具钢 ··104
5.4.2 模具钢 ··107
5.4.3 量具钢 ··108

5.5 特殊性能钢 ··108
5.5.1 耐腐蚀钢 ··109
5.5.2 低合金耐蚀钢 ··115
5.5.3 耐热钢 ··118
5.5.4 耐磨钢 ··122

5.6 超高强韧钢 ··124
5.6.1 传统超高强韧合金钢 ··124
5.6.2 新型超高强度合金钢 ··126

思考题 ···128

第 6 章   129
铸铁

6.1 铸铁中的石墨化过程 ··129
6.2 铸铁的熔炼 ··132
6.3 灰铸铁 ··132
6.3.1 组织 ··132
6.3.2 热处理 ··133
6.4 可锻铸铁 ···133
6.4.1 黑心可锻铸铁 ··134
6.4.2 珠光体可锻铸铁 ···134
6.4.3 白心可锻铸铁 ··134
6.5 球墨铸铁 ···135
6.5.1 组织 ··136
6.5.2 热处理 ··136
6.5.3 力学性能 ··140
6.5.4 物理性质 ··141
6.5.5 加工性能 ··143
6.5.6 应用 ··144
6.6 蠕墨铸铁 ···146

	6.6.1 组织	146
	6.6.2 性能	148
6.7	特殊性能铸铁	148
	6.7.1 耐磨铸铁	149
	6.7.2 耐热铸铁	153
	6.7.3 耐蚀铸铁	155
思考题		157

第 7 章　158
有色金属

7.1	铝及铝合金	158
	7.1.1 铝合金的分类及热处理	159
	7.1.2 常用铝合金	159
	7.1.3 强化机理	161
	7.1.4 铝合金热处理	164
	7.1.5 变形铝合金的疲劳和断裂性能	172
7.2	铜及铜合金	173
	7.2.1 黄铜	173
	7.2.2 白铜	175
	7.2.3 青铜	175
7.3	钛及钛合金	179
	7.3.1 钛中的常见杂质	179
	7.3.2 钛的合金化	180
	7.3.3 钛合金的机械性能	183
	7.3.4 钛合金的氧化防护	185
	7.3.5 切削性能	187
7.4	镁及镁合金	187
	7.4.1 镁合金分类	188
	7.4.2 镁合金的织构	192
	7.4.3 镁合金拉压屈服不对称性	193
	7.4.4 镁合金的热处理	193
	7.4.5 耐蚀性能	195
	7.4.6 镁生物材料	196

- 7.5 ▶ 轴承合金 ········· 199
  - 7.5.1 锡基轴承合金 ········· 200
  - 7.5.2 铅基轴承合金 ········· 200
  - 7.5.3 铜基轴承合金 ········· 200
- 7.6 ▶ 镍及镍合金 ········· 200
  - 7.6.1 镍基高温合金 ········· 201
  - 7.6.2 镍基耐蚀合金 ········· 201
- 思考题 ········· 202

第 8 章　204

工程材料的选用

- 8.1 ▶ 零件失效分析 ········· 204
  - 8.1.1 失效类型 ········· 204
  - 8.1.2 失效原因 ········· 206
  - 8.1.3 失效分析方法 ········· 206
- 8.2 ▶ 选材原则及一般过程 ········· 207
  - 8.2.1 选材原则 ········· 207
  - 8.2.2 选材制约因素 ········· 211
  - 8.2.3 选材的一般过程 ········· 212
- 8.3 ▶ 材料性能与设计指标 ········· 213
- 8.4 ▶ 材料选择的经济性考虑 ········· 214
- 8.5 ▶ 零件制造工艺和设计选材 ········· 214
- 8.6 ▶ 工程设计中常用的选材方法 ········· 218
  - 8.6.1 经验选材 ········· 218
  - 8.6.2 半经验选材 ········· 219
  - 8.6.3 产品与制造信息反馈选材 ········· 223
  - 8.6.4 现代选材方法 ········· 224
- 思考题 ········· 227

参考文献　228

第1章 金属材料的力学性能

金属结构件在使用过程中往往要承受载荷作用，为了避免结构件的破坏，金属材料必须具有一定的力学性能。金属材料的力学性能是指金属在外力作用下所表现出来的特性，主要有强度、刚度、塑性、硬度、韧性、疲劳强度等。

1.1 强度

强度是指材料抵抗变形和断裂的能力。为了获得金属材料的强度，广泛采用静态拉伸试验的方法。按照国标 GB 228.1—2010 将材料制成标准拉伸试样，在拉伸试验机上完成拉伸试验，试样轴线与实验机加载轴线重合，载荷缓慢施加，试样应变速率小于 10^{-1}/s。在拉伸过程中，试验机自动记录了力（F）与伸长量（ΔL），并通过如下公式计算应力和应变。

$$\sigma = F/S \tag{1-1}$$

$$\varepsilon = \Delta L / L \tag{1-2}$$

式中，σ 为工程应力；ε 为工程应变；S 为横截面积；L 为标距长度。绘制应力与应变之间的关系曲线，即为拉伸曲线。图 1-1 为几种常见工程材料的拉伸曲线。在拉伸过程中，试样长度增加，横截面积减小，但在上述公式中，假定了试样截面积和长度保持不变，因此该拉伸曲线为工程应力-工程应变曲线。

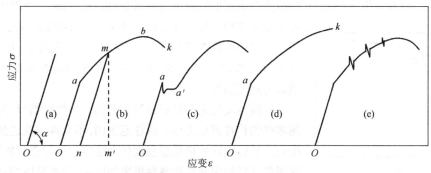

图 1-1 典型的应力-应变曲线

图 1-1 (a) 为脆性材料的应力-应变曲线，应变与应力单值对应，成简单线性关系，表明此时只有弹性变形，不发生塑性变形，在载荷最高点处断裂。应力-应变曲线与应变轴的夹角 α 的大小表示材料对弹性变形的抗力，用弹性模量 E 表示，

$$E = \tan\alpha \tag{1-3}$$

工程上的玻璃、陶瓷、岩石、普通灰铸铁和淬火态的高碳钢等均具有此类应力-应变曲线特征。

除了图 1-1 (a) 以外，其他均为塑性材料的应力-应变曲线。图 1-1 (b) 为最常见的金属材料应力-应变曲线。Oa 为线弹性变形阶段，在 a 点偏离直线关系，进入弹-塑性阶段，开始发生塑性变形，过程沿 abk 进行。a 点为屈服点，a 点以后的变形包含弹性和塑性两部分，如在 m 处卸载，应力沿 mn 降至零，m 点对应的应变 Om' 为总应变量，卸载后恢复的部分 $m'n$ 为弹性应变量，残留部分 nO 为塑性应变量。如果重新拉伸加载，应力-应变曲线沿 nm 上升，到达 m 点后沿 mbk 进行，nm 属于弹性变形阶段，与 Oa 平行，塑性变形从 m 点开始，其对应的应力值高于首次加载时塑性变形开始的应力值，这表明材料经过一定的塑性变形后，其屈服应力升高了，这种现象为应变强化或加工硬化。b 点为应力-应变曲线最高点，b 点之前，曲线是上升的，与 ab 段曲线相对应的试样变形是在整个工作长度内的均匀变形，试样各处截面均匀减小。从 b 点开始，试样变形集中于局部某处，试样开始集中变形，出现"颈缩"。颈缩开始后，试样变形只局限于颈部有限长度上，试样承载能力降低，应力-应变曲线沿 bk 下降，最后在 k 点断裂。

图 1-1 (c) 的应力-应变曲线具有明显屈服点，这种屈服点在应力-应变曲线上有时表现为屈服平台，有时呈现出锯齿状。低碳钢和一些有色金属具有该类应力-应变行为。

图 1-1(d) 为拉伸时不出现颈缩的应力-应变曲线，只有弹性变形段 Oa 和均匀塑性变形段 ak。铝青铜、ZGMn13 等金属的应力-应变曲线属于该类型。

图 1-1 (e) 为拉伸不稳定型材料的应力-应变曲线，变形特点是在形变强化过程中出现多次局部失稳，一种原因可能是由于孪生变形机制的参与，当孪生应变速率超过试验机夹头的运动速度时，导致应力松弛，引起应力-应变曲线的锯齿形状；另外一种原因可能是由于位错不断地被溶质气团捕获和脱离所致，某些稀溶质固溶体（铝合金）及含杂质的铁合金具有该类应力-应变行为。

根据静态应力-应变曲线，可以获得材料的力学性能指标。力学性能指标分为两类：一类为材料的强度指标，反映了材料对塑性变形和断裂的抗力；另一类为塑性指标，反映了材料塑性变形的能力。

（1）屈服强度

屈服强度指材料开始塑性变形的应力值，对于低碳钢等少数金属材料，应力-应变曲线存在屈服平台，平台对应的应力值即为屈服强度，但对于多数金属材料，应力-应变曲线并没有屈服平台，材料表现出连续屈服，根据定义难以确定屈服强度。工程上采用规定一定残余变形量的方法来确定屈服强度，如通过规定产生 0.2%塑性变形时的应力值为屈服强度，记作 $\sigma_{0.2}$。当然可根据具体的工作要求规定残余变形量。测定 $\sigma_{0.2}$ 可采用图解法，如图 1-2 所示，将弹性直线部分向右平移 0.2%，得到直线 AB，直线 AB 交应力-应变曲线于 B 点，B 点对应的塑性应变为 0.2%，其应力值即为屈服强度。

屈服强度是金属材料最为重要的一个性能指标，因为任何金属零件和构件都是工作在弹性范围内，不允许出现过量塑性变形，所以，机械设计中把屈服强度作为强度设计和选材的依据之一。这里要注意屈服强度和弹性极限的区别。弹性极限指样品卸载后不出现残留塑性变形的应力最高值，记作 σ_e，弹簧材料的抗力一

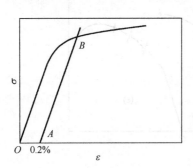

图 1-2 图解法测 $\sigma_{0.2}$

一般采用弹性极限。

（2）抗拉强度

抗拉强度是材料的极限承载能力。拉伸实验时，最大载荷 P_{max} 对应的应力值 σ_b 即为抗拉强度。

$$\sigma_b = P_{max}/A_0 \tag{1-4}$$

对于脆性材料和无颈缩塑性材料，其拉伸最大载荷就是断裂载荷，因此，其抗拉强度就是断裂抗力。对于有颈缩的塑性材料，其抗拉强度代表产生最大均匀变形的抗力，也表示材料在静态拉伸条件下的极限承载能力，但由于此时材料并未断裂，因此，抗拉强度并不等于断裂抗力。抗拉强度容易测定，重复性好，与其他力学性能指标（疲劳强度、硬度等）存在一定的经验关系，因此，抗拉强度也是常规力学性能指标之一。

屈强比（$\sigma_{0.2}/\sigma_b$）也是材料选择和设计中常用到的一个力学性能指标。屈强比大，意味着材料的潜力发挥程度大，具有较高的经济性；而屈强比小，材料易于塑性变形，回弹量小，有助于冲压等工艺。

（3）压缩强度

对于脆性材料，如铸铁、水泥、陶瓷和高强度金属等，在拉伸、扭转和弯曲实验时很多力学行为不能显示出来，但在单向压缩时可以获得。需注意对于塑性金属，单向压缩会导致横截面积扩大，计算得到的名义应力远大于材料的真实应力，故塑性材料很少用于压缩实验。单向压缩可视为反向拉伸，故拉伸公式基本上可应用于压缩实验。对于脆性和低塑性材料，一般只测量抗压强度 σ_{bc}、相对压缩率 ε_{ck} 和相对断面扩张率 φ_{ck}，公式如下

$$\sigma_{bc} = P_{bc}/A_0 \tag{1-5}$$

$$\varepsilon_{ck} = [(h_0 - h_k)/h_0] \times 100\% \tag{1-6}$$

$$\varphi_{ck} = [(A_k - A_0)/A_0] \times 100\% \tag{1-7}$$

式中，P_{bc} 为压缩断裂时载荷。A_0 和 A_k 分别为试样的原始截面积和断裂时的截面积；h_0 和 h_1 分别为试样原始高度和断裂时的高度。

（4）抗弯强度

弯曲实验时，试样一侧为单向拉伸，相对一侧为单向压缩，最大正应力出现在试样表面。由于弯曲实验对表面缺陷敏感，故常用于检验材料表面缺陷，如渗碳或表面淬火层质量等。另外，对于脆性材料，因其对偏心比较敏感，采用拉伸实验不易对中而引起实验误差，因此，可利用弯曲实验测定其抗弯强度。

弯曲实验可分为三点弯曲和四点弯曲，试样主要有矩形截面和圆形截面两种，这里主要介绍三点弯曲实验，实验如图1-3 所示。抗弯强度 σ_b 可表达为：

$$\sigma_b = M/W \tag{1-8}$$

$$M = P_m L/4 \tag{1-9}$$

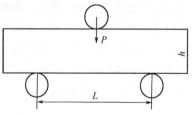

图 1-3 三点弯曲实验示意图

式中，P_m 为最大载荷；M 为试样断裂时的弯矩；L 为跨距；W 为截面抗弯系数。

对于直径为 d 的圆柱形试样

$$W = \pi d^3/32 \tag{1-10}$$

对于宽为 b、高为 h 的矩形截面试样

$$W = bh^2/6 \tag{1-11}$$

对于高塑性材料，弯曲实验不能使材料断裂，难以测定材料的强度，而且实验结果分析也很复杂，故弯曲实验一般不适用于塑性材料，多用于脆性材料，如灰铸铁。灰铸铁的弯曲件一般采

用铸态圆柱试样,如果试样的断裂位置不在跨距中点,而在距中心 x 处,则抗弯强度应如下处理:

$$\sigma_b = \frac{8P_m(L-2x)}{\pi d^3} \tag{1-12}$$

(5) 提高强度的途径

强度的大小决定于位错运动受阻的情况。位错的阻力强烈地受到各种组织因素的影响。因此,通过改变金属材料的组织结构可以在很大程度上提高强度。目前主要的强化手段有细晶强化、固溶强化、第二相强化和形变强化。

细晶强化通过适当的工艺减小晶粒尺寸,增加晶界数量,可以很好地分散各种有害元素和夹杂在晶界的分布,缓解应力集中,既可以提高强度,对于塑性的发挥也有益处。

固溶强化是依靠合金元素原子固溶于基体金属后引起晶格畸变,增加了位错运动阻力,提高强度。尤其是间隙式固溶体,晶格畸变程度很大,提高强度的效果很明显,如高氮钢。

第二相强化是在基体组织中引入硬的第二相颗粒,第二相越细小、越弥散,对位错的阻碍能力越大,材料的强度越高。

形变强化是通过塑性变形在材料中引入大量的位错,位错相互缠绕在一起,造成位错进一步运动的阻力,提高材料强度。这种方法对于一些没有相变而无法进行热处理强化的金属材料(如纯铝、铜等)非常重要,是它们唯一的强化方法。

1.2 刚度

刚度表征材料抵抗弹性变形的能力,常以弹性模量 E 衡量。在弹性范围内

$$E = \frac{\sigma}{\varepsilon} \tag{1-13}$$

金属刚度不足,会造成过量弹性变形而失效,如镗床的镗杆、机床主轴、刀架等,如果发生了过量的弹性变形就会造成加工零件精度难以保持,甚至造成失效。弹性模量在拉伸曲线上表现为弹性部分的斜率。弹性模量越大,表明材料产生的弹性变形越小,刚度越大。

弹性模量 E 是一个只决定于原子间结合力的力学性能指标,组织、合金成分及环境条件都不会对其产生明显影响。因此,如果需要高弹性模量的材料,则要从选择合金基体原子类型考虑。从原子间结合键的本质看,具有强化学键材料的弹性模量高,而分子间弱范德瓦耳斯力结合的材料弹性模量很低,所以弹性模量和熔点一样,都取决于原子间的键合强度。表 1-1 给出了一些材料的弹性模量和熔点,二者具有相同的变化趋势。金属材料的一个缺点是弹性模量相对较低。裂纹可以显著降低弹性模量。

表 1-1 一些材料的弹性模量、熔点和键型

材料	E/GPa	T_m/℃	键型
钢	207	1538	金属键
铜	121	1084	金属键
铝	69	600	金属键
钨	410	3387	金属键
金刚石	1140	>3800	共价键
Al_2O_3	400	2050	共价键和离子键

要注意，上面讲述的为金属材料的刚度，主要是弹性模量的问题，但在工程上还存在金属构件的刚度，此时的刚度反映的是构件抵抗变形的能力，定义为

$$Q = \frac{P}{\varepsilon} = \frac{\sigma A}{\varepsilon} = EA \tag{1-14}$$

因此，外加载荷 P 下，构件刚度 Q 与材料弹性模量 E 和构件截面积 A 都有关，对于确定金属材料的构件，刚度只与其截面积成正比。要增加构件的刚度，或选用高弹性模量的材料，或增加构件截面积。对于结构重量要求不严格的地面装置，多数情况可以采用增大截面积的方法提高刚度。但要求轻质的场合，如航空航天等领域，则只能采用高弹性模量的金属材料，并提出了比弹性模量的概念，比弹性模量=弹性模量/密度，几种金属的比弹性模量示于表 1-2 中。其中金属铍的弹性模量最大，故在导航设备中得到广泛应用。由于金属材料的弹性模量相对较低，可以通过往金属基体中添加高弹性模量材料的方法制备复合材料以提高弹性模量，如利用高弹性模量的 SiC 晶须与 Ti 复合，制备出钛基复合材料，可以显著提高钛的弹性模量。复合材料的弹性模量可近似采用加合定律计算。

表 1-2 常见材料的比弹性模量

材料	铜	钼	铁	钛	铝	铍	Al_2O_3	SiC
比弹性模量/$\times 10^8$cm	1.3	2.7	2.6	2.7	2.7	16.8	10.5	17.5

1.3 塑性

塑性体现了材料在外力下产生塑性变形而不断裂的能力，一般采用伸长率（延伸率）δ 和断面收缩率 φ 表示。

（1）延伸率

$$\delta = \frac{L_1 - L_0}{L_0} \times 100\% \tag{1-15}$$

式中，L_0 为试样初始标距长度；L_1 为试样拉断后的标距长度。

对于具有颈缩的材料，其伸长量 ΔL 包括颈缩前的均匀伸长 ΔL_b 和颈缩后的集中伸长 ΔL_c，相应地，延伸率由均匀延伸率 δ_b 和集中延伸率 δ_c 组成。

$$\delta = \delta_b + \delta_c \tag{1-16}$$

研究表明，均匀伸长率取决于材料的组织成分，而集中延伸率则与试样几何尺寸有关，即

$$\delta_c = \beta \frac{\sqrt{A_0}}{L_0} \tag{1-17}$$

式中，A_0 为试样初始截面面积。因此，试样标距 L_0 越短，集中变形对总延伸率的影响就越显著，这样就使得延伸率不再是材料常数，试验获得的结果也就不再具有可比性。为了消除试样几何尺寸对试验结果的影响，工程上对试样尺寸进行了规范，使得 $\sqrt{A_0}/L_0$ 为常数即可，一般取 11.3 或 5.65。对于圆形截面拉伸试样，$L_0=10d_0$ 或 $L_0=5d_0$，分别称为 10 倍或 5 倍试样，相应地，延伸率分别用 δ_{10} 或 δ_5 表示。

（2）断面收缩率

$$\varphi = \frac{A_0 - A_1}{A_0} \times 100\% \tag{1-18}$$

式中，A_1 为试样断口处截面面积。

与延伸率一样，断面收缩率也由两部分组成，均匀变形阶段的断面收缩率和集中变形阶段的断面收缩率。但与延伸率不同的是，断面收缩率和试样几何尺寸无关，只由材料的组织成分决定。因此，相比于延伸率，断面收缩率可以更可靠地代表材料的塑性。

伸长率与断面收缩率是工程材料重要的性能指标。设计零件时，选用的材料既要具备一定的强度，同时还要有一定塑性的要求。零件在工作过程中，难免偶尔过载，或者应力集中部位的应力水平超过材料屈服强度，此时可通过材料的塑性变形缓解应力，防止断裂。另外，材料的塑性越好，可以发生大量塑性变形而不破坏，有利于通过各种塑性加工工艺获得形状复杂的零件。如铜、铝、铁的塑性好，可以拉成细丝、轧成薄板；而铸铁塑性差，几乎不能塑性加工。工程上一般认为 $\delta<5\%$ 的材料为脆性材料。

(3) 真实应力-应变曲线

拉伸实验中，试样完成屈服应变后，进入形变强化阶段。金属材料在形变强化阶段的变形规律用真实应力-应变曲线描述。拉伸过程中的真实应力 S 随每一瞬时试样的真实截面积 A 变化：

$$S = P/A \tag{1-19}$$

式中，P 为截面积为 A 时的载荷。而对于拉伸阶段，每一时刻的真应变 $d\varepsilon$ 为

$$d\varepsilon = dl/l \tag{1-20}$$

试样从 l_0 拉伸至 l_1 时，完成的真应变为

$$\varepsilon = \int d\varepsilon = \int_{l_0}^{l} \frac{dl}{l} = \ln \frac{l}{l_0} \tag{1-21}$$

因此，真应变 ε 与条件应变 δ 的关系为

$$\varepsilon = \ln(1+\delta) \tag{1-22}$$

在颈缩开始以后，颈部的应变是非常复杂的，上式的关系不复存在。但真实塑性应变与条件断面收缩率之间尚存在如下关系：

$$\varepsilon = \ln \frac{l}{l_0} = \ln \frac{A_0}{A} = \ln \frac{1}{1-\varphi} \tag{1-23}$$

因此，试样断裂后，可通过测量断面收缩率获得真实极限塑性

$$\varepsilon_f = \ln \frac{1}{1-\varphi_k} \tag{1-24}$$

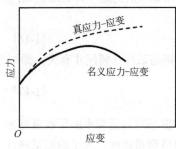

图 1-4 真应力-应变曲线与名义应力-应变曲线的比较

图 1-4 给出了真实应力-应变曲线和名义应力-应变曲线的比较。可以看出，载荷相同时，真应变小于名义应变，而真应力大于名义应力；随着塑性变形的发展，金属一直表现出形变强化，而名义应力-应变曲线在颈缩之后的应力降低是一种假象；颈缩后的集中应变并不比均匀变形量小。因此，真应力-真应变曲线避免了名义应力-应变曲线造成的假象，可以真实地反映拉伸过程中金属的应力和应变之间的关系。

从屈服点到颈缩之间的形变强化规律，可以用 Hollomon 公式表达

$$S = K\varepsilon^n \tag{1-25}$$

式中，ε 为真应变；K 为强度系数；n 为应变强化指数；S 为真应力。

金属的形变强化特征主要反映在 n 值上，当 $n=0$ 时，为理想塑性材料；当 $n=1$ 时，为理想弹性材料。大多数金属的 n 值在 $0.1\sim0.5$ 之间，如表 1-3 所示。

表1-3 室温下常见金属的 n 和 K 值

材料	状态	n	K/MPa
纯铜	退火	0.443	448.3
黄铜	退火	0.423	745.8
纯铝	退火	0.250	157.5
纯铁	退火	0.237	575.3
40 钢	调质	0.229	920.7
40 钢	正火	0.221	1043.5
T8 钢	退火	0.204	996.4
T8 钢	调质	0.209	1018.0

应变强化指数 n 的大小，表示金属的应变强化能力或对进一步塑性变形的抗力，是一个很有意义的性能指标，按定义

$$n = \frac{\mathrm{d}\ln S}{\mathrm{d}\ln \varepsilon} = \frac{\varepsilon}{S} \times \frac{\mathrm{d}S}{\mathrm{d}\varepsilon} \tag{1-26}$$

在 S/ε 相同时，n 值大时，$\mathrm{d}S/\mathrm{d}\varepsilon$ 也大，应力-应变曲线越陡。但对于 n 值小的材料，当 S/ε 较大时，也可以有较高的形变强化速率 $\mathrm{d}S/\mathrm{d}\varepsilon$。

应力-应变曲线上的应力达到最大值时开始颈缩。颈缩前，试样的变形在整个试样长度范围内是均匀分布的，开始颈缩后，变形主要集中在颈部区域。在应力-应变曲线的最高点处有

$$\mathrm{d}P = S\mathrm{d}A + A\mathrm{d}S = 0 \tag{1-27}$$

在拉伸过程中，试样截面积不断减小，使得 $\mathrm{d}A<0$，$S\mathrm{d}A$ 表示试样承载能力的下降；同时，试样发生形变强化，$\mathrm{d}S>0$，$A\mathrm{d}S$ 表示试样承载能力的提高。在开始颈缩阶段，这两个相互矛盾的方面达到平衡。在颈缩以前，因形变强化导致的承载能力提高大于截面积缩小导致的承载能力下降，此时形变强化对变形过程起到主导作用，于是，局部区域有较大的塑性变形，形变强化足以补偿变形引起的承载能力的下降，将进一步的塑性变形转移到其他区域，实现了整个试样的均匀变形。但颈缩开始后，金属的形变强化作用逐渐变小，因截面积缩小导致的承载能力下降超过了形变强化导致的承载能力提高，此时削弱承载能力的方面上升为变形过程中的主导因素。此时，虽然材料仍有形变强化，但这种强化不足以转移进一步的塑性变形，于是，在塑性变形量较大的局部区域，应力水平增高，进一步的变形继续在该区域发展，形成了颈缩。根据 $\mathrm{d}P=0$，可以得到

$$\frac{\mathrm{d}S}{S} = -\frac{\mathrm{d}A}{A} = \mathrm{d}\varepsilon \tag{1-28}$$

即

$$\frac{\mathrm{d}S}{\mathrm{d}\varepsilon} = S \tag{1-29}$$

这就是颈缩判据。该式表明颈缩开始于应变强化速率 $\mathrm{d}S/\mathrm{d}\varepsilon$ 与真实应力相等的时刻，如图1-5所示。

由应变强化指数 n 的定义可知

$$\frac{\mathrm{d}S}{\mathrm{d}\varepsilon} = n\frac{S}{\varepsilon} \tag{1-30}$$

将颈缩条件代入上式，得

$$n = \varepsilon_b \tag{1-31}$$

该式表明在颈缩开始时，真应变在数值上与应变强化指数相等。

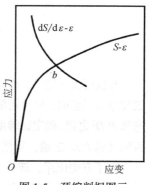

图1-5 颈缩判据图示

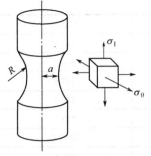

图 1-6 拉伸试样颈部应力状态

利用这一关系,可以大致估计材料的均匀变形能力。

颈缩前的变形是在单向应力条件下进行的,颈缩开始后,颈部的应力状态由单向应力变成三向应力,除了轴向应力 S_l 外,还有径向应力 S_r 和切向应力 S_t,如图 1-6 所示。在前面推导的由名义应力-应变求真实应力-应变的公式是建立在单向应力条件下的,当进入颈缩阶段,出现了三向应力状态,需要对颈缩后的真应力进行修正。

Bridgman 对颈部应力状态及分布进行了分析。假设颈部轮廓为以 R 为半径的圆弧,颈部最小截面为以 a 为半径的圆,并且截面上应变均匀分布,在上述条件下导出了颈缩后的真应力公式

$$S' = \frac{S}{\left(1+\dfrac{2R}{a}\right)\ln\left(1+\dfrac{a}{2R}\right)} \tag{1-32}$$

1.4 硬度

硬度表示材料表面局部体积抵抗硬物压入的能力。硬度越高,材料抵抗局部塑性变形和破坏的能力越强。因此,硬度是材料强度的另一种表现形式。

(1) 布氏硬度

布氏硬度的测定是在直径 D 的钢珠上施加负荷 P,压入被试金属表面,保持一定时间后卸载,根据金属表面压痕的凹陷面积 A 计算出应力,以此作为硬度值大小。如图 1-7 所示,已知施加的压力 P、压头直径 D,测出试样表面上的压痕深度 h 或者直径 d,即可按下式获得布氏硬度 HB。

$$\text{HB} = \frac{P}{A} = \frac{2P}{\pi D(D-\sqrt{D^2-d^2})} \tag{1-33}$$

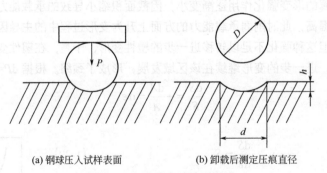

(a) 钢球压入试样表面　　　(b) 卸载后测定压痕直径

图 1-7 布氏硬度试验原理图

布氏硬度试验前,应根据试样的厚度选定压头直径,试样的厚度应大于压痕深度的 10 倍。在试样厚度足够时,应尽可能选用 10mm 直径的压头,然后再根据材料类型及硬度范围,参照表 1-4 选择 P/D^2 之值,确定试验所需的压力值,当压痕直径在 0.25~0.6D 范围内时,所测硬度值方有效,否则另选 P/D^2 之值,重做测试。

为了方便使用,按式 (1-33) 制出布氏硬度数值表,测得压痕直径后直接查表获得硬度值。当压头材料为淬火钢球时,采用 HBS 表示,一般只能测量 HB<450 的材料;当压头为硬质合金球

时,采用 HBW 表示,测量的硬度可以达到 650HB。布氏硬度适用于未淬火的钢、铸铁、有色金属或质地较软的轴承合金。

表1-4 布氏硬度试验的 P/D^2 值选择表

材料	布氏硬度	P/D^2
钢及铸铁	<140	10
	>140	30
铜及其合金	<35	5
	35～130	10
	>130	30
轻金属及其合金	<35	1.25
		2.5
	35～80	5
		10
		15
	>80	10
		15
铅、锡		1
		1.25

测定布氏硬度时采用较大直径的压头和压力,因而压痕面积大,能反映较大范围内材料各组成相的综合平均性能,而不受微区不均匀性的影响,所以布氏硬度分散性小,重复性好。但也正因为大的压痕留在材料表面,所以不宜在零件上测定布氏硬度,也不宜测定薄件。

在一定条件下,布氏硬度 HB 与抗拉强度 σ_b 存在如下经验公式

$$\sigma_b = K \times HB \tag{1-34}$$

式中,K 为经验常数,随材料不同而异。表 1-5 列出了一些常见金属的抗拉强度与布氏硬度的比例常数。因此,测定了布氏硬度就可以大致估算材料的抗拉强度了。

表1-5 常见金属的布氏硬度与抗拉强度的关系

材料	HB	σ_b/HB	材料	HB	σ_b/HB
退火、正火碳钢	125～175	0.34	退火铜及黄铜	—	0.55
	>175	0.36	加工青铜及黄铜	—	0.40
淬火碳钢	<250	0.34	冷作青铜	—	0.36
淬火合金钢	240～250	0.33	软铝	—	0.41
常化镍铬钢	—	0.35	硬铝	—	0.37
锻轧钢材	—	0.36	其他铝合金	—	0.33
灰口铸铁	—	0.8～1.4	锌合金	—	0.09

(2) 洛氏硬度

洛氏硬度是直接测量压痕深度,以压痕深度的大小表示材料的硬度。洛氏硬度计的压头分为硬质与软质两种。硬质压头为顶角 120°的金刚石圆锥体,适于淬火钢等较硬材料;软质压头为直径 1/16～1/2 英寸(1 英寸=0.0254 米)钢球,适于退火钢、有色金属等较软材料。测试时,先加 100N 预压力,然后再加主压力,所加总压力根据被测金属硬度作不同规定,随压头不同和所加载荷不同出现了不同称号的洛氏硬度标尺,详见表 1-6。生产上常用 A、B、C 三种标尺,用这三种标尺测得的硬度记为 HRA、HRB、HRC。

表1-6 洛氏硬度标尺的应用

标尺	测量范围	压头类型	主压力/N	总压力/N	常数 K	应用举例
A	60~85	金刚石	500	600	100	硬金属及硬质合金
B	25~100	1/16″钢球	900	1000	130	有色金属及软金属
C	20~67	金刚石	1400	1500	100	热处理结构钢、工具钢
D	40~77	金刚石	900	1000	100	薄钢、表面淬火钢
E	70~100	1/8″钢球	900	1000	130	塑料
F	40~100	1/16″钢球	500	600	130	有色金属
G	31~94	1/16″钢球	1400	1500	130	珠光体铁、铜、镍、锌合金
H	—	1/8″钢球	500	600	130	退火铜合金
K	40~100	1/8″钢球	1400	1500	130	有色金属、塑料
L	—	1/4″钢球	500	600	130	有色金属、塑料
M	—	1/4″钢球	900	1000	130	有色金属、塑料
P	—	1/4″钢球	1400	1500	130	有色金属、塑料
R	—	1/2″钢球	500	600	130	软金属、非金属软材料
S	—	1/2″钢球	900	1000	130	软金属、非金属软材料
V	—	1/2″钢球	1400	1500	130	软金属、非金属软材料

洛氏硬度的优点是可以从硬度计的表盘直接读出，简单高效；对样品表面造成的损伤小，可用于成品件检验。但由于其压痕小，对组织不均匀性敏感，测试结果较分散，因此不适用于不均匀组织材料的硬度测试。

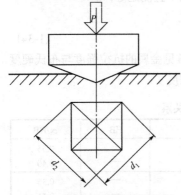

图1-8 维氏硬度试验原理图

(3) 维氏硬度

与布氏硬度相似，维氏硬度也是根据单位压痕表面积承受的压力来定义。维氏硬度计的压头为金刚石制成的四方角锥体，两相对面间的夹角为136°，在一定载荷下将压头压入试样表面，保载一定时间后卸除压力，在试样表面留下压痕，如图1-8所示。已知载荷 P，测得压痕两对角线长度后取平均值 d，可得到维氏硬度

$$HV = \frac{2P\sin\frac{136°}{2}}{d^2} = \frac{1.8544P}{d^2} \qquad (1-35)$$

施加载荷一般较小，常选用50N、100N、200N、300N、500N和1000N。当载荷一定时，即可根据 d 值，算出维氏硬度，亦可查表获得。

(4) 显微硬度

前面介绍的硬度试验只能测量材料组织的平均硬度值，但对于要测量小范围组织的硬度时，如某个晶粒、相或者夹杂物，则需要采用显微硬度。显微硬度一般指载荷小于2N的测试，常用的硬度有维氏显微硬度和努氏硬度。

① 维氏显微硬度

维氏显微硬度试验其实就是小载荷的维氏硬度试验，但由于载荷较小，测试结果需要标注载荷值。

② 努氏硬度

努氏硬度是维氏硬度试验方法的发展。其采用金刚石长棱形压头，两长棱夹角172.5°，两短棱夹角130°，如图1-9所示。在试样上留下长对角线比短对角线大7倍的棱形痕迹。努氏硬度值为单位压痕投影面积上所承受的力。已知载荷 P，压痕长对角线 L，努氏硬度为

$$\mathrm{HK} = \frac{14.22P}{L^2} \tag{1-36}$$

努氏硬度试验由于压痕浅而细长，适用于测定极薄零件，丝、带等细长件及硬而脆材料的硬度。而且，测量精度和对表面状况的敏感程度也很高。

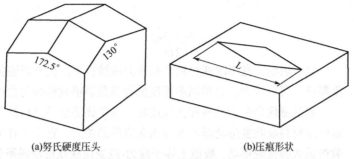

图 1-9　努氏硬度压头与压痕形状示意图

1.5 韧性

韧性是材料强度和塑性的综合指标，反映的是金属在断裂前吸收塑性变形功和断裂功的能力，而韧度是度量材料韧性的力学性能指标。韧性对于材料的安全应用具有重要的参考意义，目前主要有静力韧性、冲击韧性和断裂韧性。

1.5.1 静力韧性

静力韧性是静态应力-应变曲线所包含的面积，如图 1-10 所示，可以表示为

$$W = \int_0^{\varepsilon_f} S\mathrm{d}\varepsilon \tag{1-37}$$

式中，W 为韧度；S 为应力；ε 为应变。

过分强调强度而忽视塑性的情况下，或者片面追求塑性而不考虑强度的情况下，均不会得到高的韧性。兼顾强度和塑性的配合，才有良好的综合力学性能。

为了进一步说明强度、塑性和韧性的关系，可以用简化的真应力-应变曲线（如图 1-11）来表

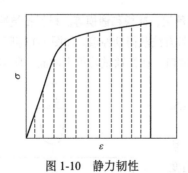

图 1-10　静力韧性

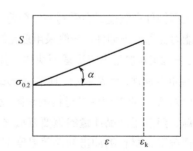

图 1-11　简化的真应力-应变曲线

示材料韧度。省略应力-应变曲线的弹性部分，材料从 $\sigma_{0.2}$ 开始形变强化，至 S_k 断裂，此时对应的真应变为 ε_k，应力-应变曲线的斜率为形变硬化模量 D，$D=\tan\alpha$，材料韧度可以表达为

$$W = \frac{\sigma_{0.2} + S_k}{2} \varepsilon_k \qquad (1\text{-}38)$$

其中

$$\varepsilon_k = \frac{S_k - \sigma_{0.2}}{D} \qquad (1\text{-}39)$$

则

$$W = \frac{S_k^2 - \sigma_{0.2}^2}{2D} \qquad (1\text{-}40)$$

该式表明，在不改变材料断裂应力的情况下，提高屈服强度将导致材料韧度降低，可以认为，材料屈服强度的提高是以牺牲韧性为代价的。

要注意区分静力韧性和弹性比功。弹性比功也是材料的一个韧度指标，反映的是材料吸收变形功而不发生永久变形的能力，它标志着单位体积材料所吸收的最大弹性变形功，数值上等于应力-应变曲线线形阶段所包含的面积，如图 1-12 所示，其计算公式为

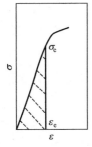

图 1-12 弹性比功

$$\text{弹性比功} = \frac{1}{2} \sigma_e \varepsilon_e = \frac{\sigma_e^2}{2E} \qquad (1\text{-}41)$$

可以看出，为了提高材料的弹性比功，要么提高弹性极限 σ_e，要么降低弹性模量 E。由于 σ_e 是二次方，所以提高弹性极限 σ_e 对提高弹性比功的作用更显著。生产中的弹簧主要作为减振元件，既要吸收大量变形功，但又不许发生塑性变形，因此，弹簧材料要求具有尽可能大的弹性比功。表 1-7 给出了几种常见金属的弹性比功数据。

表 1-7 几种常见金属材料的弹性比功

材料	E/(MN/m²)	σ_e/(MN/m²)	弹性比功/(MN/m²)
中碳钢	206800	310	0.23
高碳弹簧钢	206800	970	2.27
杜拉铝	68950	127	0.12
铜	110320	28	0.0036

1.5.2 冲击韧性

许多工程构件在服役时会受到冲击载荷，如飞机起落架、冲模和锻模等。材料抵抗冲击载荷而不破坏的能力称为冲击韧性，一般采用夏比缺口冲击试验方法获得韧性值。如图 1-13 所示，按照国标 GB/T 229—2020 加工出方形截面块体，并在一侧开缺口，在摆锤试验机上冲断，所需的冲击吸收能量即为冲击韧性，用 K 表示，其中 V 形缺口记为 K_V，U 形缺口记为 K_U。冲击韧性对材料的缺陷较为敏感，是用来检验冶炼、热加工产品质量的重要方法之一。

一般情况下，材料的冲击韧性随温度下降而降低。某些材料（多数属于体心立方或密排六方晶格）在某一温度范围内，冲击吸收能急剧降低，即为韧脆转变，该温度为韧脆转变温度 T_k。金属材料的屈服强度随温度的降低升高很快，而抗拉强度随温度的降低升高很慢，则在某一温度 T_k 以下，屈服强度高于抗拉强度，金属在没有塑性变形的

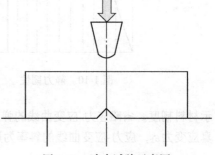

图 1-13 冲击试验示意图

条件下断裂，表现为脆断；而在 T_k 温度以上，抗拉强度高于屈服强度，金属在断裂前发生塑性变形，如图 1-14 所示。韧脆转变温度对于船舶工业具有重要意义，当环境温度低于韧脆转变温度时，将带来灾难性后果。确定韧脆转变温度的方法有以下几种，如图 1-15 所示。

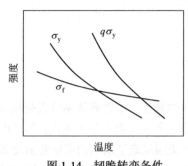

图 1-14 韧脆转变条件

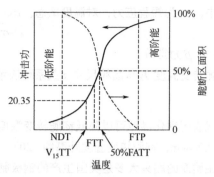

图 1-15 韧脆转变温度

a. 以 A_{KV}=20.35J 对应的温度作为韧脆转变温度，即 $V_{15}TT$。
b. 低阶能开始上升的温度作为韧脆转变温度，即 NDT。
c. 高阶能开始降低的温度作为韧脆转变温度，即 FTP。
d. 高阶能和低阶能平均值对应的温度作为韧脆转变温度，即 FTT。
e. 冲击断口中结晶状断口面积占总面积 50%的温度作为韧脆转变温度，即 50%FATT。

上述方法确定的韧脆转变温度并不等效，因此，韧脆转变温度是相对的，只有同一方法确定的韧脆转变温度才有比较性。

金属的脆性倾向本质上反映了其塑性变形能力对低温和高加载速率的适应性。可开动的滑移数量足够多，阻碍滑移的因素不因变形条件而加剧的情况下，材料将保持足够的变形能力而不会出现脆断。面心立方金属就属于这种情况，一般不会出现韧性转变温度。对于密排六方金属，在高温时，滑移系开动较多，变形能力较好，而到了低温，可动滑移系减少，脆性增加。对于体心立方金属，在低温条件下，间隙原子与位错交互作用加剧，阻碍位错运动，也会增加脆性。低温脆性除了决定于晶格类型外，还受到以下因素的影响。

（1）成分

钢的韧脆转变温度对成分很敏感，P、C、Si 等元素提高韧脆转变温度，Mn、Ni 等降低韧脆转变温度。其中，碳含量强烈影响着碳钢的韧脆转变，碳质量分数每增加 0.1%，脆性转变温度提高 13.9℃；锰元素可以改善钢材的脆性，质量分数每增加 0.1%，碳钢的脆性转变温度降低 5.6℃。合金元素对碳钢性能的影响并不是孤立的，不同元素的协同作用可以强烈影响金属的脆性。对脆断的船体用钢的分析表明，Mn/C 比对脆性转变温度有重要影响。当 Mn/C 比大于 3 时，船体用钢才有较为适宜的脆性转变温度。因此，对材质进行分析和评价时，既要看合金成分是否达标，还要考虑合金配比是否合适。例如对于 10 钢，碳含量要求在 0.07%～0.15%，锰含量要求在 0.35%～0.65%，如果碳质量分数达上限，而锰质量分数为下限，则 Mn/C =2.3，按牌号合格，但韧性转变温度并不合格。

（2）晶粒尺寸

金属材料的强度一般符合 Hall-Petch 关系，即晶粒尺寸 d 越小，断裂强度越高，可以表示为

$$\sigma_s = \sigma_0 + kd^{-\frac{1}{2}} \tag{1-42}$$

式中，σ_0 为晶格摩擦力，可表示为

$$\sigma_0 = \sigma_T + \sigma_{ST} \tag{1-43}$$

式中，σ_T 为短程应力，对温度敏感；σ_{ST} 为长程应力，对温度不敏感。σ_T 可表示为

$$\sigma_T = Ae^{-\beta T} \tag{1-44}$$

式中，β 为常数。

韧脆转变温度 T_k 与晶粒尺寸 d 关系可表示为

$$T_k \propto -\ln d^{-\frac{1}{2}} \tag{1-45}$$

该式表明细化晶粒可以降低韧脆转变温度，改善金属的韧性。如铁素体晶粒直径从 0.001cm 增加到 0.008cm，韧脆转变温度升高约 120℃。晶粒细化在工程上具有广泛的应用。第二次世界大战中发生脆断的船只大多是美国生产的钢板制造的，当时美国采取了新式的高速轧钢设备，生产效率高，但是高轧速使轧制温升较大，导致晶粒较为粗大，提高了韧脆转变温度，增加了脆断概率。而英国采用的老式制造钢板轧机，轧速低，钢板晶粒较细，具有较低的韧脆转变温度，有效地防止了船板钢的低温脆断。

(3) 显微组织

对钢材而言，钢中各种组织按韧脆转变温度 T_k 由高到低的顺序一般可以排列为：珠光体→上贝氏体→铁素体→下贝氏体→回火马氏体。对于低碳合金钢，下贝氏体和马氏体的混合组织，比纯粹的低碳马氏体有更高的韧性。对于中碳合金钢，经等温淬火得到的全部下贝氏体组织，比相同强度条件下的回火马氏体，具有更低的韧脆转变温度；在连续冷却条件下，得到的贝氏体和马氏体的混合组织，韧性不如纯粹的回火马氏体组织。

(4) 应变速率

应变速率增大会升高韧脆转变温度。这是由于屈服强度对应变速率敏感，而断裂强度则不太敏感。

(5) 应力状态

试样尺寸增大或缺口的存在会使材料中的应力状态发生改变，降低韧性。如 V 形缺口试样在拉伸时，在缺口截面上产生了三向拉应力状态，从而使试样整体的屈服应力提高为无缺口的 q 倍（q 称为塑性约束因素），推高了韧脆转变温度，如图 1-14 所示。

这里要注意，一般情况下，随着温度的降低，金属的均匀延伸率下降，但对于某些金属，反而存在着相反的现象，即温度的降低有助于金属塑性的发挥，如微纳米金属。现有的理论认为金属的回复和再结晶导致了应变硬化率的降低，促使颈缩出现，降低了塑性。但对于微纳米金属，低温反而有助于推迟回复和再结晶的进行，使得颈缩出现较晚，提高了材料塑性。因此，微纳米材料在低温领域具有较为广泛的应用。

1.5.3 断裂韧性

金属材料的安全校核常选用 $[\sigma] < \sigma_y/n$，其中 $[\sigma]$ 为许用应力，σ_y 为屈服强度，n 为安全系数。该式建立在连续介质力学基础上，事实上，材料内部常存在缺陷，如裂纹、夹杂物等，由此导致了断裂力学的诞生。断裂力学认为材料是裂纹体，在应力作用下，裂纹将发生扩展，一旦扩展失稳，材料将断裂。材料抵抗内部裂纹失稳扩展的能力称为断裂韧性。

由于裂纹扩展由裂纹尖端应力状态控制，通过分析裂纹尖端应力，提出了应力强度因子的概念。应力强度因子描述裂纹尖端附近应力场强度，如图 1-16 所示，可以表示为

$$K_{\mathrm{I}} = Y\sigma\sqrt{a} \tag{1-46}$$

式中，Y 为裂纹形状系数，与裂纹形状、加载方式及试样几何尺寸有关，一般可查手册获得；σ 为名义外加应力；a 为裂纹长度；K 为应力强度因子，下标 I 表明裂纹类型，为张开型，II 为滑开型，III 为撕开型，由于张开型最为危险，一般研究得最为深入。

K_{I} 和外加应力及裂纹长度有关。随着外加应力 σ 增大或裂纹 a 长大，K_{I} 增大，当 K_{I} 增大到一定程度时裂纹失稳扩展。裂纹失稳扩展的临界状态的应力场强度因子即为断裂韧性，用 $K_{\mathrm{I}c}$ 表示，即

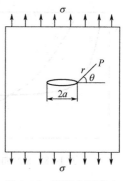

图 1-16　裂纹尖端应力强度因子示意图

$$K_{\mathrm{I}c} = Y\sigma_c\sqrt{a_c} \tag{1-47}$$

式中，σ_c 和 a_c 是临界状态的应力和裂纹尺寸。当样品的 a 不变，而应力增大到 σ_c，从而使得 K_{I} 增大到 $K_{\mathrm{I}c}$ 而使裂纹失稳扩展时，σ_c 代表断裂应力。如果外加应力不变，而通过裂纹长大（如疲劳或应力腐蚀）到 a_c，从而使 K_{I} 增大到 $K_{\mathrm{I}c}$ 而使裂纹失稳扩展时，a_c 代表临界裂纹尺寸。

断裂韧性与试样的厚度密切相关，即与试样受到的塑形约束程度有关。图 1-17 表明了断裂韧性值与试样厚度的关系。当试样厚度较小时，材料处于平面应力状态，变形受到的约束较小，裂纹失稳扩展需要消耗较大的能量，此时的平面应力断裂韧性值较大，记作 K_c；而随着试样厚度的增加，试样外表面处于平面应力，而内部处于平面应变，K_c 值逐渐降低；而当厚度达到一定程度，此时试样处于平面应变状态，试样表面的平面应力可以忽略，测量出来的断裂韧性值是一个材料常数而与厚度无关，记作 $K_{\mathrm{I}c}$，

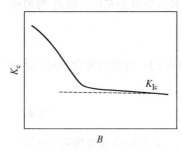

图 1-17　试样厚度对断裂韧性的影响曲线

称为平面应变断裂韧性，有关手册给出的就是平面应变断裂韧性。试验表明，当试样厚度 B 满足

$$B \geqslant 2.5\left(\frac{K_{\mathrm{I}c}}{\sigma_y}\right)^2 \tag{1-48}$$

时，就能获得平面应变断裂韧性值。

1.6　疲劳强度

零件承受交变应力，即使应力低于材料的屈服强度，但经过长时间的运行仍然发生突然断裂，称为材料的疲劳。事实上，金属材料 80%以上的失效与疲劳相关。疲劳破坏在断裂前无显著变形，具有突发性，更具灾难性。

材料之所以发生疲劳断裂，是由于应力集中的存在，使得材料在局部产生塑性变形，这种损伤逐步累积，导致裂纹萌生，随后裂纹稳态扩展至一定长度，出现失稳扩展，导致断裂。裂纹一般易于萌生于晶界、夹杂物或剪切带处。为了表征疲劳性能，常采用恒定应力幅下循环变形至断裂以获得寿命，并绘制应力幅-寿命曲线，即 S-N 曲线，如图 1-18 所示。某些材料（如低碳钢）疲

劳曲线如图 1-18 中 a 所示，当应力幅达到某一临界值时，S-N 曲线出现平台，意味着当低于此值时，材料永远不会断裂，将该平台对应的应力值称为疲劳强度；而多数材料的疲劳曲线如图 1-18 中 b 所示，不存在应力平台，随着应力幅降低，疲劳寿命不断增加。事实上，应力平台并不存在，只要将循环寿命延伸至超高周次范围，S-N 曲线将随着应力幅降低而缓慢降低，即曲线 b 是普适的。

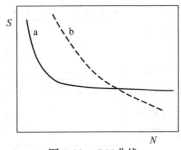

图 1-18 S-N 曲线

为了工程需要，常采用条件疲劳极限，即一定循环周次内材料不破环的应力。一般而言，对于钢铁材料，对应的循环周次取 10^6；对于有色金属而言，该循环周次为 10^7。对于疲劳极限的规定，还要与具体的使用场合相结合。

材料的 S-N 曲线和疲劳极限与循环载荷应力状态（拉压、弯曲、扭转等）和应力比有很大关系，所以一般按照材料实际加载条件选择合适的测试方法。在已有的高周疲劳性能测试中，旋转弯曲疲劳数据积累较为丰富。旋转弯曲疲劳设备较为简便，平均应力为 0，这与多数轴类零件的实际服役方式大致吻合。

为了定量建立疲劳寿命与加载条件（应力、应变）的关系，研究人员分别发展了应力-寿命法和应变-寿命法。

(1) 应力-寿命法

1910 年，Basquin 建立了对称应力幅疲劳试验下的应力幅（$\sigma_a = \Delta\sigma/2$）与疲劳寿命（$N_f$）之间的关系：

$$\sigma_a = \frac{\Delta\sigma}{2} = \sigma_f(2N_f)^b \tag{1-49}$$

式中，σ_f 为疲劳强度系数（对于多数金属，其接近真实抗拉强度）；b 为疲劳强度指数（-0.12～-0.05，对于多数金属）。

Basquin 公式适用于对称加载疲劳，但在许多实际情况下，材料受到非对称疲劳，加载存在平均应力。一般情况下，平均应力 σ_m 越高，疲劳寿命越小。此时，可采用修正的 Basquin 公式，即将 σ_f 适当修正后即可应用 Basquin 公式。一般可以采用三种方法修订 σ_f。

① Siderberge 关系

$$\sigma_a = \sigma_a\,|_{\sigma_m=0}\left(1 - \frac{\sigma_m}{\sigma_y}\right) \tag{1-50}$$

② Goodman 关系

$$\sigma_a = \sigma_a\,|_{\sigma_m=0}\left(1 - \frac{\sigma_m}{\sigma_b}\right) \tag{1-51}$$

③ Gerber 关系

$$\sigma_a = \sigma_a\,|_{\sigma_m=0}\left\{1 - \left(\frac{\sigma_m}{\sigma_b}\right)^2\right\} \tag{1-52}$$

式中，σ_y 为材料的屈服强度；σ_b 为材料的抗拉强度。

基于循环应力连续介质分析方法得到的信息主要适用于弹性和非约束的变形。在许多实际工程应用中，零构件一般承受一定程度的约束和局部的塑性流动，尤其在应力集中部位（如键槽等），此时采用应变-寿命法更为合理。

(2) 应变-寿命法

Coffin 和 Manson 分别独立研究了疲劳寿命对塑性应变幅$\Delta\varepsilon_p$的依赖,得出了 Coffin-Manson 公式:

$$\frac{\Delta\varepsilon_p}{2} = \varepsilon_f(2N_f)^c \qquad (1-53)$$

式中,ε_f为疲劳延性系数(对于多数金属,一般近似等于真实拉伸断裂塑性);c为疲劳延性指数($-0.7 \sim -0.5$)。

在恒定应变幅试验中,总应变幅$\Delta\varepsilon/2$为弹性应变幅$\Delta\varepsilon_e/2$和塑性应变幅$\Delta\varepsilon_p/2$之和,即

$$\frac{\Delta\varepsilon}{2} = \frac{\Delta\varepsilon_e}{2} + \frac{\Delta\varepsilon_p}{2} \qquad (1-54)$$

考虑 Basquin 公式,弹性应变幅可表示为:

$$\frac{\Delta\varepsilon_e}{2} = \frac{\Delta\sigma}{2E} = \frac{\sigma_f}{E}(2N_f)^b \qquad (1-55)$$

联合式(1-53)~式(1-55),可得到

$$\frac{\Delta\varepsilon}{2} = \frac{\sigma_f}{E}(2N_f)^b + \varepsilon_f(2N_f)^c \qquad (1-56)$$

该式是利用应变-寿命法进行疲劳设计的基础,已在工业实践中得到了广泛应用。

图 1-19 分别以曲线的形式给出了弹性应变幅、塑性应变幅和总应变幅与发生破坏的载荷反向次数($2N_f$)之间的关系。在这里定义一个过渡寿命以区分短寿命和长寿命。当弹性应变幅和塑性应变幅相等时发生破坏的载荷反向次数即为过渡寿命,如图中的 $2N_t$,可表示为

$$2N_t = \left(\frac{\varepsilon_f E}{\sigma_f}\right)^{1/(b-c)} \qquad (1-57)$$

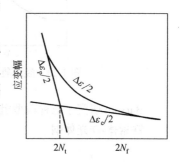

图 1-19 应变幅对疲劳寿命的关系曲线

在短寿命一侧,塑性应变幅比弹性应变幅作用大,材料的疲劳寿命由塑性控制;而在长寿命一侧,弹性应变幅比塑性应变幅作用大,疲劳寿命由拉伸强度决定。因此,为了使疲劳性能达到最佳,就需要在强度和塑性之间做出合适的平衡。

应力-寿命法和应变-寿命法一般采用的是光滑试样,疲劳寿命不区分疲劳裂纹形核寿命和裂纹扩展寿命,但事实上,工程构件原本就带有裂纹,由此导致了现代损伤容限疲劳设计方法。

(3) 损伤容限法

损伤容限法认为构件都含有裂纹,其有效寿命是使一条初始裂纹(当检测不到裂纹,可以采用检测设备的极限分辨率作为假设的初始裂纹长度)扩展到临界裂纹尺寸所需的循环次数。多数金属都要经历一段比较长的裂纹稳态扩展量后才发生突发性失效。通过损伤容限法可以确定裂纹稳态扩展寿命,保障构件安全,并最大程度发挥材料使用效能。

恒幅应力反复作用下的疲劳试样,裂纹尺寸通常随循环周次的增加而增大,如图 1-20 所示。在多数情况下,施加于材料上的疲劳应力足够小,扩展裂纹前沿的塑性区对弹性应力场的干扰很微弱,可采用线弹性断裂力学对疲劳断裂进行描述,即 Paris 公式。

$$\frac{da}{dN} = C(\Delta K)^m \qquad (1-58)$$

式中，C 和 m 为常数，材料微结构、加载频率和波形、环境、温度、载荷比等都对其有影响，m 一般在 2～7 范围；ΔK 为应力强度因子范围，可表述为

$$\Delta K = Y(\sigma_{\max} - \sigma_{\min})\sqrt{\pi a} \tag{1-59}$$

式中，Y 为裂纹形状因子；$\sigma_{\max}$ 和 $\sigma_{\min}$ 为循环加载中的最大应力和最小应力，当 $\sigma_{\min}$ 小于零时，取 $\sigma_{\min}=0$，即认为压缩阶段裂纹不扩展；a 为裂纹尺寸。

图 1-21 为疲劳裂纹扩展率对 ΔK 的依赖曲线，可以看出 Paris 公式只适用于中等应力强度因子范围水平的疲劳裂纹扩展。在双对数坐标系中，da/dN 与 ΔK 的关系曲线可分为三段。在 I 区，当 ΔK 小于临界值 ΔK_{th} 时，疲劳裂纹不扩展，所以 ΔK_{th} 定义为疲劳裂纹扩展的门槛值，ΔK_{th} 一般为 K_{1c} 的 5%～15%。当 $\Delta K > \Delta K_{th}$ 时，裂纹扩展率迅速增长，进入 II 区，此时 Paris 公式有效，这区域占据疲劳寿命的绝大部分，是疲劳寿命估算的基础。进入 III 区，疲劳扩展速率再次加快，当 $K_{\max}$ 达到 K_{1c} 时，材料断裂。

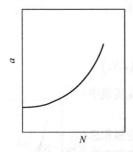
图 1-20 裂纹随周次的增长

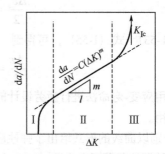
图 1-21 疲劳裂纹扩展速率

Barsom 研究了三种典型组织的钢，获得了常用的 Paris 公式。

铁素体-珠光体钢

$$\frac{da}{dN} = 6.9 \times 10^{-12} (\Delta K)^{3.0} \tag{1-60}$$

马氏体钢

$$\frac{da}{dN} = 1.35 \times 10^{-10} (\Delta K)^{2.25} \tag{1-61}$$

奥氏体不锈钢

$$\frac{da}{dN} = 5.6 \times 10^{-12} (\Delta K)^{3.25} \tag{1-62}$$

Paris 公式是计算裂纹体材料疲劳寿命重要的工具，这里举一例说明其工业应用。

[例] 假定一很宽的冷轧钢板（铁素体-珠光体组织）受到恒幅轴向交变载荷，名义应力 $\sigma_{\max}=200\text{MPa}$，$\sigma_{\min}=-50\text{MPa}$，这种钢的静强度 $\sigma_s=600\text{MPa}$，$\sigma_b=650\text{MPa}$，$E=207\text{GPa}$，$K_{1c}=105\text{MPa}\cdot\text{m}^{1/2}$，如果钢板的原始裂纹不大于 0.5mm 且为单边直裂纹，试问剩余疲劳寿命多少？

解： ① 本题首先要确定裂纹长度 a_0 和临界裂纹尺寸 a_c。

钢板的原始裂纹不大于 0.5mm，$a_0=0.5$mm。对于检测不到裂纹的构件，初始裂纹长度一般定为检测设备的极限。

对于临界裂纹尺寸 a_c，

$$K_{Ic} = Y\sigma\sqrt{\pi a_c}$$

对于无限大板单边直裂纹，$Y=1.12$，σ 取最大应力 200MPa，则

$$a_c = \frac{1}{\pi}\left(\frac{K_{Ic}}{Y\sigma}\right)^2 = \frac{1}{3.14} \times \left(\frac{105}{1.12 \times 200}\right)^2 = 0.070\text{m} = 70\text{mm}$$

② 确定 ΔK。由于最小应力为 -50MPa，假定压缩阶段裂纹不扩展，在计算中取 $\sigma_{min}=0$。

$$\Delta K_0 = Y(\sigma_{max} - \sigma_{min})\sqrt{\pi a_0} = 1.12 \times (200-0) \times \sqrt{3.14 \times 0.0005} = 8.9\text{MPa}\cdot\text{m}^{1/2}$$

③ 确定疲劳寿命。根据 Paris 公式

$$\frac{da}{dN} = C(\Delta K)^m = C(Y\Delta\sigma\sqrt{\pi a})^m$$

假定疲劳扩展过程中，Y 值保持不变，则

$$\frac{da}{a^{m/2}} = CY^m(\Delta\sigma)^m \pi^{m/2}dN$$

两边求积分，当 $m \neq 2$ 时，得到

$$N_f = \frac{2}{(m-2)CY^m(\Delta\sigma)^m \pi^{m/2}}\left[\frac{1}{(a_0)^{(m-2)/2}} - \frac{1}{(a_c)^{(m-2)/2}}\right]$$

当 $m=2$ 时，

$$N_f = \frac{1}{CY^2(\Delta\sigma)^2\pi}\ln\frac{a_c}{a_0}$$

对于铁素体-珠光体钢，查手册可知 $C=6.9\times10^{-12}$，$m=3$，代入式中，

$$N_f = \frac{2}{(3-2)\times 6.9\times 10^{-12}\times 1.12^3\times (200-0)^3\times 3.14^{\frac{3}{2}}}\left(\frac{1}{0.0005^{\frac{3-2}{2}}} - \frac{1}{0.07^{\frac{3-2}{2}}}\right) \approx 2\times 10^6$$

（4）提高疲劳抗力的途径

金属的疲劳寿命由裂纹形成寿命和裂纹扩展寿命两部分组成，其中裂纹形成寿命由强度决定，强度越高，裂纹形成越困难，相应的裂纹形成寿命越长；而裂纹扩展寿命由塑性决定，塑性越好，裂纹扩展消耗的塑性功越多，其裂纹扩展寿命越长。由于金属材料强度和塑性难以同时提高，因此要根据实际情况，确定最佳的延长疲劳寿命的方案。

① 减少和细化夹杂物

金属中的夹杂物容易引起应力集中，导致夹杂物开裂或者夹杂物与基体界面开裂，降低疲劳寿命。而且夹杂物尺寸越大、越尖锐，对疲劳性能的影响越大。

② 细化晶粒

细化晶粒可以显著提高金属材料的强度，同时大量晶界起到分散晶界处夹杂物的作用，可以降低应力集中，使塑性变形更加均匀，而且晶界有阻碍裂纹长大和连接的作用。

③ 表面处理

采用表面滚压、喷丸、表面热处理等工艺可以提高金属的表面层强度，推迟了裂纹萌生。而

且表面处理可以在金属表面造成残余压应力，非常不利于裂纹的萌生和扩展，显著提高了疲劳抗力。但是表面处理对材料塑性影响不大，因此对低周疲劳寿命没有作用。

④ 微量合金化

通过合金化，可以大幅度提高强度和裂纹形成门槛值，延缓疲劳过程，提高疲劳抗力。

1.7 蠕变

在能源、石油化工和航空航天领域，许多构件在高温下工作，此时不仅要考虑材料的常温性能，更要考察材料的高温服役性能。在高温下金属的塑性变形行为和机制与常温有很大的不同。这里的高温指晶体中原子扩散较快，对塑性变形和断裂起着重要作用的温度，一般当 $T>0.4T_m$ 时可以看作高温，T_m 为金属的熔点绝对温度。

由于存在显著的原子扩散，高温下的塑性变形与常温变形有两个不同点。一是常温下塑性变形只引起加工硬化，而高温塑性变形引起的加工硬化和原子扩散引起的回复或再结晶同时发生；二是常温塑性变形与载荷的持续时间无关，而扩散是时间相关过程，高温塑性变形与载荷的持续时间密切相关。在高温和一定应力下，即使应力远远低于弹性极限，金属也会随时间发生缓慢的塑性变形，这种现象称为蠕变。

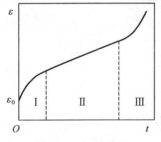

图 1-22 蠕变曲线

(1) 蠕变曲线

将试样加热到一定温度后加载，在该温度和应力下记录试样应变 ε 对时间 t 的变化，得到了蠕变曲线，如图 1-22 所示。

根据蠕变曲线的形状，蠕变大致可以分为三个阶段。第一个阶段是瞬时应变 ε_0 以后的变形阶段，此时蠕变速度随时间不断降低；第二阶段的蠕变曲线为直线，蠕变速度保持不变，又称为稳态蠕变阶段，占据蠕变曲线的大部分，是蠕变研究的主体；第三阶段的蠕变速度随时间加快直至最后断裂，又称为加速蠕变阶段。蠕变开始时蠕变速度较大，这是由于加工硬化导致变形抗力增加，蠕变速度逐渐减慢。同时，随着加工硬化程度的增加，高温下动态回复速度也增大，最终加工硬化与回复软化过程达到平衡，蠕变速度不变，即出现了稳态蠕变。第三阶段的加速蠕变与试样内部空洞的出现有关，空洞导致了应力集中以及试样颈缩等不均匀变形。当然，由于材料、温度和应力等的不同，有时蠕变曲线并不一定都会出现这三个阶段。

(2) 蠕变速度与温度、应力的关系

材料的蠕变性能一般用稳态蠕变速度表示。稳态蠕变速度除了与材料本身特性有关外，还受到温度和应力的影响。

当应力相同时，改变试验温度可获得稳态蠕变速度与温度的关系。经过试验研究，稳态蠕变速度与温度的关系可写成阿伦尼乌斯关系式。

$$\dot{\varepsilon} = A_1 \exp\left(-\frac{Q_c}{RT}\right) \tag{1-63}$$

式中，A_1 为与材料和应力有关的常数；R 为气体常数；T 为热力学温度；Q_c 为蠕变表观激活能。表 1-8 列出了试验测定的几种金属的蠕变表观激活能和金属自扩散激活能 Q_{sd}，可以看出，二者数值非常接近，说明蠕变和扩散过程密切关联。

表 1-8 几种常见金属的 Q_c 和 Q_{sd} 值

材料	Q_c/eV	Q_{sd}/eV	材料	Q_c/eV	Q_{sd}/eV
Al	1.55	1.5	Cu	2.1	2.1
β-Ti	1.4	1.35～1.52	Nb	4.26	4.1～4.6
γ-Fe	3～3.2	2.8～3.2	Mo	4.2～4.6	4～5
β-Co	2.9	1.7～2.9	W	6.1	5.2～6.7
Ni	2.74	2.9～3.1	Au	1.8	1.7～1.95

试验结果表明，稳态蠕变速度与应力的关系复杂一些，当应力较低时，稳态蠕变速度与应力关系可表示为

$$\dot{\varepsilon} = A_2 \sigma^n \tag{1-64}$$

式中，A_2 为与材料特性和温度有关的常数；n 为稳态蠕变速度的应力指数。由于上式表明稳态蠕变速度是应力的幂函数，所以符合上式的蠕变称为幂律蠕变。对于纯金属，$n = 5$；但对于固溶体和第二相强化合金，应力指数较为复杂。

当应力增加到一定程度后，出现了幂律失效，即蠕变速度与应力的幂函数关系不再成立，此时可以采用指数函数表示

$$\dot{\varepsilon} = A_2' \exp(B\sigma) \tag{1-65}$$

将式合并，得到稳态蠕变速度与应力和温度关系的蠕变方程

$$\dot{\varepsilon} = A_3 \sigma^n \exp\left(-\frac{Q_c}{RT}\right) \tag{1-66}$$

式中，A_3 为与材料特性有关的常数。

(3) 材料特性对蠕变速度的影响

材料特性是影响稳态蠕变速度的重要因素。这里主要介绍晶粒尺寸和层错能的影响。

① 晶粒尺寸

高温条件下，晶界表现出黏滞性。在晶界面切应力分量作用下，晶粒之间可以沿着晶界发生活动，造成材料的变形。因此，多晶体的变形由晶粒本身的变形和晶界滑动两部分组成。图 1-23 给出了稳态蠕变速度对晶粒尺寸的依赖曲线。晶粒越细小，晶界面积越大，晶界滑动对变形的贡献越大。反之，粗晶则可以降低晶界滑动对变形的贡献。但是当晶粒尺寸达到一定程度时，晶界滑动对变形量的贡献可以忽略，蠕变速度将不再依赖于晶粒尺寸，此时金属的稳态蠕变特征和蠕变规律与单晶体没有明显的差别。

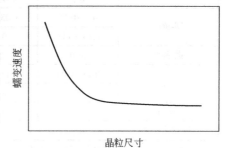

图 1-23 晶粒尺寸对蠕变速度的影响

当晶界上有第二相析出时，由于第二相粒子阻碍晶界滑移，起到了强化晶界的作用，此时，晶粒越细小，蠕变速度反而越低。同时，相对于传统的平直晶界，弯曲晶界可以很好地阻碍晶界滑移，也可以提高材料的抗蠕变能力。

② 层错能

试验发现，许多面心立方晶格金属的蠕变速度和层错能有关。蠕变速度与层错能的关系可以表示为

$$\frac{\dot{\varepsilon}kT}{DGb} = A'\left(\frac{\sigma}{G}\right)^n \varphi\left(\frac{\gamma_F}{Gb}\right) \tag{1-67}$$

式中，$\varphi(\gamma_F/Gb)$ 是关于层错能的函数，经过试验确定该函数可表示为

$$\varphi\left(\frac{\gamma_F}{Gb}\right) = \left(\frac{\gamma_F}{Gb}\right)^3 \tag{1-68}$$

将式（1-68）代入式（1-67），可以得到

$$\frac{\dot{\varepsilon}kT}{DGb} = A'\left(\frac{\sigma}{G}\right)^n \left(\frac{\gamma_F}{Gb}\right)^3 \tag{1-69}$$

1.8 摩擦磨损

摩擦、磨损和润滑这三个相互关联的科学与技术构成摩擦学。零件表面之间的相对运动会产生摩擦，磨损是摩擦的主要结果之一。采用适当的润滑材料，可以显著降低磨损，延长工件使用寿命。

（1）摩擦系数

两个相互接触的物体发生相会运动时，在接触面产生切向的运动阻力，称为摩擦力。这种摩擦仅与物体接触部分的表面相互作用有关，而与物体状态无关。影响摩擦过程的因素较多，一般认为载荷、速度、温度、表面粗糙度和表面膜等五个因素对摩擦影响较大。

摩擦系数是评定摩擦性能的重要参数，它与材料本身及环境条件有关，表 1-9 给出了几种材料相互摩擦的相关数据。

表 1-9 常见材料的摩擦系数

摩擦副材料	摩擦系数		摩擦副材料	摩擦系数	
	无润滑	润滑		无润滑	润滑
钢-钢	0.15①	0.1~0.12①	铸铁-铸铁	0.15	0.15~0.16①
	0.1	0.05~0.1			0.07~0.12
钢-铸铁	0.2~0.3①	0.05~0.15	铸铁-青铜	0.28①	0.16①
	0.16~0.18	0.15①		0.15~0.21	0.07~0.15
钢-黄铜	0.19	0.03	铜-铜	0.20	—
钢-青铜	0.15~0.08	0.1~0.15①	黄铜-黄铜	0.17	0.02
		0.07	青铜-黄铜	0.16	
钢-铝	0.17	0.02	青铜-青铜	0.15~0.20	0.04~0.10
钢-轴承合金	0.2	0.04	铝-黄铜	0.27	0.02

① 表示静摩擦系数，其余为滑动摩擦系数。

当表面存在各种薄膜时，摩擦主要发生在膜内，金属摩擦表面不易发生黏着，摩擦系数降低，减少摩擦磨损。在工程中，常在摩擦表面涂覆一层软金属膜（铟、铅、镉等），可以降低摩擦系数，减少磨损。同时，膜的厚度对摩擦系数也有较大影响，一般认为存在一个膜厚极限值，当膜厚小于该极限值，摩擦系数随膜厚的增加而降低；当膜厚大于该值，摩擦系数随厚膜增加而增加。

（2）磨损

磨损是摩擦的必然结果，它是接触物体在相对运动时，表面材料不断发生损耗的过程或产生

残余变形的现象，并最终影响着机械的精度和使用寿命。

试验结果表明，机械零件的磨损过程主要分为三个阶段，如图 1-24 所示。在跑合阶段，摩擦表面具有一定的粗糙度，真实接触面积较小，故初始磨损速率很大，随着表面逐渐被磨平，真实接触面积增加，磨损率逐渐降低，逐步进入稳定磨损阶段，此时磨损已经稳定下来，磨损量很低，磨损速率保持恒定。构件主要工作于稳定磨损阶段，此时达到

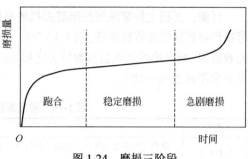

图 1-24 磨损三阶段

构件性能最佳状态，因此，尽可能延长稳定磨损阶段是提高机械零件使用寿命的重要方法。随着时间或摩擦行程的增加，材料进入急剧磨损阶段，此时摩擦表面之间的间隙逐渐扩大，磨损速率急剧增加，摩擦副温度升高，磨损量迅速增加，零件性能难以得到保障，需要可以更换零部件。

多数情况下摩擦磨损是有害的，但在一些特殊情况下，如研磨工况、刹车片等，此时增加摩擦反而是有益的。

（3）润滑

接触表面在摩擦过程中会产生热量，使工作温度升高，严重时会导致摩擦面的胶合。为了减少机械的磨损和发热，保证运行安全，延长使用寿命和降低能耗，可以在摩擦表面间进行润滑。

润滑分为流体润滑和非流体润滑，其中流体润滑作用较为显著，在工程中应用普遍。采用流体润滑时，摩擦表面并不直接接触，由一层厚度为 1.5~2μm 以上的润滑膜隔离开，依靠润滑膜的压力平衡外载荷。此时，产生的摩擦为润滑膜分子间的内摩擦，因此摩擦系数很小，通常为 0.001~0.008，有效地降低了磨损，改变了摩擦副的工作性能。

1.8.1 常见磨损类型

磨损是一个复杂的微观动态过程，为了分析磨损机理，采取相应的防磨措施，可以根据不同条件有不同的分类方法。常见分类如图 1-25 所示。

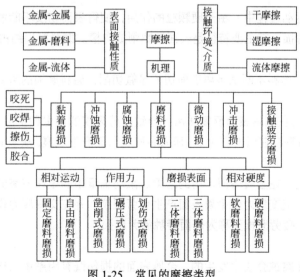

图 1-25 常见的摩擦类型

目前，工程上经常采用按照磨损机理来区分，主要为黏着磨损、磨料磨损、腐蚀磨损、微动磨损和表面接触疲劳磨损等。表1-10列出了它们的内容、磨损特点以及常见实例。在各种磨损中，黏着磨损、磨料磨损和表面接触疲劳磨损是磨损的基本类型，其中，磨料磨损占磨损失效的50%，黏着磨损占20%～30%。

表1-10 常见磨损类型的内容、特点及实例

类型	内容	特点	实例
黏着磨损	摩擦过程中发生焊合，接触点材料由一个表面转移至另一个表面	接触点黏着剪切破坏	内燃机的铝活塞壁与缸体摩擦损伤
磨料磨损	硬颗粒或凸出物冲刷摩擦表面引起材料剥落	磨料作用于表面而破坏	球磨机的衬板与钢球摩擦；农机与矿山机械零件磨损
疲劳磨损	接触表面发生滚动摩擦，因周期性载荷在表面产生变形和应力，导致裂纹形成，分离出微片或颗粒	表面或次表面受接触应力反复作用导致疲劳裂纹	滚动轴承；齿轮副
腐蚀磨损	摩擦过程中存在化学或电化学反应	有化学或电化学反应的摩擦破坏	曲轴颈氧化磨损；化工设备中的摩擦表面
微动磨损	接触表面作低振幅振荡引起表面复合磨损	复合式磨损	片式摩擦离合器的内外摩擦片结合面

(1) 黏着磨损

两个接触表面在相对运动过程中，如果表面的微凸部分在局部高压下发生了固相黏着，即冷焊，继而被剪切分离，使得材料从一个表面转移到另一个表面，或者以磨屑的形式脱离出来，这种磨损称为黏着磨损，也称为擦伤、磨伤、胶合、咬住、结疤等。黏着磨损使得摩擦副降低了零件的使用性能，严重时可产生咬合现象，完全丧失了滑动的能力，如轴承轴颈部件润滑失效时，可发生擦伤或咬死损伤。

磨损失效涉及摩擦副的材质和磨损工况。摩擦副材料相同时，如成分、晶格类型、原子间距、电子密度、电化学性能等大致相近，此时材料的相溶性大，易于黏着而引发失效。而金属与非金属材料的相溶性小，黏着倾向小。

(2) 磨料磨损

配合表面在相对运动过程中，由于硬颗粒的作用，使得表面物质不断消耗，这种磨损称为磨料磨损，也称为磨粒磨损，其主要特征是表面被犁削成沟槽。磨料磨损约占磨损损坏的50%。磨料产生有三种来源。

a. 显微切削假设。磨料不断从金属表面切下显微切削，磨料磨损的磨屑与切削加工的切屑一样，是螺旋形的。

b. 疲劳假设。磨料在金属表面反复作用，导致疲劳裂纹的产生和扩展，从而引起磨损损坏。

c. 压痕假设。磨料颗粒在压力作用下，压入金属表面而产生压痕，从表面层上挤压出剥落物。

(3) 疲劳磨损

疲劳磨损是交变应力在金属表面作用的结果。滚动轴承中的滚珠与滚道之间的接触点，其作用力便属于交变应力。交变应力使金属表面产生疲劳裂纹，并在交变应力作用下不断扩展而引起表面开裂，导致剥落。疲劳磨损又称为表面接触疲劳磨损。

(4) 腐蚀磨损

腐蚀磨损是金属在腐蚀介质中发生的。金属表面的损伤既有因摩擦而产生的磨损，同时还与周围腐蚀介质发生化学或电化学反应，产生了表层金属损失或迁移。化学反应会增强机械磨损作

用。腐蚀磨损一般包括冲蚀和气蚀。

腐蚀性液体或气体中的细小磨料以高的相对速度，并以某种投射角射向工件表面，使工件表面与颗粒接触处产生磨损损坏，介质又引起腐蚀，这种腐蚀称为冲蚀。电厂中的风机叶片及输灰管道就是这种类型的磨损损坏。

液体介质中高速运动的零件，由于其表面的脱硫而产生局部负压，迅速形成气泡。气泡在正压区会突然爆破，使零件表面受到显微冲击波，从而产生点状塑性变形和点状疲劳，加上介质的化学和电化学腐蚀作用引起的损坏，会使金属表面出现蜂窝状孔洞，这种腐蚀磨损称为气蚀。水电站中的水涡轮及火电厂的水泵均有气蚀损坏现象。

在每一个实际的磨损现象中，往往包含着多种磨损过程，而且工作条件的不同，如外力大小、速度快慢、温度高低、介质性质、金属和磨料的硬度，引起损坏的主要磨损类型便有所不同，而且各种磨损还能相互影响，因此，研究磨损问题和耐磨材料时，须弄清零件工作条件，分析引起损坏的主要磨损类型，然后才能选择合适的方法和材料，以提高零件的耐磨性。

事实上，工程上的磨损很少是一种单独机制起作用，多是若干种机制协同作用或是交替发生。如黏着磨损剥落下来的颗粒，可以成为磨料而转变为黏着——磨料复合磨损。在不同的磨损阶段，磨损类型也会有所不同。因此，解决磨损问题，首要的问题是分析参与磨损的各要素特性，找出起主要作用的磨损机理，有针对性地采取措施减少磨损。

1.8.2 提高耐磨性的措施

摩擦磨损主要发生在材料表面，因此，采用机械、物理或者化学的方法使得材料表面获得特殊的成分、组织结构和性能，可以提高材料的耐磨性能；而对于已经磨损的零件，材料表面工艺可以修复损伤，延长使用寿命。

（1）表面淬火

淬火只发生在钢铁表面，可以在表面获得马氏体组织，保证硬度和耐磨性，而芯部组织保持不变，保证了抗冲击性能。

（2）表面扩散热处理

主要包括渗碳、渗硼、渗氮、碳氮共渗、渗硫、硼钒共渗等，这些工艺可以在表面引入新的化学元素起到硬化作用，提高耐磨性。如齿轮、轴、销等零件都可以采用这些工艺提高耐磨耐蚀性能。表 1-11 列举了常见的几种扩散热处理工艺耐磨性及适用范围。

表1-11 常见的扩散热处理工艺耐磨性及适用范围

工艺名称	硬化层厚度/mm	硬化层硬度 HRC	耐磨性	适用性
渗碳	0.5～1.5	55～65	改善抗接触疲劳能力和残余应力状态，降低耐蚀性	低碳钢、低碳合金钢
碳氮共渗	0.08～0.50	58～63	改善抗接触疲劳能力，对耐蚀性无影响	低碳钢、低碳合金钢
渗氮	0.8（合金结构钢） 0.01（工模具钢）	58～70	改善抗接触疲劳能力，对耐蚀性在有白层时一般是提高，但对不锈钢一般是降低的	38CrMoAl等含Al、Cr、Mo的合金钢
渗硼	0.013～0.127	73～85	对接触疲劳性能影响不大，提高耐蚀性，很好的抗黏着能力，高的耐磨料磨损能力	低碳钢、镍基和钴基合金，难熔合金，工模具钢
扩散 (Cr、Si、Al、Zn)	0.15～1.0（渗Al） 0.05～0.08（渗Zn） 0.1～0.8（渗Si）	70～76 （渗Cr）	改善耐蚀性	碳钢与合金钢、不锈钢、工具钢、耐高温钢

（3）堆焊及热喷涂

堆焊或热喷涂是采用热源将堆焊或涂敷材料熔融或加热成半熔化状态覆盖在基体上的表面处理技术。

堆焊材料随磨损类型的不同而不同，如为抵抗磨料磨损，可采用高铬白口铸铁电焊条；为减少和避免气蚀，可采用 2Cr13、1Cr18Ni9Ti 等不锈钢电焊条；如堆焊工作量很大，则可用焊丝进行自动堆焊。石油钻杆接头、铲运机刀片、挖泥船的绞刀和输煤机中部槽板的易磨损部位堆焊合金层后，可以大幅度提高耐磨性。表 1-12 比较了常用堆焊合金的性能。

表 1-12 常用堆焊合金的性能比较

堆焊合金	韧性	耐磨性	性能特点
碳化物	↓	↑	耐磨料性能很好
高铬白口铸铁			耐低应力磨料磨损很好，抗氧化
马氏体合金铸铁			耐磨料磨损性能好，抗压强度高
钴基合金			抗氧化、耐腐蚀、耐热、抗蠕变
镍基合金			耐腐蚀、抗氧化、抗蠕变
马氏体钢			耐磨料磨损和冲蚀，抗压强度高
珠光体钢			耐磨料磨损，抗冲击，价格低廉
奥氏体钢			可加工硬化
不锈钢			耐腐蚀
高锰钢			韧性好，耐凿削磨损，耐冲击磨损

热喷涂在防磨工作中也具有重要的地位。它是将合金粉末喷涂或喷熔在金属表面，既可做预防性防磨覆盖，也可对已磨损的零件尺寸和形状进行修复。内燃机活塞环喷钼涂层及 Mo+35%Ni 基自熔合金涂层具有良好的抗黏着磨损能力。表 1-13 给出了常用的耐磨热喷涂材料。

表 1-13 常见耐磨热喷涂材料及应用

喷涂材料	主要成分/%	供应状态及喷涂方法	性能及应用
Fe-Cr-B-Si 自熔合金	Cr: 25.0; B: 4.0; Si: 4.0; Fe 余量	粉 火焰、等离子	耐磨、耐蚀
Ni-Cr-B-Si 自熔合金	Cr: 17.0; B: 3.5; Si: 4.0; Fe: 4.0; C: 1.0; Ni 余量（可加 Cu、Mo 各 2~3）	粉 火焰、等离子	抗腐蚀、冲刷及空蚀，与碳化钨混合使用，可用于高结合力、耐磨及表面精度要求
Co-Cr-W 自熔合金	Cr: 28.0~30.0; W: 6~11; B: 1.5~2.5; Si: 2.0~3.0; C: 0.7~1.0; Co 余量	粉 火焰、等离子	高温下抗蚀耐磨，用于汽车排气阀密封面
碳化铬-镍铬合金	65Cr_3C_2-35NiCr	粉 火焰、等离子	耐高温磨损，用于喷气发动机透平部分密封
碳化钨-钴合金	Co: 9~15; WC	粉 爆涂、等离子	WC-9Co：极耐磨，可代替烧结碳化物；WC-15Co：耐磨，耐较高抗冲击、热振和微动磨损，使用温度达 538℃
氧化铝	Al_2O_3>99	粉 火焰、爆涂、等离子	绝缘、抗磨，抗化学腐蚀及氧化，加 2.5%~13%TiO_2 可致密喷涂层，用于化工泵的柱塞及机械密封环

（4）激光表面处理

激光表面处理包括激光表面硬化、表面熔凝处理、表面合金化等。激光表面处理可以提高零件表面耐磨性，已在汽车零件上广泛使用，如激光淬火处理可锻铸铁的转向器外壳，耐磨性可提高九倍；凸轮经过激光表面处理，寿命可提高三倍。

（5）电镀和化学镀

电镀是通过电化学方法在金属表面镀上 Cr、Ni、Fe、Zn、Co、Pb、Au、Ag、Cu 等金属及其合金，可以大幅度提高耐磨耐蚀性能。在重载条件下，镀层也不易与其他金属间发生咬死现象。常用于干摩擦、抗黏着磨损、腐蚀磨损和磨料磨损的工矿。电镀也可以用于修复受损零件，如镀铁工艺可用于修复受损的柴油机缸套衬。

化学镀是通过自催化和化学还原而得到镀层的方法。化学镀镍层比电镀镍更硬、更耐磨，抗黏着磨损、腐蚀磨损能力更强，可用于切削刀具、凸轮和活塞等。

通过在电镀和化学镀的镀液中加入一定量的金属、非金属或化合物微粒，可以沉积出复合镀层，进一步提高耐磨性能。如 Ni-SiC 复合镀层中含有 10%～30% 的 SiC，具有抗氧化、抗腐蚀磨损的能力，可用于内燃机缸套。

（6）气相沉积

气相沉积是从气相中析出固相并沉积于基体表面，可分为物理气相沉积和化学气相沉积。常得到的气相沉积涂层有 TiN、TiC、Ti（CN）、Al_2O_3、W_2C、Si_3N_4 等，其中 TiN、TiC 涂层较硬，抗磨耐蚀性好，应用较为广泛。

（7）表面形变强化

滚压、挤压和喷丸处理都可以强化金属表面，提高材料耐磨性。如 40Cr 钢经过淬火+回火，喷丸试样的磨损量仅为不喷丸的 60% 左右。

（8）铸造复合技术

铸造复合技术可以通过在铸型特定部位涂敷含有合金元素的涂料，利用金属液的热量，使合金元素熔化并弥散到金属液中，从而在铸件相应部位表面形成合金化层并提高耐磨性。如拖拉机履带板上的小孔是磨损严重部位，在形成小孔的砂芯表面涂刷含有粉状铬铁合金的涂料，可以提高小孔的耐磨性。

思考题

1. 弹性模量和刚度有什么异同？
2. 屈服强度与弹性极限有什么区别？
3. 工程应力-应变与真应力-应变曲线有什么区别？
4. 屈强比是什么？有什么意义？
5. 金属为何会出现颈缩？其判据是什么？
6. 颈缩前后应力状态有何变化？
7. 工程上有哪些提高金属强度的方法？
8. 说明布氏硬度、洛氏硬度和维氏硬度的测量原理。
9. 工程上有几种常见的韧性定义？
10. 什么是韧脆转变现象？如何确定韧脆转变温度？

11. Mn/C 比对钢韧脆转变温度有什么影响?
12. Basquin 公式是什么?
13. Coffin-Manson 公式是什么?
14. 疲劳裂纹扩展有什么规律?
15. Paris 公式是什么?有什么工业价值?
16. 工程上有哪些提高疲劳强度的措施?
17. 是否粗晶粒的抗蠕变性能优于细晶粒?
18. 磨损有哪几个阶段?
19. 有哪些常见的磨损类型?
20. 列出三种可以提高耐磨性的措施。

第2章 合金的结构与相图

纯金属一般具有较好的塑性、导电性、导热性等，但它们的强度、硬度、耐磨性等力学性能较低，无法满足工程需求，因此，机械工程中大多数使用合金，很少采用纯金属。

合金是在一种金属元素基础上，加入其他元素组成的具有金属特性的新材料。合金在工程上具有广泛的应用，如钢铁是以铁为基础的铁碳合金，黄铜是以铜为基础的铜锌合金。合金的开发拓展了纯金属的性能，基本满足了社会对材料多种多样的要求，是工程机械的物质基础。

为了便于描述，先要介绍一下合金中常用的术语。

(1) 组元

组成合金的最基本、能够独立存在的物质称为组元。一般情况下，组元就是组成合金的元素，但稳定的化合物（Fe_3C等）也可以作为组元。根据组成合金的组元数目不同，可以分为二元合金、三元合金等。

(2) 合金系

是由给定组元按不同比例配制而成的一系列合金构成的一个合金系统，如不同含碳量的碳钢和生铁构成铁碳合金系。

(3) 相

合金中具有相同成分、结晶构造，并与其他部分以界面分开的均匀组成部分称为相，如铁碳合金中渗碳体就是一种相。

(4) 组织

显微镜下观察到的具有一定特征和形态的组成部分称为组织。纯金属的组织由单相组成，合金组织可以是单相，也可以是多相。

合金的性能取决于组织，而组织由不同的相组成，因此需要研究合金的相结构。

2.1 固态合金中的相结构

合金在熔点以上，各组元相互溶解成为均匀的液体，称为液相。当合金液冷却凝固时，由于各组元之间相互作用不同，形成固溶体和化合物两种相结构。

2.1.1 固溶体

某元素的晶格中溶入其他元素原子所组成的新相称为固溶体。形成固溶体后,晶格保持不变的组成称为溶剂,失去原有晶格的溶入组元称为溶质。因此,固溶体的晶格类型与溶剂组成相同。

固溶体的浓度通常指固溶体中溶质原子所占的质量分数,以 C 表示:

$$C = \frac{溶质元素的质量}{固溶体的总质量} \times 100\% \tag{2-1}$$

在一定条件下,溶质元素在固溶体中的极限浓度称为固溶体的溶解度。凡溶解度有一定限制的固溶体称为有限固溶体;当溶质原子在固溶体中不存在极限浓度时,即溶质原子和溶剂原子无论以怎样的配比都能形成均匀的单相固溶体,则称为无限固溶体。

根据溶质原子在溶剂晶格中的分布情况,可将固溶体分为间隙固溶体和置换固溶体两种类型。

(1) 间隙固溶体

无论组成何种形式的晶格,原子间总有一些空隙存在。直径较大的原子组成的晶格,其间隙较大,可以容纳一些尺寸较小的原子。这种溶解方式,即溶质原子嵌入溶剂晶格的空隙中所形成的固溶体称为间隙固溶体,如图 2-1 所示。实践证明,形成间隙固溶体的条件为溶质与溶剂原子的直径比一般不大于 0.59。如碳原子可以溶解到 α-Fe 和 γ-Fe 的晶格间隙中形成间隙固溶体。由于溶剂晶格的间隙有一定限制,对于间隙固溶体只能形成有限固溶体,其溶解度随温度的增加而上升。

(2) 置换固溶体

在溶剂晶格的某些点阵位上,溶质原子替代溶剂原子而形成的固溶体称为置换固溶体,如图 2-2 所示。置换固溶体的溶解度可以是有限的,也可以是无限的。只有当溶质和溶剂元素具有相同的晶格类型,原子直径差别很小,在元素周期表中的位置较为接近时,才能形成无限固溶体,如 Fe-Cr、Cu-Ni 均为无限固溶体。

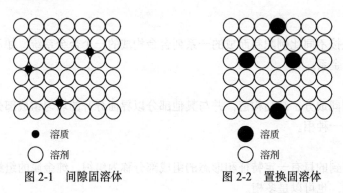

图 2-1　间隙固溶体　　　图 2-2　置换固溶体

由于溶质和溶剂原子直径有一定差别和化学性质不同,无论形成间隙固溶体或置换固溶体,都会产生晶格畸变,如图 2-3 所示,因而增加了晶体位错运动的阻力,强化了金属。这种因形成固溶体而引起金属强度、硬度增加的现象称为固溶强化。如向铜中加入 19%的镍,可使 σ_b 由 220MPa 提升至 400MPa,HBS 由 44 提升至 70,而塑性基本不变。如对铜施以冷变形,产生加工硬化,虽然增加强度,但塑性大幅度降低。因此,固溶强化是一种良好的强化手段,几乎所有要求综合力学性能的结构材料(强度、硬度和塑性、韧性之间良好配和)多以固溶体为基体相。

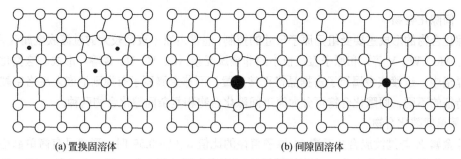

(a) 置换固溶体　　　　　　　　(b) 间隙固溶体

图 2-3　固溶体导致的晶格畸变

2.1.2 化合物

当溶质含量超过固溶体的溶解度时，合金组元相互作用生成一种晶格类型不同于任一组成晶格类型的新相，称为化合物。

化学物有非金属化合物和金属化合物两种。

非金属化合物依赖非金属键结合，如离子键，没有金属特性。它们由合金原料或熔炼过程中带入，尽管数量不多，但会降低合金的机械性能，如碳钢中的 FeS、MnS 等。

金属化合物由金属键结合，具有明显的金属特性，如碳钢中的 Fe_3C、黄铜中的 CuZn 合金等。金属化合物一般具有复杂的晶格结构，熔点高，硬而脆，能提高合金的强度、硬度和耐磨性，但降低材料塑性和韧性。金属间化合物是各类合金材料（如硬质合金和许多有色合金）中重要的组成相。根据形成条件的不同，金属化合物可以分为三种：

（1）正常价化合物

元素周期表中相距较远，电化学性质相差较大的两种元素能形成正常价化合物。它们符合化合价规律，可用明确的化学式表达，如 Mg_2Si、Mg_2Pb 等。这类化合物的性能特点是硬度高、脆性大。当其在固溶体基体上合理分布时，可以强化合金，如 Mg_2Si 可以强化 Al-Mg-Si 合金。

（2）电子化合物

电子化合物不按照正常的化合价化合，而按一定的电子浓度（价电子数/原子数）化合。表 2-1 为一些元素在形成合金相时能贡献的价电子数。电子浓度为 21/14 的电子化合物，具有体心立方晶格，称为β相，如 CuZn、Cu_5Sn、Cu_3Al、FeAl、NiAl 等；电子浓度为 21/13 的电子化合物，具有复杂立方晶格，称为γ相，如 Cu_5Zn_8、$Cu_{31}Sn_8$、Cu_9Al_4 等；电子浓度为 21/12 的电子化合物，具有密排六方晶格，称为ε相，如 $CuZn_3$、Cu_3Sn、Cu_5Al_3 等。电子化合物虽然可用化学式表示，但实际上它的成分是可变的，如 Cu-Zn 合金中，β相的含锌量从 36.8% 到 56.5%，原因是电子化合物能溶解一定量的组成，形成以化合物为基的固溶体。

表 2-1　一些元素在形成合金相时能贡献的价电子数

元素	价电子数	元素	价电子数
Cu、Ag、Au	1	Sn、Si、Ge、Pb	4
Be、Mg、Zn、Cd、Hg	2	As、Sb、Bi、P	5
Al、In、Ga	3		

电子化合物常见于 Cu-Zn、Cu-Sn、Cu-Al 等有色合金。它们硬度高，脆性大，不适合于作为合金基体，但当与固溶体适当配合，可提高材料的强度和硬度。

(3) 间隙化合物

间隙化合物的形成主要受组元原子尺寸的控制，通常由原子直径较大的过渡族金属元素（Fe、Cr、Mn、Mo、W、V 等）和原子直径很小的非金属元素（C、V、H、B 等）形成。这类化合物组成的新晶格中，过渡族金属原子占据晶格正常位置，而非金属原子有规则地嵌入晶格空隙中。根据结构特征的不同，间隙化合物可分为简单间隙化合物和复杂间隙化合物两种。

① 简单间隙化合物

当非金属 X 与过渡族合金元素 M 原子直径的比值 $d_X/d_M<0.59$ 时，形成具有简单晶格的间隙化合物，称为简单间隙化合物，或称间隙相。过渡族金属的氮化物、氢化物及钨、钼、钒、钛、钽、铌等的碳化物，都是简单间隙化合物。

在这类化合物中，过渡族金属原子形成与它本身晶格类型不同的简单晶格结构，非金属原子位于晶格的间隙中，如图 2-4 为 VC 的晶格结构。金属钒属于体心立方晶格，但在 VC 中，V 原子形成面心立方晶格，C 原子位于晶格间隙中。简单间隙化合物具有极高硬度、熔点和稳定性，并具有明显的金属特性，是合金工具钢和硬质合金中的重要组成相。如高速钢 $W_{18}Cr_4V$ 在 800℃下仍然能保持其高硬度（HRC>60），主要原因是高硬度的 W_2C、VC 在高温下比较稳定，而且呈弥散分布。

② 复杂间隙化合物

当 $d_X/d_M>0.59$ 时，形成具有复杂晶格的间隙化合物，称为复杂间隙化合物。如碳钢中的 Fe_3C，合金钢中的 $Cr_{23}C_6$、Cr_7C_3、W_2C、FeB 等均属于此类。

渗碳体是碳与铁的化合物，是钢中的重要组成相，对钢的强度和耐磨性具有重要作用。其晶体结构如图 2-5 所示，它既不同于 α-Fe 的体心立方晶格，也不同于 C 的六方晶格，而是由 C 原子构成一个正交晶格，在每个 C 原子周围都有六个 Fe 原子构成八面体，每个八面体的轴彼此倾斜一定角度，其中包含一个 C 原子，每个 Fe 原子为两个八面体共有，故包含 3 个 Fe 原子，因此，Fe 与 C 原子比例为 3∶1，可以计算出 Fe_3C 的含碳量约为 6.69%。

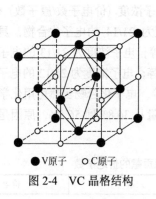

图 2-4 VC 晶格结构

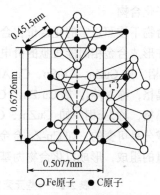

图 2-5 Fe_3C 晶格结构

在 Fe_3C 中，铁原子可以被其他金属原子（Mn、Cr、Mo、W 等）所置换，形成如 $(Fe,Cr)_3C$ 类型的复杂渗碳体，称为合金渗碳体。Fe_3C 中的碳原子也可被氮、硼等原子所置换而形成 $Fe_3(C,N)$、$Fe_3(C,B)$ 等。

工业上使用的合金，除了少数具有单相固溶体组织外，多数是由两相或多相组成的组织，如 Fe-C 合金在室温时由碳在 α-Fe 中的固溶体和 Fe_3C 组成，这些相组成的组织属于机械混合物。在机械混合物中各个相保持原有的晶格，性能介于组成相之间，取决于它们各自的数量、形状、大小和分布等。

2.2 相图的建立

合金的凝固过程比纯金属的结晶复杂得多，通常应用合金相图分析合金的结晶过程。相图（状态图）是表示物质的状态和温度、压力、成分之间关系的简明图解。由于涉及的材料一般都是凝聚态，压力的影响很小，所以通常的相图是在恒压（一个大气压）下物质的状态与温度、成分之间的关系。因为相图是在极其缓慢的加入和冷却条件下建立的，相图中的组织是接近平衡条件下获得的产物，称为平衡组织。研究相图不仅可以了解合金在缓慢冷却条件下的组织，也可以对不同冷却速度下的组织作一定判断。生产中，相图是制定铸造、锻造、焊接和热处理等热加工工艺的重要依据。

（1）相平衡

相平衡指各相的化学热力学平衡。化学热力学平衡包括机械平衡、热平衡和化学平衡。当合力为零时，系统处于机械平衡；当温差消失时，系统处于热平衡；当系统中各相的化学势相等时，系统处于化学平衡。如果这三种平衡同时出现，则系统达到了化学热力学平衡。

（2）相平衡条件

对于不含气相的材料系统，相的热力学平衡可由它的吉布斯自由能 G 决定。由 $G=H-TS$ 可知，当 $dG=0$ 时，整个系统处于热力学平衡状态；若 $dG<0$，系统将自发地过渡到 $dG=0$，从而使系统达到平衡状态。

（3）自由度

自由度是指在平衡系统中独立可变的因素，如温度、压力、相成分、电场、磁场、重力场等。说其独立可变，是因为这些因素在一定范围内任意改变而不会改变原系统中共存相的数目和种类。平衡系统中独立可变因素的最大数目称为自由度数。

（4）相律

处于平衡状态下的多相系统，每个组元在各相中的化学势必然彼此相等。处于平衡状态的多元系中可能存在的相数将有一定的限制，这种限制可用吉布斯相律表示

$$f = C - P + 2 \tag{2-2}$$

式中，f 为系统的自由度数，指不影响体系平衡状态的独立可变参量（温度、压力、浓度等）的数目；C 为体系的组元数；P 为相数。

对于不含气相的凝聚体系，压力在通常范围的变化对平衡的影响极小，一般认为是常量，因此，相律可表示为

$$f = C - P + 1 \tag{2-3}$$

相律给出了平衡状态下体系中存在的相数与组元数及温度、压力之间的关系，对分析和研究相图具有重要的指导作用。

（5）相图的建立

相图是在恒压下物质的状态与温度、成分之间的关系图。借助相图，可以确定任一给定成分的合金，在不同的温度和压力条件下由哪些相组成，以及相的成分和相对含量。同时，相图也是开发新的合金，分析合金组织，研究组织变化规律的有效工具。因此，有必要了解相图的建立过程。

① 纯金属

在单元系统中只含有一种纯物质,组元数 $C=1$,影响系统平衡状态的外界因素是温度和压力。根据相律 $f=C-P+2=3-P$,由于 $f \geq 0$,所以 $P \leq 3$,表明单元系统中平衡共存的相不能超过 3 个;当 $P=1$,则 $f=2$,表明如果温度和压力确定下来,那么系统的状态也就随之完全固定下来。因此,用二维平面图形即可描绘单元系统中的相数、温度和压力之间的关系。

许多物质在不同温度和压力下,晶体结构会发生变化,称为同素异晶转变。同素异晶转变前后的固相称为同素异晶体,它们之间的转变过程称为晶型转变过程,存在晶型转变的单元系统,在相图上会增加点或线。

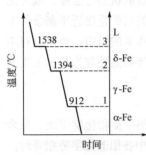

图 2-6 纯铁相图的建立

纯金属的结晶过程可用冷却曲线来研究。以纯铁为例,把纯铁冷却曲线上的转变点投影到温度坐标上,得到相应的点,如图 2-6 所示。这些点可以表示纯铁在不同温度下的组织变化规律(1 个大气压条件)。1 点之前为 α-Fe,1~2 点间为 γ-Fe,2~3 点间为 δ-Fe,3 点以上为液相。这样就建立起纯铁的相图。

② 二元合金

二元系比单元系多一个组元,它既有成分的变化,也有温度和压力的变化,则二元合金相图必然为三维立体图形。考虑到立体图形的复杂性,以及体系多数处于一个大气压下,因此,二元相图只考虑体系在成分和温度变量下的热力学平衡条件,二元合金相图变为二维平面图形,横坐标为成分,纵坐标为温度。如果体系由 A、B 两组元构成,横坐标一端为组元 A,另一端则为组元 B,则相图中不同配比的成分均可以在横坐标上找到相应的点。

二元合金相图是用实验方法建立的。实验的依据是合金的组织变化势必引起合金性质(硬度、电阻、比容、磁性等)的变化。这样就可以把不同成分合金的临界点(组织转变的温度)测定出来,其中较为流行的是热分析法。

图 2-7 给出了 Cu-Ni 合金以热分析法建立二元合金相图的一般过程。

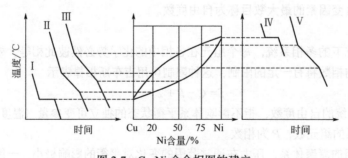

图 2-7 Cu-Ni 合金相图的建立

Ⅰ—100%Cu;Ⅱ—80%Cu+20%Ni;Ⅲ—50%Cu+50%Ni;Ⅳ—25%Cu+75%Ni;Ⅴ—100%Ni

a. 配制不同成分的合金。图 2-7 中给出了五种合金,配制的合金越多,作出的相图越精确。

b. 测定各组合金的冷却曲线,找出相变临界点(冷却曲线上的转折和停歇点)。

c. 将各临界点绘制在温度-合金成分坐标系中。

d. 将相同意义的各临界点连接起来,如把合金开始结晶(结晶结束)的临界点连接起来,得到 Cu-Ni 合金相图。

2.3 匀晶相图

将合金两组元在液态和固态均无限互溶时的相图称为匀晶相图。满足形成无限置换固溶体的两组元才能形成这类相图。如 Cu-Ni 合金,铜和镍的原子直径差别很小,铜的原子直径为 0.255nm,镍的为 0.249nm;二者在周期表中的位置非常接近,铜的原子序数为 29,镍的为 28;二者均为面心立方晶格,所以能形成匀晶相图。此外,Fe-Cr、Au-Ag 等合金亦构成匀晶相图。

图 2-8 为 Cu-Ni 合金相图,为典型的匀晶相图。A 点为纯铜的熔点 1083℃,B 点为纯镍的熔点 1455℃。$\overparen{AB}$ 为液相线,$\overparen{AB}$ 为固相线。现以含 $k\%$Ni 的 Cu-Ni 合金来说明其结晶过程。合金成分线 kk 分别与液相线、固相线相交于 1、4 点。当在 0 至 1 段时,合金处于液态。当缓冷至 1 点,开始从液相 L 中析出 α 相,随着温度的不断降低,α 相的数量增多,液相 L 数量减少,同时 α 相和 L 相的成分通过原子扩散也在不断变化,如图 2-8 所示。在 t_1 温度时,液固相成分分别为 1′和 1″点在横坐标上的投影。缓冷至 t_2 温度时,液固相成分分别为 2′和 2″在横坐标上的投影,依此类推。总之,合金在结晶过程中,由于结晶出的固相比液相含有较多的 Ni,液相成分将沿着液相线由 1′变化至 3′,而固相成分将沿着固相线由 1″变化至 3″,直至结晶终了。在 4 点以下继续冷却,α 固溶体不再变化。

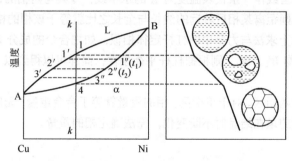

图 2-8 Cu-Ni 二元合金相图及结晶过程

当在冷速无限缓慢、原子扩散充分进行的平衡条件下,结晶出的固体成分均一。但在实际生产条件下,冷速较快,原子的扩散过程远远赶不上结晶过程,导致了先结晶出的 α 相含镍高,后结晶出的 α 相含镍低,造成了晶粒内部化学成分的不均匀现象,称为枝晶偏析。枝晶偏析的存在,严重影响了合金的机械性能和耐蚀性,一般可以采用扩散退火工艺消除,即将合金加热到低于固相线 100～200℃ 的高温,经长时间保温,使原子扩散充分进行。

在二元合金相图的两相区,为了求得某合金在某一温度下两相的化学成分,可采用杠杆定律。图 2-9 为 Cu-Ni 合金,作一条代表温度 t_x 的水平线,与液相线和固相线相交,交点在横坐标上的

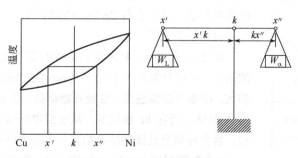

图 2-9 二元合金相图杠杆定律

投影代表着相的成分，即液相中含 Ni 量为 $x'\%$，固相中含 Ni 量为 $x''\%$。设合金的总重量为 1，在 t_x 温度时液相重量为 W_L，固相重量为 W_α，则

$$W_L + W_\alpha = 1 \tag{2-4}$$

液相中含 Ni 为 $x'\%$，固相中含 Ni 量为 $x''\%$，合金中含 Ni 量为 $k\%$，合金中的含 Ni 重量等于液相和固相中含 Ni 重量之和，则

$$W_L \times x'\% + W_\alpha \times x''\% = k\% \tag{2-5}$$

解方程（2-4）和方程（2-5）可得

$$W_L = \frac{x''k}{x''x'} \times 100\% \tag{2-6}$$

$$W_\alpha = \frac{kx'}{x''x'} \times 100\% \tag{2-7}$$

因而

$$\frac{W_L}{W_\alpha} = \frac{x''k}{kx'} \tag{2-8}$$

根据上面的推导，确定两相的相对重量的方法如下：

通过该合金成分的垂线作一条代表温度为 t_x 的水平线，令其与两相的边界相交，此时两交点间的水平线分为两段，则距离某相区较远的线长与全长之比就等于该相的相对重量。

如图 2-9 所示，以上求法与力学中的杠杆定律相似，如把合金的成分 k 视为支点，在杠杆两端 x'、x'' 处分别悬挂重物 W_L、W_α，则根据杠杆平衡条件，同样可以得到以上结果，因此也称为杠杆定律。

杠杆定律只适用于两相区。对于单相区，相的重量就等于合金重量，无应用杠杆定律的必要；而对于三相区，因为相的量在结晶时不断变化，无法确定相的重量。

2.4 共晶相图

合金两组元在液态完全互溶，在固态下互不溶解或有限溶解，并发生共晶反应，从液相中同时结晶出两个固相，则组成共晶相图。根据合金两组元在固态下的溶解程度，共晶相图可分为简单共晶相图和一般共晶相图。

2.4.1 简单共晶相图

合金的两组元在液态下完全互溶，在固态下互不溶解的共晶相图，成为简单共晶相图，典型的简单共晶二元合金有 Be-Si、Cd-Bi 等。

（1）相图分析

图 2-10 为由 A、B 两组元构成的简单共晶相图。a 点为组元 A 的熔点，b 点为组元 B 的熔点。acb 线为液相线，在此线以上为液相区。冷却至该线温度，合金开始结晶。在 ac 线以下，从液相中析出 A 晶体，而在 bc 线以下，从液相中析出 B 晶体。dce 线为固相线，合金冷却至此线后结晶结束，全部为固相。

c 点为液相线 ac、bc 与固相线 dce 的交点，表示成分为 c 的液

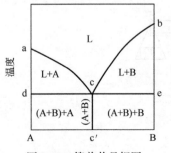

图 2-10 简单共晶相图

态合金,冷却至该点温度,同时结晶出 A+B 的固相机械混合物,即发生了共晶反应:

$$L \longrightarrow A+B$$

由共晶反应所获得的两相机械混合物 A+B,称为共晶体,c 点称为共晶点。组织全部是共晶体的合金,称为共晶合金,其化学成分称为共晶成分。

由以上点、线分析可知,简单共晶相图存在以下相区:acb 线以上为单相区 L;acd 区为 L+A 两相区;cbe 区为 L+B 两相区;dce 线以下为 A+B 两相区,根据组织不同,该区可分为三个部分,Adcc′区内是 (A+B)+A, cc′线上是共晶体 (A+B), c′ceB 区内是 (A+B)+B, dce 线是 L+A+B 三相区。

(2) 合金结晶过程

① 共晶合金

图 2-11 给出了合金Ⅰ的冷却曲线及组织转变。共晶合金冷却曲线的形式与纯金属完全相同,但组织转变不同。在 1 点温度以上,合金全部为液相,当缓慢冷却至 1 点温度,即共晶反应温度,此时具有共晶成分的液体进行共晶反应,形成共晶体 (A+B)。液体不断减少,共晶体不断增多,直至 1′点共晶反应结束,全部组织均为共晶体;随后继续缓慢冷却,其组织不再发生改变。上述结晶过程可归纳为:

$$L \xrightarrow{1} L+(A+B) \xrightarrow{1'} (A+B)$$

由于共晶反应是在恒温下进行,同时结晶出的两种晶体得不到充分长大,所以,共晶体组织比较细密,呈弥散分布。

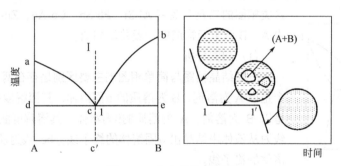

图 2-11 合金Ⅰ结晶过程

② 亚共晶合金

成分在共晶点 c 以左的合金均称为亚共晶合金。

图 2-12 给出了亚共晶合金Ⅱ的冷却曲线及组织转变示意图。合金在 1 点温度以上为液相 L。当缓慢冷却至 1 点温度,从液相中开始结晶出 A 晶体。随着温度降低,析出的 A 晶体越来越多,剩余液相中由于 A 晶体的析出而使含 B 组元的浓度相对增加,直至冷却至 2 点,达到共晶温度,剩余液相达到共晶成分,发生共晶反应,形成共晶体 (A+B),到 2′点温度,共晶反应结束,组织为 A+(A+B)。在 2′点温度以下,继续冷却,组织不再发生变化。上述结晶过程可归纳为:

$$L \xrightarrow{1} L+A \xrightarrow{2} L+A+(A+B) \xrightarrow{2'} A+(A+B)$$

③ 过共晶合金

成分在共晶点 c 以右的合金为过共晶合金。

图 2-12 给出了亚共晶合金Ⅲ的冷却曲线及组织转变示意图。过共晶与亚共晶合金的结晶过程

相似，区别在于过共晶合金先从液体中析出 B 晶体，室温组织为 B+(A+B)。其结晶过程可归纳为

$$L \xrightarrow{1} L+B \xrightarrow{2} L+B+(A+B) \xrightarrow{2'} B+(A+B)$$

先析出的 A 晶体（或者 B 晶体）与共晶体中的 A 晶体（或者 B 晶体）属于同一相结构，因此，不论是亚共晶、共晶或过共晶都是由 A 晶体和 B 晶体两相组成。但是先析出的晶体与共晶析出的晶体形态不同，先析出晶体较为粗大，而共晶析出的晶体较为细密。因此，一般认为亚共晶、共晶或过共晶的组织分别为 A+(A+B)、(A+B)、B+(A+B)。

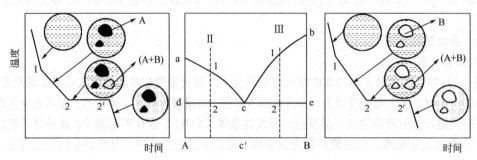

图 2-12　合金Ⅱ和合金Ⅲ的结晶过程

2.4.2　一般共晶相图

合金的两组元在液态下完全互溶，在固态下有限互溶的共晶相图，称为一般共晶相图。属于这类相图的二元合金有 Al-Si、Pb-Sn、Cu-Ag、Zn-Sn 等。图 2-13 为由 A、B 两组元构成的一般共晶相图。

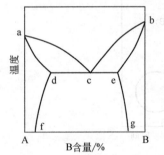

图 2-13　一般共晶相图

（1）相图分析

一般结晶相图与简单相图的主要区别是存在两种有限固溶体，一个是以 A 为溶剂、B 为溶质的 α 固溶体，其溶解度曲线为 df；另一个是以 B 为溶剂、A 为溶质的 β 固溶体，其溶解度曲线为 eg。图中 ad 线为从液体中结晶出 α 固溶体的终了线；be 线为从液体中结晶出 β 固溶体的终了线。

由于合金的两组元在固态下有限互溶，共晶反应的产物不再是由 A 晶体和 B 晶体组成的共晶体，而是由 α 固溶体和 β 固溶体组成的共晶体，其共晶反应式为：

$$L_c \longrightarrow (\alpha_d + \beta_e)$$

式中的下标 c、d、e 分别表示 L、α、β 的化学成分。

一般共晶相图的中间部分与简单共晶相图的形式相同，而左、右上半部分与匀晶相图类似。应用前述的匀晶相图和简单共晶相图的知识，能较容易地掌握一般共晶相图。

一般共晶相图有三个单相区：L、α、β；有三个两相区：L+α、L+β、α+β；dce 线为 L+α+β 三相区。

（2）合金的结晶过程

① 合金Ⅰ

如图 2-14 所示，在 1 点以上，合金处于液态；在 1～2 点之间，从液相中析出 α 相；到了 2 点，液相全部转变为 α 相；2～3 点之间，α 相无变化。上述过程与匀晶相图的分析相同。当温度

降至 3 点时，α相中溶入的组元 B 达到饱和状态。随着温度的降低，α相中多余的 B 组元以β固溶体形式析出。为了与液相中结晶出的初晶β相有所区别，把它称为二次β相，用$β_{II}$表示。合金 I 在室温时的显微组织为$α+β_{II}$。上述结晶过程可归纳为：

$$L \xrightarrow{1} L+α \xrightarrow{2} α \xrightarrow{3} α+β_{II}$$

应用杠杆定律可计算出室温组织中α和$β_{II}$的相对重量：

$$W_α = \frac{x_g}{f_g} \times 100\% \tag{2-9}$$

$$W_{β_{II}} = \frac{f_x}{f_g} \times 100\% \tag{2-10}$$

式中，x_g表示 x 点与 g 点的距离；f_g 表示 f 点与 g 点的距离；f_x 表示 f 点与 x 点的距离。

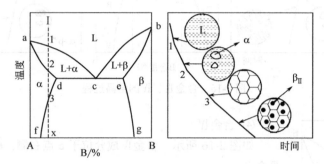

图 2-14 合金 I 的结晶过程

② 合金 II

如图 2-15 所示，该合金为共晶合金。在共晶温度 c 点以上为液相 L，当冷却至共晶温度 c 产生共晶反应，由液相中同时结晶出（α+β）共晶体，直至 c'点温度，共晶反应结束。c'点温度以下，继续降低温度，共晶体中的α相也要析出$β_{II}$，由于$β_{II}$析出量不大，而且$β_{II}$一般与共晶体中的β相连在一起，不易分辨，故一般不予单独考虑。同样地，一般也不单独考虑共晶体β相中析出的$α_{II}$相。因此，合金 II 在室温时的显微组织可以看成由（α+β）共晶体组成。上述结晶过程可归纳为：

$$L \xrightarrow{c} L+(α+β) \xrightarrow{c'} (α+β)$$

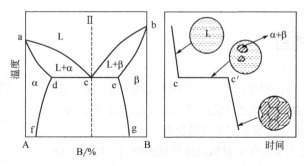

图 2-15 合金 II 的结晶过程

③ 合金 III

如图 2-16 所示，合金 III 成分位于 c 点左侧，d 点右侧，属于亚共晶合金。

当合金冷却至 1 点，从液相中结晶出 α 相。随着温度的降低，α 相的数量逐渐增加，而液相数量不断减少，其成分沿着 1c 线变化。当冷却至共晶温度 2 点时，剩余液相成分达到 c 点，符合共晶反应的条件，剩余液相同时结晶出 (α+β) 共晶体。当共晶反应结束，组织为 α+(α+β)。随后，继续降低温度，初晶 α 相和共晶体中的 α 相都要析出 $β_{II}$。由于 $β_{II}$ 析出量不大，形态上不易分辨，一般也不予单独考虑。因此，合金Ⅲ室温下的显微组织为：α+(α+β)。上述结晶过程可归纳为：

$$L \xrightarrow{1} L+\alpha \xrightarrow{2} L+\alpha+(\alpha+\beta) \xrightarrow{2'} \alpha+(\alpha+\beta)$$

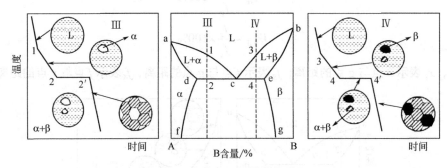

图 2-16　合金Ⅲ、Ⅳ的结晶过程

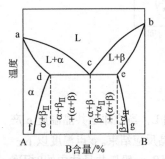

图 2-17　共晶相图中的组织

④ 合金Ⅳ

如图 2-16 所示，合金Ⅳ成分位于 c 点右侧，e 点左侧，属于过共晶合金。

该合金的结晶过程与亚共晶合金大体相似，不同之处在于液相中结晶出的初晶相为 β 而不是 α。合金Ⅳ在室温的显微组织为 β+(α+β)。其结晶过程可归纳为：

$$L \xrightarrow{3} L+\beta \xrightarrow{4} L+\beta+(\alpha+\beta) \xrightarrow{4'} \beta+(\alpha+\beta)$$

把以上合金的室温组织填写在相图中，得到如图 2-17 所示的组织状态图。这样的组织状态图与显微镜下的合金组织基本一致。一般而言，初晶 α 和 β 相比较粗大，共晶体 (α+β) 是两相机械混合物，形态较小；而二次相 $α_{II}$ 和 $β_{II}$ 非常细小。

2.5　包晶相图

与共晶相图类似，包晶相图的两组元在液态完全互溶，在固态有限溶解。但相图水平线代表的包晶反应与共晶反应不同。Cu-Zn、Cu-Sn、Ag-Pt、$Fe-Fe_3C$ 等合金系都有包晶反应。

以 $Fe-Fe_3C$ 相图左上角部分来说明包晶反应的特点。如图 2-18 所示，合金从液相缓冷至 1 点时，从液相析出 δ 相。随着温度的降低，δ 相数量增加，液相数量减少，δ 相的成分沿着 AH 线变化，液相成分沿着 AB 线变化。当达到 J 点时，发生如下反应：

$$L_B + \delta_H \longrightarrow A_J$$

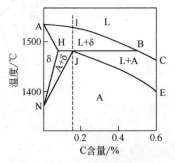

图 2-18　$Fe-Fe_3C$ 包晶相图部分

这种在恒温下液相与一个固相相互作用形成一个新固相的过程称为包晶反应。图 2-19 为包晶反应过程示意图。首先，液相与δ相相互作用，在它们的界面上生成一层 A 相。由于 A 的成分与 L、δ不同，在其生长过程中必然发生铁、碳原子在 A 中的扩散，这样，A 包围着δ晶体，靠着不断向内消耗δ相、向外消耗液相而长大，最后形成单一的 A，包晶反应结束。

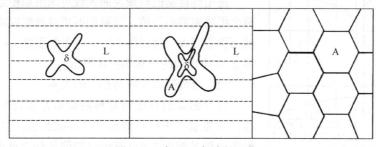

图 2-19 包晶反应过程示意图

2.6 共析相图

共析相图与共晶相图的形式相似，只是将共晶相图中的液相区改为固相区。图 2-20 为共析相图。dce 为共析反应线，c 为共析点，反应式为：

$$\gamma_c \longrightarrow \alpha_d + \beta_e$$

这种在恒温下由一种固相同时析出两个固相的过程称为共析反应，反应的产物称为共析体或共析组织。

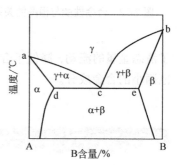

图 2-20 共析相图

2.7 形成稳定化合物的相图

稳定化合物具有严格的成分（A_nB_m）和确定的熔点，而且在熔点以下既不分解也不产生任何化学反应。在相图中，稳定化合物可以作为独立组元。通过 A_nB_m 点的成分垂线，可将整个相图划分为两个相图，即 A-A_nB_m 系和 A_nB_m-B 系，如图 2-21 所示。

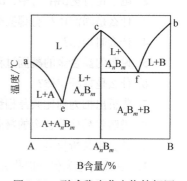

图 2-21 形成稳定化合物的相图

2.8 合金性能与相图的关系

相图说明合金组织与成分、温度的关系，又反映了合金的结晶特点。合金的机械性能取决于它的成分和组织，而某些工艺性能又与其结晶特点密切相关。因此，合金性能与相图之间必然存在联系，如图 2-22 所示。

（1）合金机械性能与相图的关系

合金在室温下的组织主要有单相固溶体和两相混合物两种类型。

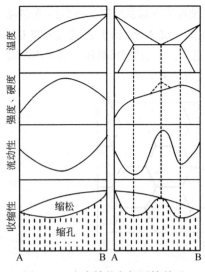

图 2-22 合金性能与相图的关系

单相固溶体的机械性能既取决于溶剂金属本身的性质，又取决于溶质类型和含量。一般而言，溶入的溶质越多，溶质原子和溶剂原子尺寸相差越大，则固溶体的强度和硬度越高。

两相混合物的机械性能大致可采用加和定律表示，即为两个组成相的平均值。当两相形成共晶组织或共析组织时，两相弥散度大（片间距小），将引起强度、硬度的提高，如图 2-22 中虚线的凸起小三角所示。

(2) 合金铸造性能与相图的关系

合金的铸造性能指材料用铸造方法获得优质铸件的性能，主要取决于材料的流动性和收缩性。合金铸造性能与相图中结晶温度范围（液相线和固相线之间的距离）有关。结晶温度范围越宽，初生的树枝晶越发达，被分割包围在枝晶间的液体越多，这些液体凝固时得不到补缩，容易形成缩松，而缩孔倾向有所减少。同时，发达的枝晶也阻碍了液态金属的流动，降低了合金的流动性。因此，铸造合金一般优先选择共晶成分或结晶温度范围小的合金成分。

思考题

1. 说明组元、相、组织的定义。
2. 电子化合物β相、γ相、ε相分别是什么晶格类型？
3. 什么是固溶体？有哪些类型？
4. 什么叫相律？
5. 说明匀晶合金的凝固过程。
6. 什么是杠杆定律？
7. 先析出相为何比共晶相粗大？
8. 说明包晶成分合金的凝固过程。
9. 什么叫共析反应？
10. 铸造合金为何一般优先选择共晶成分合金？
11. 固液区间大小对铸造缺陷有什么影响？

第3章 金属材料的热处理

随着科技的迅速发展,对金属材料性能的要求越来越高。研制新材料和对金属材料进行热处理可以满足日益苛刻的要求。热处理是一种重要的金属热加工工艺,在机械制造工业中被广泛地应用,占有重要的地位。譬如,工模具和轴承100%需要进行热处理;汽车、拖拉机等制造中70%～80%的零件需要热处理;机床制造中60%～70%的零件需要热处理。

热处理是将金属材料在固态下加热到预定的温度,并在该温度下保持一段时间,然后以一定的冷却速度冷却下来,以改变材料整体或表面组织,从而获得所需使用性能或工艺性能的一种热加工工艺,其工艺曲线如图3-1所示。

通过合适的热处理可以显著提高材料力学、物理和化学性能,节约材料。如航空工业中应用广泛的LY12硬铝,经淬火和时效处理后抗拉强度从196MPa提高到392～490MPa。热处理工艺不但可以强化金属材料、充分挖掘材料性能潜力、降低结构重量、节省材料和能源,而且能够提高机械产品质量、大幅度延长机械零件的使用寿命。如3Cr2W8V热模具钢制备的锻模经过合适的热处理之后平均寿命从1500次提高到4500次。此外,还可以消除材料经铸造、锻造、焊接等热加工工艺造成的各种缺陷,细化晶粒,消除偏析,降低内应力,使组织和性能更加均匀。在生产过程中,工件经切削加工等成形工艺而得到最终形状和尺寸后,再进行的赋予工件所需使用性能的热处理称为最终热处理。热加工后,为随后的冷拔、冷冲压和切削加工或最终热处理作好组织准备的热处理,称为预备热处理。

热处理是改善金属材料性能常用的主要手段,但不是所有金属材料均能实现热处理强化目的。原则上只有在加热或冷却时发生溶解度显著变化或者存在固态相变的合金才能进行热处理。

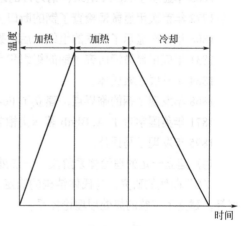

图3-1 热处理工艺过程示意图

3.1 热处理发展史

3.1.1 热处理发展阶段

自开始使用金属材料起，人类就开始使用热处理。热处理发展过程大体上经历了民间技艺阶段、技术科学阶段和建立一定的理论体系阶段等三个阶段。

（1）民间技艺阶段

根据文物考证，我国西汉时期就出现了经淬火处理的钢制宝剑。史书记载在战国时期即出现了淬火处理。据秦始皇陵开发证明，当时已有烤铁技术，兵马俑中的武士佩剑制作精良，距今已有两千多年的历史，出土后表面光亮完好，令世人赞叹。古书中有"炼钢赤刀，用之切玉如泥也"，可见当时热处理技术发展的水平。但是中国几千年的封建社会造成了贫穷落后的局面，在明朝以后热处理技术就逐渐落后于西方。虽然我们的祖先很有聪明才智，掌握了很多热处理技术，但是把热处理发展成一门科学还是近百年的事。在这方面，西方和俄罗斯学者走在了前面，新中国成立以后，我国的科学家也做出了很大的贡献。

（2）技术科学阶段（实验科学）——金相学

此阶段大约从 1665 年到 1895 年，主要表现为实验技术的发展阶段。

1665 年显示了 Ag-Pt 组织、钢刀片的组织。

1772 年首次用显微镜检查了钢的断口。

1808 年首次显示了陨铁的组织，后称魏氏组织。

1831 年应用显微镜研究了钢的组织和大马士革剑。

1864 年发展了索氏体。

1868 年发现了钢的临界点，建立了 Fe-C 相图。

1871 年英国学者 T. A. Blytb 著《金相学用为独立的科学》在伦敦出版。

1895 年发现了马氏体。

（3）建立一定的理论体系阶段——热处理科学

"S"曲线的研究，马氏体结构的确定及研究，K-S 关系的发现，对马氏体的结构有了新的认识等，建立了完整的热处理理论体系。

3.1.2 中国古代热处理案例

材料热处理在中国具有悠久的历史。公元前 14～前 11 世纪的殷代时期，在金箔锤制过程中已采用了退火处理。白口铸铁柔化退火工艺的创始也不晚于战国初期（公元前 5 世纪），这是中国古代热处理技术的一项重大发明。战国后期（公元前 3 世纪）已对熟铁进行渗碳淬火。西汉以来，淬火工艺较普遍地得到应用。

退火方面，河南殷墟出土的殷代金箔经过了再结晶退火处理以消除金箔冷锻硬化。1974 年洛阳市出土的春秋末期战国初期的铁锛经过脱碳退火，使白口铸铁表面形成一层珠光体组织以提高韧性。同时出土的铁铲是经过柔化退火的可锻铸铁件。20 世纪 50 年代山东薛城出土的西汉（公元前 206～公元 24）铁斧是铁素体基体的黑心可锻铸铁，当时柔化处理技术已有较大的提高。明代宋应星著《天工开物》（刊印于 1637 年）有锉刀翻新工艺的记载，说明齿尖已磨损的旧锉刀，先退火再用錾子划齿。书中还记载了制针工艺中工序间消除内应力的退火。

渗碳工艺起源于战国后期所创造的渗碳钢。1968年河北满城出土的西汉中山靖王刘胜的佩剑表面有明显的渗碳层,并经淬火,其硬度为HV900～1170,而中心低碳部分的硬度为HV220～300。表面硬度较高,锋利耐磨,而中心则有很好的韧性,不易折断。刘胜的错金书刀经过渗碳局部淬火后,刃部和刃背获得硬韧兼备的效果,可见当时刀、剑的热处理工艺已具有很高的水平。《天工开物》叙述了古代制针用的渗碳剂和固体渗碳工艺。明末方以智著《物理小识》(成书于1647年)记载了3种渗碳剂:一是"虎骨朴硝酱,刀成之后火赤而屡淬之";二是"酱同硝涂錾口,锻赤淬火";三是用"羊角乳发为末,调敷刀口"。前两者都有一定的渗氮作用。

淬火工艺首先用于熟铁渗碳淬硬。1965年河北易县燕下都遗址出土的战国后期锻剑等武器大都是经过淬火硬化的,经金相分析,发现了淬火产生的针状马氏体。《史记·天官书》(成书于公元前91年)有"水与火合为焠"之说。《汉书(记西汉事)·王褒传》有"巧冶干将之朴(窄长有短把的刀),清水焠其锋"的记载。《太平御览·蒲元传》载三国时蜀人蒲元对他的"神刀"淬火用水的选择,虽多渲染,不尽可信,但当时确已认识到水质对淬火效果的影响。《北齐书·列传第四十一》载东魏、北齐间(534～577)的綦母怀文在"宿铁刀"淬火时"浴以五牲之溺,淬以五牲之脂"。可见当时已采用含盐的水和油作为具有不同冷却速度的液冷介。

3.2 钢的热处理

3.2.1 钢在加热时的转变

热处理通常由加热、保温和冷却三个阶段组成。加热、保温为热处理提供组织准备;冷却时通过改变冷却速度,控制组织中的成分变化和相变化,获得相应组织,从而获得所需性能。

(1) 钢的临界温度

加热是钢热处理的第一步,其目标就是获得化学成分均匀、晶粒细小的奥氏体,为冷却做组织准备。碳钢的加热温度由Fe-Fe$_3$C相图确定。

Fe-Fe$_3$C相图中的PSK、GS和ES是钢的平衡临界温度线,当加热温度(或冷却温度)高于(或低于)这些临界温度线时,钢将发生相结构和组织变化。PSK、GS和ES分别用A_1、A_3和A_{cm}表示。实际加热(或冷却)过程通常在非平衡条件下进行,相变临界温度会有所提高(或降低)。为区别于平衡临界温度,加热时的临界温度分别用A_{c1}、A_{c3}和A_{ccm}表示;冷却时的相变临界温度分别用A_{r1}、A_{r3}和A_{rcm}表示。图3-2为这些临界温度在Fe-Fe$_3$C相图上的位置示意图。

亚共析钢加热温度要高于A_{c3},A_{c3}随亚共析钢中含碳量的增加而降低。因此亚共析钢获得单相奥氏体的加热温度为[A_{c3}+(20～40)]℃。共析钢加热温度要高于A_{c1},而A_{c1}为一定值,因此共析钢获得单相奥氏体的加热温度为[A_{c1}+(20～40)]℃。过共析钢获得单相奥氏体的加热温度应高于临界温度A_{cm},A_{cm}随过共析钢中含碳的增加而升高。因此过共析钢获得单相奥氏体的加热温度为[A_{cm}+(20～40)]℃。

(2) 钢在加热时的转变

大多数热处理过程首先必须把钢加热到奥氏体(A)状态,然后以合适的方式冷却以获得所需组织和性能。通常把钢加热获得奥氏体的转变过程称为"奥氏体化"。加热时形成的奥氏体的化学成分、均匀化程度及晶粒大小直接影响冷却后钢的组织和性能。因此确定钢的加热转变过程,即奥氏体的形成过程是非常重要的。

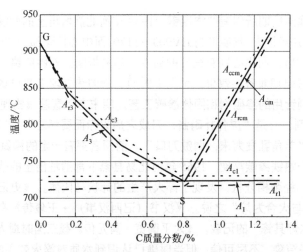

图 3-2 Fe-Fe₃C 相图上碳钢的实际临界温度示意图

① 奥氏体的形成过程

以共析钢为例说明奥氏体的形成过程。从珠光体向奥氏体转变的转变方程：

$$F + Fe_3C \longrightarrow A$$

F 含碳量最高为 0.0218%（质量分数），Fe_3C 和共析钢 A 含碳量分别为 6.69%和 0.77%（质量分数）。F、Fe_3C 和 A 的晶格类型分别为体心立方、复杂斜方和面心立方。可见，珠光体向奥氏体转变包括铁原子的点阵改组、碳原子的扩散和渗碳体的溶解。

实验证明珠光体向奥氏体转变包括奥氏体晶核的形成、晶核的长大、残余渗碳体溶解和奥氏体成分均匀化等四个阶段，图 3-3 是整个过程转变示意图。

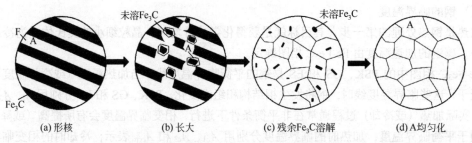

图 3-3 珠光体向奥氏体转变的示意图

a. 奥氏体晶核的形成：奥氏体晶核通常优先在铁素体和渗碳体的相界面上形成。此外，在珠光体团的边界，过冷度较大时铁素体内的亚晶界上也都可以成为奥氏体的形核部位。

b. 奥氏体晶核的长大：形核后晶核向铁素体和渗碳体两侧逐渐长大。与渗碳体相比，奥氏体晶格形状、含碳量更接近铁素体，因此奥氏体晶核向铁素体长大速度大于向渗碳体侧长大速度。

c. 残余渗碳体溶解：在珠光体向奥氏体转变过程中，铁素体和渗碳体并不是同时消失，而总是铁素体首先消失，将有一部分渗碳体残留下来。这部分渗碳体在铁素体消失后，随着保温时间的延长或温度的升高，通过碳原子的扩散不断溶入奥氏体中。一旦渗碳体全部溶入奥氏体中，这一阶段便告结束。

d. 奥氏体成分均匀化：珠光体转变为奥氏体时，在残留渗碳体刚刚完全溶入奥氏体的情况下，C 在奥氏体中的分布是不均匀的。原来为渗碳体的区域碳含量较高，而原来是铁素体的区域，碳含量较低。这种碳浓度的不均匀性随加热速度增大而越加严重。因此,只有继续加热或保温,借助于 C 原子的扩散才能使整个奥氏体中碳的分布趋于均匀。

亚共析钢和过共析钢的奥氏体形成过程和共析钢基本相同。但亚共析钢加热到 A_{c1} 以上时,存在自由铁素体,这部分铁素体只有在加热到 A_{c3} 以上时才能全部转变为奥氏体。同样过共析钢加热到 A_{ccm} 以上时才能得到单一的奥氏体。

② 影响奥氏体形成速度和晶粒大小的因素

影响奥氏体形成速度的因素包括加热温度、碳含量、原始组织、合金元素等,其中温度的作用最为强烈,因此控制奥氏体的形成温度十分重要。温度升高,奥氏体形成速度加快。钢中碳含量越高,奥氏体的形成速度越快。碳含量增加原始组织中碳化物数量增多,增加了铁素体与渗碳体的相界面,增加了奥氏体的形核部位,同时碳的扩散距离相对减小。如果钢的化学成分相同,原始组织中碳化物的分散度越大相界面越多,形核率便越大;珠光体片间距离越小,奥氏体中碳浓度梯度越大,扩散速度便越快;碳化物分散度越大,使得碳原子扩散距离缩短,奥氏体晶体长大速度增加。合金元素通过对碳扩散速度、碳化物稳定性、临界点、原始组织的影响而影响奥氏体的形成速度。

加热后奥氏体晶粒的大小直接影响冷却后钢的组织和性能,奥氏体的晶粒越细,冷却转变后的组织也越细,其强度、韧性和塑性越好。奥氏体晶体大小用晶粒度表示,按国家标准 GB 6394,结构钢的奥氏体晶粒度分为 8 级(见图 3-4),1 级最粗,8 级最细,一般认为 1~4 级为粗晶粒,5~8 级为细晶粒。原始组织、加热的工艺条件和钢的化学成分均影响奥氏体晶粒的大小。原始珠光体组织越细,形成的奥氏体晶粒越小;提高加热温度或延长保温时间,奥氏体晶粒将不断长大;钢中除 Mn、P 等促进奥氏体晶粒长大之外的合金元素及未溶第二相均不同程度地阻碍奥氏体晶粒长大。

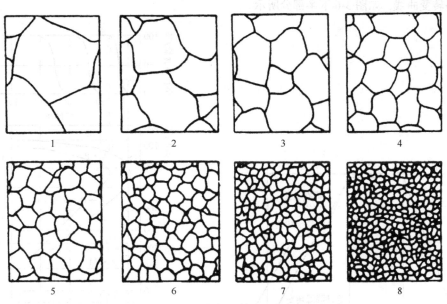

图 3-4 晶粒标准等级示意图

3.2.2 钢在冷却时的转变

钢的热处理加热是为了获得均匀细小的奥氏体晶粒,但获得高温奥氏体组织不是最终目的。

钢的性能最终取决于奥氏体冷却转变后的组织，钢从奥氏体状态的冷却过程是热处理的关键工艺。因此研究不同冷却条件下钢中奥氏体组织转变规律，对于正确制定钢的热处理冷却工艺、获得预期的性能具有重要的实际意义。另外钢在铸造、锻造、焊接之后也要经历高温到室温的冷却过程，虽然不是一个热处理工序，但实质上也是一个冷却转变过程，正确控制这些过程，有助于减小或防止热加工缺陷。

加热后形成的奥氏体，冷却至 A_{r1} 以下时，并不立即转变成其他组织，这种存在于临界温度以下的奥氏体称为过冷奥氏体。过冷奥氏体是不稳定的，随时间的延长或温度的降低，将向其他组织转变。

过冷奥氏体的转变有两种方式：等温转变和连续降温转变，如图 3-5 所示。等温转变是指过冷奥氏体在临界温度以下某一温度等温时发生的转变；连续降温转变是指过冷奥氏体在临界温度以下连续降温冷却过程中发生的转变。为了了解过冷奥氏体在冷却过程中的转变（又称为相变）规律，通常用过冷奥氏体等温转变曲线或连续冷却转变曲线来说明冷却条件和组织转变之间的关系。

3.2.2.1 钢在等温转变时的转变

（1）过冷奥氏体等温转变曲线（C 曲线）

过冷奥氏体等温转变曲线呈"C"形，故又称为 C 曲线，也称 TTT 曲线，是描述过冷奥氏体转变组织与等温温度、等温时间之间的关系。可用金相法建立该曲线：将一系列共析碳钢薄片试样加热奥氏体化后，分别投入 A_1 以下不同温度的等温槽中等温不同时间；通过金相组织观察，测定过冷奥氏体转变量，以确定不同等温下的转变开始和终了时间，如图 3-6 上半部分所示；将所得结果标注在温度-时间坐标图中，并将所有转变开始点相连、所有转变终了点相连，即得过冷奥氏体等温转变曲线，如图 3-6 下半部分所示。

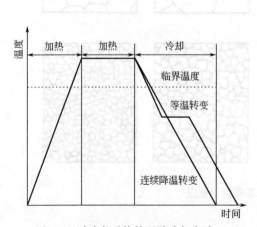

图 3-5 过冷奥氏体的两种冷却方式

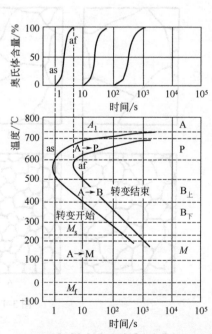

图 3-6 共析碳钢 C 曲线建立方法及其转变产物

C 曲线有三条水平线，上方一条水平线为奥氏体和珠光体平衡温度 A_1 线，下面两条水平线为奥氏体向马氏体开始转变温度 M_s 和转变终了温度 M_f。在 A_1 线之上为奥氏体稳定存在区域。C 曲线中左边一条曲线为转变开始线，右边一条线为转变终止线，在 A_1 线以下和转变开始线以左为过冷奥氏体区。由纵坐标到转变开始线之间的水平距离表示过冷奥氏体等温转变前所需的时间，称为孕育期。转变终止线右边的区域为转变产物区，两条曲线之间的区域为转变过渡区，即转变产物和过冷奥氏体共存区。转变产物以 C 曲线拐弯处（鼻尖）温度（约为 550℃）为界，以上为珠光体类组织，以下是贝氏体类组织。M_s（230℃）与 M_f（-50℃）之间的区域为马氏体转变区，转变产物为马氏体。

曲线形状表明，过冷奥氏体等温转变的孕育期随等温温度变化而变化，C 曲线鼻尖处的孕育期最短，过冷奥氏体最不稳定，提高或降低等温温度都会使孕育期延长，过冷奥氏体稳定性增加。

（2）冷奥氏体等温转变形成的组织

根据转变温度和产物不同，共析钢 C 曲线自上而下可以分为三个区：A_1～550℃之间为珠光体转变区，550～M_s 之间为贝氏体转变区，M_s～M_f 之间为马氏体转变区。珠光体转变是在不大过冷度的高温阶段发生的，属于扩散型相变，马氏体转变是在很大过冷度的低温阶段发生的，属于非扩散型相变，贝氏体转变是中温区间的转变，属于半扩散型相变。

① 珠光体组织

过冷奥氏体在 A_1～550℃之间等温转变形成的产物是珠光体组织。这一区域称为珠光体转变区，该区的三种典型组织如图 3-7 所示。

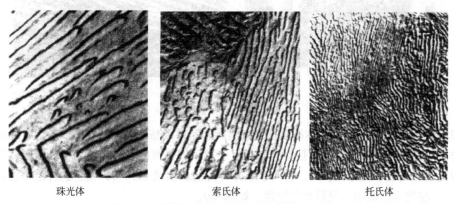

珠光体　　　　　索氏体　　　　　托氏体

图 3-7　等温转变形成的珠光体组织（500×）

等温转变时，渗碳体晶核先在过冷奥氏体晶界或缺陷密集区形成，然后由晶核周围的奥氏体供给碳原子而长大；同时渗碳体周围含碳量低的奥氏体转变为铁素体；但碳在铁素体中溶解度很低，这样铁素体长大时过剩的碳被挤到相邻的奥氏体中，使其含碳量升高，又为生成新的渗碳体晶核创造条件。如此反复进行，奥氏体就逐渐转变成渗碳体和铁素体片层相间的珠光体组织。随着转变温度的下降，渗碳体形核和长大加快，因此形成的珠光体变得越来越细，为区别起见，根据片层间距的大小，将珠光体类组织分为珠光体、索氏体、托氏体，其形成温度范围、组织和性能见表 3-1。珠光体组织的层片间距愈小，相界面愈多，其塑性变形的抗力愈大，强度、硬度愈高；这是由于渗碳体片变薄，使其塑性和韧性有所改善。

表 3-1 共析碳钢的三种珠光体型组织

项目	珠光体	索氏体（细珠光体）	托氏体（极细珠光体）
符号	P	S	T
形成温度/℃	A_1~650	650~600	600~550
层片间距/μm	约 0.3	0.1~0.3	约 0.1
观察设备	普通金相显微镜，500×	高倍显微镜，1000×以上	电子显微镜，2000×
HBS	170~230	230~320	330~400
R_m/MPa	约 1000	约 1200	约 1400

② 贝氏体（B）组织

过冷奥氏体在 550℃~M_s 之间等温转变形成的产物称为贝氏体。这一区域称为贝氏体转变区，如图 3-6。贝氏体是由铁素体与铁素体上分布的碳化物所构成的组织。

在 550~350℃ 范围内，铁素体晶核先在奥氏体晶界上碳含量较低的区域形成，然后向晶粒内沿一定方向成排长大成一束大致平行的含碳微过饱和的铁素体板条；此时碳仍具有一定的扩散能力，铁素体长大时碳能扩散到铁素体外围，并在板条的边界上分布着沿板条长轴方向排列的碳化物短棒或小片，形成羽毛状的组织，称为上贝氏体（$B_上$），如图 3-8。

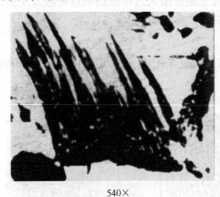

图 3-8 上贝氏体显微组织

在 350℃~M_s 范围内，铁素体晶核首先在奥氏体晶界或晶内某些缺陷较多的地方形成，然后沿奥氏体的一定晶向呈片状长大，因温度较低，碳原子的扩散能力更小，只能在铁素体内沿一定的晶面以细碳化物粒子的形式析出，并与铁素体叶片的长轴成 55°~60° 角，这种组织称为下贝氏体（$B_下$），在光学显微镜下呈暗黑色针片，如图 3-9。

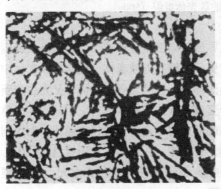 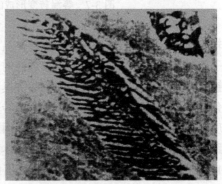

图 3-9 下贝氏体显微组织

贝氏体的力学性能完全取决于其显微结构和形态。上贝氏体的铁素体片较宽，塑性变形抗力较低。同时渗碳体分布在铁素体之间，容易引起脆断，基本上无工业应用价值。下贝氏体的铁素体片细小，碳的过饱和度大，位错密度高，且碳化物沉淀并弥散分布在铁素体内，因此硬度高、韧性好，具有较好的综合力学性能。共析钢下贝氏体硬度为45～55HRC，生产中常采用等温淬火的方法获得下贝氏体组织。

③ 马氏体（M）组织

钢加热形成的奥氏体或过冷奥氏体快速冷却到 M_s 温度以下所转变的组织称为马氏体（M）。所对应的马氏体形成温度范围称为马氏体转变区。由于马氏体形成温度低，碳来不及扩散而全部保留在 α-Fe 中，因此，马氏体实质上是碳在 α-Fe 中形成的过饱和固溶体，晶体结构仍属体心结构，只是因碳的溶入使原 α-Fe 体心立方结构变成体心正方结构，即 C 轴伸长。

M_s、M_f 分别表示马氏体转变的开始温度和终了温度。共析钢成分的过冷奥氏体快速冷却至 M_s（230℃）则开始发生马氏体转变，直至 M_f（-50℃）转变结束，如仅冷却到室温，将有一部分奥氏体未转变而被保留下来，将这部分残存下来的奥氏体称为残余奥氏体。马氏体转变量主要取决于 M_f。奥氏体含碳量越高，M_f 点越低，转变后残余奥氏体量也就越多。

马氏体有板条状和片状两种显微组织形态，如图 3-10、图 3-11。这与钢的含碳量有关：含碳量小于 0.2%时，马氏体呈板条状，如图 3-10(a)；含碳量大于 1%时，马氏体呈片状或针状，如图 3-11；

(a) 板条状马氏体(0.2% C)组织

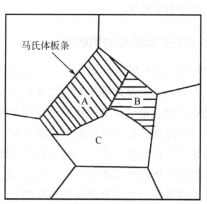
(b) 板条状马氏体组织示意图

图 3-10　板条状马氏体的组织形态

(a) 片状马氏体(1.0% C)组织

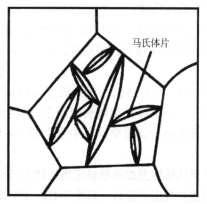
(b) 片状马氏体组织示意图

图 3-11　片状马氏体的组织形态

含碳量介于 0.2%～1.0%的马氏体，则是由板条状马氏体和片状马氏体混合组成，且随着奥氏体含碳量的增加，板条状马氏体数量不断减少，而片状马氏体逐渐增多。

板条状马氏体和片状马氏体的性能如表 3-2 所示。马氏体具有高硬度和高强度。马氏体的硬度主要取决于马氏体的含碳量，随着含碳量增加，马氏体的硬度也增加；当淬火钢中含碳量增加到一定量（≈0.6%）时硬度增加趋于平缓，这是由于奥氏体中含碳量增加，使淬火后残余奥氏体量增加所致。

表 3-2 两种马氏体的性能

马氏体类型	R_m/MPa	$R_{p0.2}$/MPa	HRC	A/%	α_K/(J/cm^2)
板条状马氏体（含碳量 0.2%）	1500	1300	50	9	60
片状马氏体（含碳量 0.1%）	2300	2000	66	1	10

马氏体硬而脆是错误的。马氏体的塑性和韧性均与含碳量有关。高碳马氏体晶格畸变较大，淬火应力也较大，且存在许多显微裂纹，所以塑性和韧性都很差。低碳板条状马氏体中碳的过饱和度较小，淬火内应力较低，一般不存在显微裂纹；同时板条状马氏体中的高密度位错分布不均匀，其中存在低密度区，为位错运动提供了活动余地；所以板条状马氏体具有较好的塑性和韧性。在生产上，常采用低碳钢淬火工艺获得性能优良的低碳马氏体，这样不仅降低了成本，而且得到了良好的综合力学性能。

3.2.2.2 钢在连续冷却时的转变

等温转变曲线反映过冷奥氏体在等温条件下的转变规律，可以用于指导等温热处理工艺。但是钢的正火、退火、淬火等热处理以及钢在铸、锻、焊后的冷却都是从高温连续冷却到低温。连续冷却过程实际上是过冷奥氏体通过了由高温到低温的整个区间，冷却速度不同，到达各个温度区间的时间以及在各区间停留的时间也不同。由于过冷奥氏体在不同温度区间分解产物不同，因此连续冷却转变得到的往往是不均匀的混合组织。

过冷奥氏体连续冷却曲线又称 CCT 曲线，是分析连续冷却过程中奥氏体转变过程及转变产物组织和性能的依据，也是制定钢的热处理工艺重要参考资料。图 3-12 中虚线是共析碳钢的 CCT 图。图中 P_s 线和 P_f 线分别表示过冷奥氏体向 P 转变的开始线和终了线。K 线表示奥氏体向 P 转变中止线。凡连续冷却曲线碰到 K 线，过冷奥氏体就不再继续发生 P 转变，而一直保持到 M_s 温度以下，转变为马氏体。

连续冷却转变时，过冷奥氏体的转变过程和转变产物取决于冷却速度，与 CCT 曲线相切的冷却曲线 V_k 叫作淬火临界冷却速度，它表示钢在淬火时过冷奥氏体全部发生马氏体转变所需的最小冷却速度。

从图 3-12 可看出，共析钢的连续冷却转变曲线位于等温转变曲线右下方。这两种转变的不同处在于：在连续冷却转变曲线中，珠光体转变所需的孕育期要比相应过冷度下的等温转变略长，而且是在一定温度范围中发生的；共析碳钢和过共析碳钢连续冷却时一般不会得到贝氏体组织。

过冷奥氏体转变曲线是制定热处理工艺规范的重要依据之一。通过 C 曲线可以确定退火、正火及其他热处理工艺参数。如图 3-12，图中冷却速度 V_1、V_2、V_3 分别相当于退火、正火、淬火的冷却速度。钢以 V_1 速度冷却到室温时转变为珠光体；以 V_2 冷却下来的组织是索氏体；以 V_3 冷却下来的组织为托氏体，以 V_5 速度冷却获得马氏体+残余奥氏体。

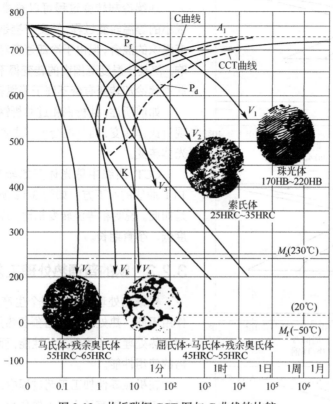

图 3-12 共析碳钢 CCT 图与 C 曲线的比较

钢中碳含量、合金元素种类与含量以及加热工艺参数对过冷奥氏体转变有很大影响。

随奥氏体的含碳量增加，其过冷奥氏体稳定性增加，C 曲线的位置右移。应当指出，过共析钢正常淬火热处理的加热温度为 $[A_{c1}+(30\sim50)]$ ℃，所以，虽然过共析钢的含碳量较高，但奥氏体中的含碳量并不高，而未溶渗碳体量增多，可以作为珠光体转变的核心，促进奥氏体分解，因而 C 曲线左移。因此在正常热处理的加热条件下，对亚共析钢，含碳量增加将使 C 曲线右移；对过共析钢，含碳量增加将使 C 曲线左移；而共析钢的过冷奥氏体最稳定，C 曲线最靠右边，如图 3-13 所示。亚共析钢、过共析钢的 C 曲线和共析钢的 C 曲线比较，亚共析钢在奥氏体向珠光体转变之前，有先共析铁素体析出，C 曲线图上有一条先共析铁素体线 [图 3-13(a)]，而过共析钢存在一条二次渗碳体的析出线 [图 3-13(c)]。

钢中合金元素对 C 曲线的影响极为显著。除 Co 和大于 2.5% 的 Al 外，所有溶入奥氏体的合金元素均使 C 曲线右移，增加过冷奥氏体的稳定性。当铬、锰、钨、钒、钛等易与碳形成碳化物的元素含量较多时，还将改变 C 曲线的形状。而硅、镍、铜等不与碳形成碳化物的元素和锰只使 C 曲线右移，而不改变其形状。但要注意，合金元素如未完全溶入奥氏体，而以化合物（如碳化物）形式存在时，在奥氏体转变过程中将起晶核作用，使过冷奥氏体稳定性下降，C 曲线左移。

加热温度越高或保温时间越长，奥氏体的成分越均匀，晶粒也愈粗大，晶界面积越小。这有利于提高奥氏体的稳定性，使 C 曲线右移。

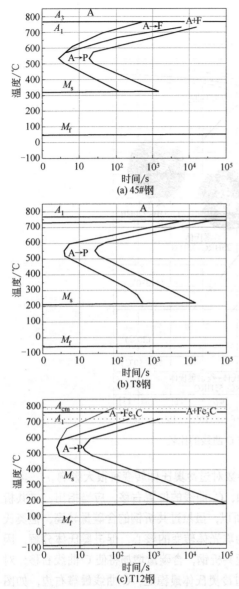

图 3-13 含碳量对碳钢 C 曲线的影响

3.2.2.3 CCT 曲线和 TTT 曲线比较

连续冷却转变过程可以看成是无数个温度相差很小的等温转变过程，转变产物是不同温度下等温转变组织的混合。但由于冷却速度对连续冷却转变的影响，使某一温度范围内的转变得不到充分地发展，因此连续冷却转变有着不同于等温转变的特点。

如前所述，共析钢和过共析钢中连续冷却时不出现贝氏体转变，而某些合金钢中连续冷却时不出现珠光体转变。

CCT 曲线中珠光体开始转变线和终了线均在 TTT 曲线的右下方，如图 3-12 所示，在合金钢中也是如此。说明和等温转变相比，连续冷却转变转变温度低，孕育期长。

3.2.3 钢的普通热处理工艺

根据热处理在零件整个生产工艺过程中位置和作用不同，热处理可分为预备热处理和最终热处理。预备热处理主要改善工艺性能，而最终热处理获得所需的使用性能。

在机械零件加工工艺过程中，退火和正火是一种先行工艺，具有承上启下的作用。大部分零件及工、模具的毛坯经退火或正火后，可以消除铸件、锻件及焊接件的内应力及成分、组织的不均匀性，而且能够调整和改善钢的机械性能和工艺性能，为下道工序作组织性能准备。对一些受力不大、性能要求不高的机械零件，退火和正火可以作为最终热处理。对于铸件，退火和正火通常就是最终热处理。退火与正火的冷却速度较慢，对钢的强化作用较小，除少数性能要求不高的零件外，一般不作为获得最终使用性能的热处理，而是用于改善其工艺性能，故称为预备热处理。退火与正火可消除残余内应力，防止工件变形、开裂，改善组织、细化晶粒，调整硬度，改善切削性能。它们主要用于各种铸件、锻件、热轧型材及焊接构件。国家标准 GB/T 16923—2008《钢件的正火与退火》规定了在炉中加热的钢件正火与退火的技术要求及方法。

钢的淬火和回火是热处理工艺中最重要也是用途最广泛的工艺。淬火可以显著提高钢的强度和硬度。为了消除淬火钢的残余内应力，得到不同强度、硬度和韧性配合的性能，需要配以不同温度的回火。所以淬火和回火是不可分割、紧密衔接在一起的两种热处理工艺。淬火、回火是零件及工、模具的最终热处理，是赋予钢件最终性能的关键性工序，也是钢件热处理强化的重要手段之一。国家标准 GB/T 16924—2008《钢件的淬火与回火》规定了在炉中加热的钢件淬火与回火的技术要求及方法。

(1) 退火

退火是将钢加热至适当温度，保温一定时间，然后缓慢冷却的热处理工艺。主要目的是均匀钢的化学成分与组织，细化晶粒，调整硬度，消除内应力和加工硬化，改善钢的成形及切削加工性能，并为淬火做好组织准备。根据目的和要求不同，工业上退火可以分为完全退火、等温退火、球化退火、去应力退火和均匀化退火。

完全退火：是将亚共析钢加热至 A_{c3} 以上 30~50℃，经保温后随炉冷却，以获得接近平衡组织的热处理工艺。

等温退火：是将钢加热至 A_{c3} 以上 30~50℃，保温后较快地冷却到 A_{r1} 以下某一温度等温，使奥氏体在恒温下转变成铁素体和珠光体，然后出炉空冷的热处理工艺。由于转变在恒温下进行，所以组织均匀，而且可大大缩短退火时间。

球化退火：是将过共析钢加热至 A_{c1} 以上 20~40℃，保温适当时间后缓慢冷却，以获得球状珠光体组织（铁素体基体上均匀分布着球粒状渗碳体）的热处理工艺。经热轧、锻造空冷后的过共析钢组织为片层状珠光体+网状二次渗碳体，其硬度高、塑性、韧性差，脆性大，不仅切削性能差，而且淬火时易产生变形和开裂。因此，必须进行球化退火，使网状二次渗碳体和珠光体中的片状渗碳体球化，降低硬度，改善切削性能。共析钢以及接近共析成分的亚共析钢也常采用球化退火。

去应力退火：是将工件加热至 A_{c1} 以下 100~200℃，保温后缓冷的热处理工艺。其目的主要是消除构件中的残余内应力。图 3-14 表明了不同含碳量碳钢的退火工艺。

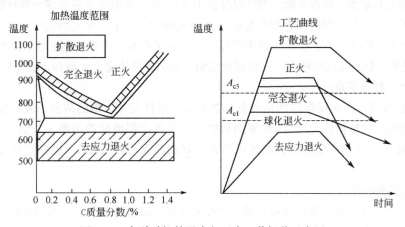

图 3-14 各种碳钢的退火与正火工艺规范示意图

均匀化退火：是将钢加热到略低于固相线温度（A_{c3} 或 A_{ccm} 以上 150~300℃），长时间（10~15h）保温，然后随炉冷却，以使钢的化学成分和组织均匀化。均匀化退火能耗高，易使晶粒粗大。为细化晶粒，均匀化退火后应进行完全退火或正火。这种工艺主要用于质量要求高的合金钢铸锭、铸件或锻坯。在钢铁厂对铸锭一般不单独进行均匀化退火，而是将它与开坯轧制前的加热相结合。措施是提高铸锭的均热温度，加长保温时间，在达到均匀化效果后立即进行热加工。

(2) 正火

正火又称常化，是将工件加热至 A_{c3} 或 A_{ccm} 以上 30~50℃，保温一段时间后，从炉中取出在空气中或喷水、喷雾或吹风冷却的金属热处理工艺。其目的是使晶粒细化和碳化物分布均匀化。

正火与退火的主要区别是正火的冷却速度稍快，因而正火组织要比退火组织更细一些，其机械性能也有所提高。另外，正火炉外冷却不占用设备，生产率较高，因此生产中尽可能采用正火来代替退火。

正火的主要应用范围有：a.用于低碳钢，正火后硬度略高于退火，韧性也较好，可作为切削加工的预处理。b.用于中碳钢，可代替调质处理作为最后热处理，也可作为用感应加热方法进行表面淬火前的预备处理。c.用于工具钢、轴承钢、渗碳钢等，可以消降或抑制网状碳化物的形成，从而得到球化退火所需的良好组织。d.用于铸钢件，可以细化铸态组织，改善切削加工性能。e.用于大型锻件，可作为最后热处理，从而避免淬火时较大的开裂倾向。f.用于球墨铸铁，使硬度、强度、耐磨性得到提高，如用于制造汽车、拖拉机、柴油机的曲轴、连杆等重要零件。g.过共析钢球化退火前进行一次正火，可消除网状二次渗碳体，以保证球化退火时渗碳体全部球粒化。

正火后的组织：亚共析钢为 F+S；共析钢为 S；过共析钢为 S+二次渗碳体，且为不连续。

(3) 淬火

钢的淬火是将钢加热到临界温度 A_{c3}（亚共析钢）或 A_{c1}（过共析钢）以上某一温度，保温一段时间，使之全部或部分奥氏体化，然后以大于临界冷却速度的冷速快冷到 M_s 以下（或 M_s 附近等温）进行马氏体（或贝氏体）转变的热处理工艺。通常也将铝合金、铜合金、钛合金、钢化玻璃等材料的固溶处理或带有快速冷却过程的热处理工艺称为淬火。

① 淬火加热条件

淬火加热温度：碳钢的淬火加热温度可根据铁碳相图确定，如图3-2。亚共析钢的淬火加热温度为 [A_{c3}+(30～50)] ℃，淬火后组织为细小、均匀的马氏体；温度过高，则马氏体组织粗大，使钢的力学性能尤其是塑、韧性下降；加热温度低于 A_{c3}，则淬火组织中将出现一部分铁素体，使淬火钢的硬度下降。过共析钢的淬火加热温度为 [A_{c1}+(30～50)] ℃，淬火后组织为细小、均匀的马氏体+未溶粒状渗碳体；未溶粒状渗碳体的存在，有利于提高淬火钢的耐磨性；如加热温度高于 A_{ccm}，不仅使淬火后的马氏体粗大，而且淬火组织中残余奥氏体量大大增加，反而导致钢的硬度、强度以及塑性、韧性下降。

加热保温时间：淬火保温时间由设备加热方式、零件尺寸、钢的成分、装炉量和设备功率等多种因素确定。对整体淬火而言，保温的目的是使工件内部温度均匀趋于一致。对各类淬火，其保温时间最终取决于在要求淬火的区域获得良好的淬火加热组织。一般由经验公式或者试验来确定。

② 淬火冷却介质

为了得到马氏体组织，冷却速度必须大于淬火临界冷却速度 V_k，但快冷又会产生很大的内应力，引起工件变形与开裂。因此，理想的淬火冷却介质应在 C 曲线鼻部附近快速冷却，而在淬火温度到650℃之间以及 M_s 点以下以较慢的速度冷却。实际生产中，通过调整介质成分，某些淬火介质与理想淬火冷却介质的要求相近。

常用的淬火介质有水、水溶液、矿物油、熔盐、熔碱等。

水是冷却能力较强的淬火介质。来源广、价格低、成分稳定不易变质。缺点是在 C 曲线的"鼻子"区（500～600℃），水处于蒸汽膜阶段，冷却不够快，会形成"软点"；而在马氏体转变温度区（300～100℃），水处于沸腾阶段，冷却太快，易使马氏体转变速度过快而产生很大的内应力，致使工件变形甚至开裂。当水温升高，水中含有较多气体或水中混入不溶杂质（如油、肥皂、泥浆等），均会显著降低其冷却能力。因此水适用于截面尺寸不大、形状简单的碳素钢工件的淬火冷却。

盐水和碱水在水中加入适量的食盐和碱，使高温工件浸入该冷却介质后，在蒸汽膜阶段析出盐和碱的晶体并立即爆裂,将蒸汽膜破坏,工件表面的氧化皮也被炸碎,这样可以提高介质在高温区的冷却能力。其缺点是介质的腐蚀性大。一般情况下,盐水的浓度为10%,苛性钠水溶液的浓度为10%~15%。盐水和碱水可用作碳钢及低合金结构钢工件的淬火介质,使用温度不应超过60℃,淬火后应及时清洗并进行防锈处理。盐浴和碱浴淬火介质一般用在分级淬火和等温淬火中。

油冷却介质一般采用矿物质油(矿物油),如机油、变压器油和柴油等。优点是在200~300℃范围内冷却能力低,有利于减小开裂和变形,缺点是550~650℃范围内冷却能力远低于水,因此不适用于碳钢,通常只用作合金钢的淬火介质。

③ 淬火方法

为保证淬火时既能得到马氏体组织又能减小变形,避免开裂,一方面可选用合适的淬火介质,另一方面可通过采用不同的淬火方法加以解决。工业上常用的淬火方法有以下几种。

单液淬火:是将奥氏体化的钢件仅在水或油等一种介质中连续冷却,如图3-15中曲线1。这种淬火方法操作简单,易于实现机械化自动化,但受水和油冷却特性的限制。

双液淬火:是奥氏体化的钢件先放入一种冷却能力强的介质中,冷却至稍高于马氏体转变温度时取出立即放入另一种冷却能力较弱的介质中冷却,如图3-15中曲线2。工业上常用的双液淬火是水淬油冷。其关键是掌握好工件在水中的停留时间。

分级淬火:是奥氏体化的钢件迅速放入温度稍高于M_s点的恒温盐浴或碱浴中,保温一定时间,待钢件表面与心部温度均匀一致后取出空冷,以获得马氏体组织的淬火工艺,如图3-15中曲线3。这种淬火方法能有效地减小变形和开裂倾向,但由于盐浴或碱浴的冷却能力较弱,故只适用于尺寸较小、淬透性较好的工件。例如手用丝锥,材料为T12钢,水淬时常在端部产生纵向裂纹,在刀槽处有弧形裂纹。分级淬火时,不再发生开裂,攻丝切削性能较水淬更好,寿命提高,避免了小丝锥在使用中折断。

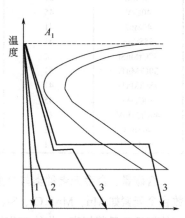

图3-15 不同淬火方法示意图
1—单液淬火;2—双介质淬火;3—马氏体分级淬火;4—贝氏体等温淬火

等温淬火:钢件加热保温后,迅速放入温度稍高于M_s点的盐浴或碱浴中,保温足够时间,使奥氏体转变成下贝氏体后取出空冷,如图3-15中曲线4。等温淬火可大大降低钢件的内应力,下贝氏体又具有较高的强度、硬度和塑、韧性,综合性能优于马氏体。适用于尺寸较小、形状复杂,要求变形小,且强、韧性要求都较高的工件,如弹簧、工模具等。等温淬火后一般不必回火。

④ 淬透性与淬硬性

淬透性表示钢在一定条件下淬火时获得淬透层深度的能力,是钢接受淬火的能力。其大小用淬透层深度(钢的表面至内部马氏体组织占50%处的距离)表示。淬硬层越深,淬透性就越好。如果淬硬层深度达到心部,则表明该工件全部淬透。

所有钢的淬透性都是用规定的方法测定。淬透性是钢材料本身固有的属性,主要取决于钢的临界冷却速度V_k,临界冷却速度越小,过冷奥氏体越稳定,钢的淬透性也就越大。淬透性与工艺因素如淬火钢件的尺寸大小、冷却介质种类等无关,但工艺因素对淬硬层深度大小有影响。常用钢的临界淬透直径大小见表3-3。

表 3-3 部分常用钢的临界淬透直径数据   单位：mm

钢号	$D_{0水}$ (20℃)	$D_{0油}$ (矿物油)	钢号	$D_{0水}$ (20℃)	$D_{0油}$ (矿物油)
20Mn2	26	12	40CrMnB	84	60
20Mn2B	51	36	40CrMnMoVB	—	94
20MnTiB	38	21	40CrNi	80	58
20MnVB	61	43	40CrNiMo	87	66
20Cr	26	12	65	43	26
20CrMnB	66	45	65Mn	45	27
20CrMoB	51	36	55Si2Mn	32	16
20CrNi	41	25	50CrV	61	43
20CrMnMoVB	68	48	50CrMn	66	45
20SiMnVB	75	54	50CrMnV	—	84
12CrNi3		78	T9	26	12
12Cr2Ni4		84	GCr9	32	20
45	16	8	GCr9SiMn	58	39
40Cr	36	20	GCr15	41	25
40CrMn	51	36	GCr15SiMn	71	51
40CrV	45	27	9Mn2V	57	38
40Mn2	41	25	5SiMnMoV	31	15
35SiMn	41	25	5Si2MnMoV	81	59
30CrMnSi	61	43	9SiCr	51	36
30CrMnTi	51	36	Cr2	51	36
18CrMnTi	41	25	CrMn	31	15
30CrMo	45	27	CrW	28	17
40Cr2MoV	61	43	9CrV	35	18
40MnB	61	43	9CrWMn		80
40MoVB	71	51	CrWMn	57	38

含碳量、合金元素种类与含量是影响淬透性的主要因素。除 Co 和大于 2.5% 的 Al 以外，大多数合金元素如 Mn、Mo、Cr、Si、Ni 等溶入奥氏体都使 C 曲线右移，降低临界冷却速度，因而使钢的淬透性显著提高。此外，提高奥氏体化温度，将使奥氏体晶粒长大，成分均匀，奥氏体稳定，使钢的临界冷却速度减小，改善钢的淬透性。在实际生产中，工件淬火后的淬硬层深度除取决于淬透性外，还与零件尺寸及冷却介质有关。

淬硬性指钢在淬火时硬化能力，用淬成马氏体可能得到的最高硬度表示。主要取决于马氏体中的含碳量，碳含量越高，则钢的淬硬性越高。其他合金元素的影响比较小。

⑤ 钢的淬火缺陷

淬火畸变与淬火裂纹是由内应力引起的。淬火畸变是不可避免的现象，只有超过规定公差或产生无法矫正时才构成废品，通过适当选择材料，改进结构设计，合理选择淬火、回火方法及规范等可有效减小与控制淬火畸变，可采用冷热校直、热点校直和加热回火等加以修正。裂纹是不可补救的淬火缺陷，应采取积极的预防措施，如减小和控制淬火应力方向分布，同时控制原材料质量和正确的结构设计等。

零件加热过程中，若不进行表面防护，将发生氧化脱碳等缺陷，其后果是表面淬硬性降低，达不到技术要求，或在零件表面形成网状裂纹，并严重降低零件外观质量，加大零件粗糙度，甚至超差，所以精加工零件淬火加热需要在保护气氛下或盐浴炉内进行，小批量可采用防氧化表面涂层加以防护。过热导致淬火后形成的粗大马氏体组织将导致淬火裂纹形成或严重降低淬火件的冲击韧度，极易发生沿晶断裂，应当正确选择淬火加热温度，适当缩短保温时间，并严格控制炉温加以防止，出现的过热组织如有足够的加工余地余量可以重新退火，细化晶粒再次淬火返修。过烧常发生在淬火高速钢中，其特点是产生了鱼骨状共晶莱氏体，过烧后使淬火钢产生严重脆性形成废品。

淬火回火后硬度不足一般是由于淬火加热不足，表面脱碳，在高碳合金钢中淬火残余奥氏体过多，或回火不足造成的，在含 CR 轴承钢油淬时还经常发现表面淬火后硬度低于内层现象，这是逆淬现象，主要由于零件在淬火冷却时如果淬入了蒸汽膜期较长，特征温度低的油中，由于表面受蒸气膜的保护，孕化期比中心长，从而比心部更容易出现逆淬现象。

淬火零件出现的硬度不均匀叫软点，与硬度不足的主要区别是在零件表面上硬度有明显的忽高忽低现象，这种缺陷是由于原始组织过于粗大不均匀（如有严重的组织偏析，存在大块状碳化物或大块自由铁素体），淬火介质被污染，零件表面有氧化皮或零件在淬火液中未能适当地运动，致使局部地区形成蒸气膜阻碍了冷却等因素，通过晶相分析并研解工艺执行情况，可以进一步判明究竟是什么原因造成废品。

对淬火工艺要求严格的零件，不仅要求淬火后满足硬度要求，还往往要求淬火组织符合规定等级，如对淬火马氏体组织，残余奥氏体数量，未熔铁素体数量，碳化物的分布及形态等所作的规定，当超过了这些规定时，尽管硬度检查通过，组织检查仍不合格，常见的组织缺陷如粗大淬火马氏体（过热）渗碳钢及工具钢淬火后的网状碳化物，及大块碳化物，调质钢中的大块自由铁素体、有组织遗传性的粗大马氏体及工具钢淬火后残余奥氏体过多等。

(4) 回火

将淬火后的钢件加热至 A_1 以下某一温度，保温一定时间，然后冷至室温的热处理工艺称为回火。钢件淬火后必须进行回火，其主要目的是：降低或消除淬火应力，减小变形，防止开裂；通过采用不同温度的回火来调整硬度，减小脆性，获得所需的塑性和韧性；使淬火组织稳定化，避免工件在使用过程中发生尺寸和形状的改变。

① 回火时的组织转变

随回火温度的升高，淬火钢的组织发生以下几个阶段的变化：在 100~200℃ 回火时，马氏体开始分解；马氏体中的碳以ε-碳化物（$Fe_{2.4}C$）的形式析出，使过饱和程度略有减小，这种组织称为回火马氏体；因碳化物极细小，且与母体保持共格，故硬度下降不明显。残余奥氏体的转变在 200~300℃ 回火时，马氏体继续分解，同时残余奥氏体转变成下贝氏体；此阶段的组织大部分仍然是回火马氏体，硬度有所下降。回火托氏体的形成在 300~400℃ 回火时，马氏体分解结束，过饱和固溶体转变为铁素体；同时非稳定的ε-碳化物也逐渐转变为稳定的渗碳体，从而形成以铁素体为基体，其上分布着细颗粒状渗碳体的混合物，这种组织称为回火托氏体，此阶段硬度继续下降。回火温度在 400℃ 以上时，渗碳体逐渐聚集长大，形成较大的粒状渗碳体，这种组织称为回火索氏体，与回火托氏体相比，其渗碳体颗粒较粗大。随回火温度进一步升高，渗碳体迅速粗化，而且铁素体开始发生再结晶，变成等轴多边形。图 3-16 为淬火钢的微结构及其内应力随回火温度的变化曲线。

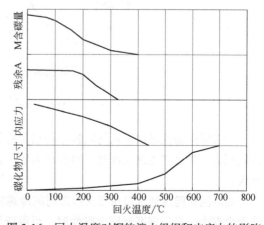

图 3-16 回火温度对钢的淬火组织和内应力的影响

② 回火工艺种类及应用

按回火温度范围将回火分为低温回火、中温回火及高温回火。

低温回火（100～250℃）：回火后的组织为回火马氏体，基本上保持了淬火后的高硬度（一般为58～64HRC）和高耐磨性，主要目的是降低淬火应力。一般用于有耐磨性要求的零件，如刀具、工模具、滚动轴承、渗碳零件等。

中温回火（250～500℃）：回火后的组织为回火托氏体，其硬度一般为35～45HRC，具有较高的弹性极限和屈服点。因而主要用于有较高弹性、韧性要求的零件，如各种弹性元件。

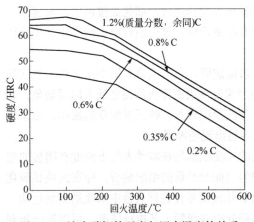

图3-17 淬火碳钢的硬度与回火温度的关系

高温回火（500～650℃）：回火后的组织为回火索氏体，这种组织既有较高的强度，又具有一定的塑性、韧性，其综合力学性能优良。工业上通常将淬火与高温回火相结合的热处理称为调质处理，它广泛应用于各种重要的构件，如连杆、齿轮、螺栓及轴类等。硬度一般为25～35HRC。

图3-17为淬火后的碳钢硬度与回火温度之间的关系曲线。

③ 回火脆性

正常情况下，淬火钢件随回火温度的升高，硬度、强度逐渐下降，而塑性、韧性不断提高，其实并非如此，而是在300℃左右和400～550℃两个温度范围内回火时，冲击韧性会显著下降，这种现象称为回火脆性，如图3-18。前者称为低温回火脆性或第一类回火脆性，后者称为高温回火脆性或第二类回火脆性。

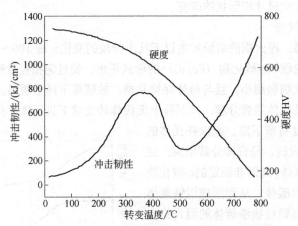

图3-18 钢的韧性与硬度随回火温度的变化示意图

低温回火脆性是由于从马氏体中析出薄片状碳化物引起的。无论碳钢还是合金钢在这一温度区间回火，都会产生这类脆性，且无法消除。为避免低温回火脆性的产生，一般不在此温度范围回火。

高温回火脆性通常是由回火冷却时的冷速较慢而引起，它主要出现在含Cr、Ni、Mn等元素的合金钢中。当出现高温回火脆性时，可重新加热至600℃以上，保温后以较快速度冷却，就能予以消除，故又称可逆回火脆性。在合金钢中加入适量的W、Mo能有效地防止高温回火脆性。

3.2.4 钢的表面热处理

齿轮、轴类等零件在交变应力以及冲击载荷作用下工作,其表面承受的应力比心部高得多;这些零件表面相互接触并作相对运动,因而还不断地承受摩擦,因此要求这些零件表面具有高的强度、硬度、耐磨性和疲劳极限,而心部又要具有足够的塑性和韧性。表面热处理可赋予零件这样的性能,是强化零件表面的重要方法。生产中常用的是表面淬火热处理和表面化学热处理。

(1) 钢的化学热处理

化学热处理是将工件置于一定活性介质中加热、保温,使一种或几种元素渗入工件表层,以改变表面化学成分、组织和性能的热处理。它包括三个基本过程:分解(化学介质分解出需要的活性原子)、吸收(活性原子进入工件表面)和扩散(表层活性原子向内表层扩散形成一定厚度的扩散层)。根据渗入元素的不同,化学热处理有渗碳、渗氮、碳氮共渗、渗硼、渗铝、渗铬等,它能有效改善钢件表面的耐磨性、耐蚀性、抗氧化性,提高疲劳强度。

① 渗碳

渗碳是向钢的表层渗入碳原子,增加表层含碳量并获得一定渗碳层深度的热处理工艺。它使低碳钢件[含碳量小于0.3%(质量分数)]表面获得高碳量[含碳量为1.0%(质量分数)左右],热处理后表层具有高耐磨性和高疲劳强度,心部具有良好的塑、韧性,综合力学性能优良,可满足磨损严重和冲击载荷较大场合的要求。因此,渗碳广泛用于齿轮、活塞销等。

根据渗碳介质的工作状态,渗碳方法可分为气体渗碳、固体渗碳和液体渗碳三种。常用的是气体渗碳法,其生产效率高,劳动条件较好,渗碳质量容易控制,并易实现机械化自动化,应用极为广泛。

渗碳工艺:气体渗碳是将工件装入密封的加热炉中,加热至渗碳温度,并滴入煤油、丙酮、醋酸乙酯、甲苯等渗碳剂,高温下渗碳剂裂解并通过下列反应生成活性碳原子:

$$CO \longrightarrow CO_2 + [C]$$
$$CH_4 \longrightarrow 2H_2 + [C]$$
$$CO + H_2 \longrightarrow H_2O + [C]$$

活性碳原子溶入高温奥氏体中,不断地从表面向内部扩散而形成渗碳层。钢的渗碳温度一般在900～950℃,渗碳时间由零件尺寸确定。

渗碳后的热处理:零件渗碳后都采用淬火加低温回火的热处理工艺。根据所用钢材的不同,淬火方法主要有两种。一种称直接预冷淬火,即零件渗碳后从渗碳温度降至820～850℃直接淬火;这种方法适用于如20CrMnTi、20CrMnMo等低合金渗碳钢。对于一些Ni、Cr含量较高的合金渗碳钢,渗碳直接淬火后渗层组织中残余奥氏体及马氏体较粗,影响使用性能,因此,必须采用重新加热淬火法,即渗碳后先在空气中冷却,然后重新加热至略高于临界温度,保温后淬火。低温回火的温度为150～200℃,以消除淬火应力和提高韧性。

渗碳并热处理后的组织与性能:表层组织为高碳回火马氏体+碳化物+残余奥氏体;其硬度达58～64HRC,耐磨性好,疲劳强度高。心部为低碳回火马氏体(或含铁素体、屈氏体),其硬度为137～183HB(未淬透)或30～45HRC(淬透),具有良好的塑韧性。

② 渗氮

渗氮是将工件加热至A_{c1}以下某一温度(一般为500～570℃),使活性氮原子渗入工件表层,获得氮化层的工艺。氮化层坚硬且稳定,硬度非常高,可达800～1200HV(相当于62～75HRC),耐磨性极好;而且氮化温度低,零件变形很小。因而广泛用于要求耐磨且变形小的零件,如精密齿轮、精密机床主轴等。

气体渗氮：将工件置于井式炉中加热至 550～570℃，并通入氨气，氨气受热分解生成活性氮原子，渗入工件表面。渗氮保温时间一般为 20～50h，氮化层厚度 0.2～0.6mm。

离子氮化：将工件置于离子氮化炉内，抽真空到 1.33Pa 后通入氨气，炉压升至 70Pa 时接通电源，在阴极（工件）和阳极间施加 400～700V 的直流电压时，炉内气体放电，使电离后的氮离子高速轰击工件表面，并渗入工件表层形成氮化层。其优点是氮化时间短，仅为气体氮化的 1/3 左右，且渗层质量好。

渗氮前的热处理：工件渗氮后，表面即具有很高的硬度及耐磨性，不必再进行热处理。但由于渗氮层很薄，且较脆，因此要求心部具有良好的综合力学性能，为此渗氮前应进行调质处理，以获得回火索氏体组织。

渗氮用钢：为了有利于渗氮过程中在工件表面形成颗粒细小、分布均匀、硬度极高且非常稳定的氮化物，氮化用钢通常是含有 Al、Cr、Mo 等元素的合金钢，最典型的氮化钢是 38CrMoAl，氮化硬度可达 1000HV 以上。

（2）表面淬火热处理

表面淬火就是通过快速加热使钢件表层迅速达到淬火温度，不等热量传至内部就立即淬火冷却，从而使表面层获得马氏体组织，心部仍为原始组织的热处理工艺。表面淬火后零件表面具有较高的硬度和耐磨性，而心部仍具有一定的塑性、韧性。根据加热方法不同表面淬火方法有火焰加热表面淬火、感应加热表面淬火和激光加热表面淬火等。常用的是感应加热表面淬火。

感应加热表面淬火原理见图 3-19。将工件置于空心铜管绕成的感应线圈内，线圈通入交流电后，在工件内部产生感应电流，但感应电流在工件截面上的分布是不均匀的，表面的电流密度最大，而中心几乎为零，这种现象称为集肤效应；而钢件本身具有电阻，电流产生的热效应便迅速将工件表面加热至 800～1000℃，而心部温度几乎没有变化；此时淬火冷却，就能使工件表面形成淬硬层。

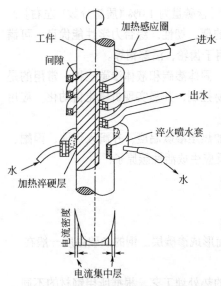

图 3-19 感应加热表面淬火示意图

感应加热时，工件截面上感应电流的分布状态与电流频率有关。电流频率愈高，集肤效应愈强，感应电流集中的表层就愈薄，这样加热层深度与淬硬层深度也就愈薄。因此，可通过调节电流频率来获得不同的淬硬层深度。常用感应加热设备种类及应用见表 3-4。

表 3-4 感应加热种类及应用范围

感应加热类型	常用频率	淬硬层深度/mm	应 用 范 围
高频感应加热	200～1000kHz	0.5～2.5	中小模数齿轮及中小尺寸轴类零件
中频感应加热	2500～8000Hz	2～10	较大尺寸的轴和大中模数齿轮
工频感应加热	50Hz	10～20	较大直径零件穿透加热，大直径零件如轧辊、火车车轮的表面淬火
超音频感应加热	30～36kHz	淬硬层沿工件轮廓分布	中小模数齿轮

感应加热速度极快，只需几秒或十几秒，淬火表层马氏体细小，性能好，工件表面不易氧化脱碳，变形也小，而且淬硬层深度易控制，质量稳定，操作简单，特别适合大批量生产。但零件形状不宜过于复杂。

为了保证心部具有良好的力学性能，表面淬火前应进行调质或正火处理。表面淬火后应进行低温回火，减少淬火应力，降低脆性。

激光加热表面淬火：激光加热表面淬火是一种新型的表面强化方法。它利用激光来扫描工件表面，使工件表面迅速加热至钢的临界点以上，当激光束离开工件表面时，由工件自身大量吸热使表面迅速冷却而淬火，因此不需要冷却介质。

激光加热表面淬火后零件变形极小，表面质量很高，特别适用于拐角、沟槽、盲孔底部及深孔内壁的热处理。

表面淬火用钢的含碳量以 0.40%～0.50%为宜，过高会降低心部塑性和韧性，过低则会降低表面硬度及耐磨性。

3.3 有色金属的热处理

有色金属及其合金最常用的热处理是退火、固溶处理（淬火）和时效。形变热处理也得到了较多的应用，化学热处理应用较少。

有色金属的退火包括均匀化退火、去应力退火、再结晶退火、光亮退火。均匀化退火和去应力退火在前文已经讲述。

再结晶退火是将经冷形变后的金属加热到再结晶温度以上，保持适当时间，使形变晶粒重新结晶为均匀的等轴晶粒，以消除形变强化和残余应力的退火工艺。光亮退火是将金属材料或工件在保护气氛或真空中进行退火，以防止氧化，保持表面光亮的退火工艺，多用于铜及其合金。

固溶处理指将合金加热到高温单相区恒温保持，使过剩相充分溶解到固溶体中后快速冷却，以得到过饱和固溶体的热处理工艺。固溶处理之后常伴随着时效。

合金元素经固溶处理后获得过饱和固溶体，在随后的室温放置或低温加热保温时，第二相从过饱和固溶体中析出，引起强度、硬度以及物理和化学性能的显著变化，这一过程被称为时效。时效处理分为自然时效和人工时效两种。自然时效是将铸件置于露天场地半年以上，使其缓缓地发生形变，从而消除或减少残余应力，人工时效是将铸件加热到一定温度下进行去应力退火，它比自然时效节省时间，残余应力去除较为彻底。

形变热处理是将塑性变形同热处理有机结合在一起，获得形变强化和相变强化综合效果的工艺方法。它是形变强化和相变强化相结合的一种综合强化工艺。包括金属材料的塑性形变和固态相变两种过程，并将两者有机地结合起来，利用金属材料在形变过程中组织结构的改变，影响相变过程和相变产物，以得到所期望的组织与性能。

3.3.1 铝合金的热处理

根据铝合金的成分和生产工艺特点，可将其分为变形铝合金与铸造铝合金，如图 3-20 所示。通常变形铝合金化学成分范围在共晶温度时的饱和溶解度 D 点的左边。这组合金的化学成分不高，合金有较好的塑性，适于压力加工。铸造铝合金的化学成分范围在共晶温度的饱和溶解度 D 点的右

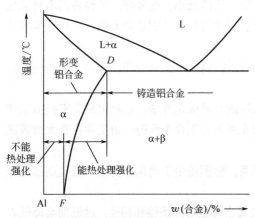

图 3-20 铝合金的基本相图及其分类示意

右边,保证铸造铝合金中有较多的共晶体,在液态具有较好的流动性。铸造铝合金塑性低,不适合压力加工。

(1) 变形铝合金热处理

变形铝合金又分为热处理不强化铝合金和热处理强化铝合金,如图 3-20 所示。变形铝合金的热处理包括退火、固溶处理、时效处理、稳定化处理、回归处理。

退火包括高温退火、低温退火、完全退火和再结晶退火。高温退火和低温退火适用于热处理不强化的铝合金,而完全退火和再结晶退火用于热处理强化的铝合金。高温退火目的是降低硬度,提高塑性,达到充分软化,以便进行变形程度较大的深冲压加低温,一般在制作半成品板材时进行,如铝板坯的热处理或高温压延。退火是为保持一定程度的加工硬化效果,提高塑性,消除应力,稳定尺寸,在最终冷变形后进行。完全退火用于消除原材料淬火、时效状态的硬度,或退火不良未达到完全软化而用它制造形状复杂的零件时,也可消除内应力和冷作硬化。适用于变形量很大的冷压加工。一般加热到强化相溶解温度,保温,慢冷到一定温度后,空冷。中间退火可消除加工硬化,提高塑性,以便进行冷变形的下一工序,也用于无淬火、时效强化后的半成品及零件的软化,部分消除内拉力。

固溶处理后强度有提高,但塑性也相当高,可进行铆接、弯边等冷塑性变形。不过对自然时效的零件只能在短时间保持良好的塑性,超过一定时间,硬度、强度急剧增加。

稳定化处理,即回火,目的是消除切削加工应力与稳定尺寸,用于精密零件的切削工序间,有时需要多次。

回归处理目的是对自然时效的铝合金恢复塑性,以便继续加工或适应修理时变形的需要。

(2) 铸造铝合金的热处理

根据铸件使用要求,通过热处理来提高铸造铝合金的强度和塑性,消除铸件内部偏析,改善组织的均匀性,提高耐蚀性,消除内应力,稳定组织和尺寸,改善切削加工性能。

铸造铝合金的热处理包括退火、时效、回火等,热处理类型及代号、目的、适用合金等如表 3-5 所示。

表 3-5 铸造铝合金的热处理

热处理类型及代号	目的	适用合金	备注
不预先淬火的人工时效(T1)	改善铸件切削加工性;提高某些合金(如 ZL105)零件的硬度和强度(约 30%);用来处理承受载荷不大的硬模铸造零件	ZL104 ZL105 ZL401	用湿砂型或金属型铸造时,可获得部分淬火效果,即固溶体有着不同程度的过饱和度。时效温度大约是 150～180℃,保温 1～24h
退火(T2)	消除铸件的铸造应力和机械加工引起的冷作硬化,提高塑性;用于要求使用过程中尺寸很稳定的零件	ZL101 ZL102	一般铸件在铸造后或粗加工后常进行此处理。退火温度大约是 280～300℃,保温 2～4h
淬火,自然时效(T4)	提高零件的强度并保持高的塑性;提高 100℃以下工作零件的抗蚀性;用于受动载荷冲击作用的零件	ZL101 ZL201 ZL203 ZL201	这种处理亦称为固溶化处理,对其有自然时效特性的合金 T4 亦表示淬火并自然时效

续表

热处理类型及代号	目的	适用合金	备注
淬火后短时间不完全人工时效（T5）	获得足够高的强度（较T4为高）并保持较高的屈服强度；用于承受高静载荷及在不很高温度下工作的零件	ZL101 ZL105 ZL201 ZL203	在低温或瞬时保温条件下实行人工时效，时效温度约为150～170℃
淬火后完全时效至最高硬度（T6）	使合金获得最高强度而塑性稍有降低；用于承受高静载荷而不受冲击作用的零件	ZL101 ZL104 ZL204A	在较高温度和长时间保温条件下进行人工时效。时效温度为175～185℃
淬火后稳定回火（T7）	获得足够强度和较高的稳定性，防止零件高温工作时力学性能下降和尺寸变化；适用于高温工作的零件	ZL101 ZL105 ZL207	最好在接近零件工作温度（超过T5和T669回火温度）的温度下进行回火。回火温度为190～230℃，保温4～9h
淬火后软化回火（T8）	获得较高的塑性，但强度特性有所降低，适用于要求高塑性的零件	ZL101	回火温度比T7更高，一般为230～270℃，保温时间4～9h
已冷处理或循环处理（冷后又热）（T9）	使零件几何尺寸进一步稳定，适用于仪表的壳体等精密零件	ZL101 ZL102	机械加工后冷处理是在-50、-70或-195℃保持3～6h；循环处理是冷至-196～-70℃，然后加热到350℃，根据具体要求多次循环

3.3.2 铜合金的热处理

铜合金常见的热处理形式有均匀化处理、再结晶退火、去应力退火、固溶处理与时效处理等几种。

(1) 均匀化处理

均匀化处理是将铸锭加热到高温进行较长时间的保温，通过固态中的原子扩散，以消除或减少铸锭中的枝晶偏析和枝晶间非平衡的脆性组织组成物的热处理。这种热处理使合金具有更均匀的显微组织，从而改善铸锭的塑性和压力加工性。

铜合金根据其凝固方式的不同，主要可分为窄凝固温度范围的壳状凝固合金和宽凝固温度范围的糊状凝固合金两大类。前者如铝青铜、锰青铜、硅青铜、高锌黄铜等，后者如锡青铜、锡磷青铜、锡锌青铜、铍青铜等。对前一类铜合金来说，由于凝固时的偏析程度小，在大多数情况下，反复冷轧前的中间退火，已可将枝晶偏析消除，因此无需进行均匀化处理。对于后一类铜合金来说，由于凝固时的偏析程度大，特别是含锡量大于8%的锡青铜和锡磷青铜，不但铸锭中存在严重的枝晶偏析，而且枝晶间还有多量非平衡的脆硬δ相（$Cu_{31}Sn_8$）存在，严重地降低了铸锭的塑性和冷态轧制性能，因此在铸锭进行冷态轧制前，更有进行均匀化处理的必要。

锡青铜、锡磷青铜、锡锌青铜、铍青铜等进行均匀化处理时，一般应加热到较普通退火的最高温度约高100℃的温度下进行保温。更高的均匀化处理温度虽然能缩短均匀化处理的时间，但会导致铸锭产生过分的晶粒长大，甚至引起材料局部熔化而过烧。均匀化处理的保温时间主要取决于铸锭的形状和尺寸以及均匀化处理所用的设备。

(2) 再结晶退火

再结晶退火适用于除铍青铜外的所有铜合金。目的是消除应力及冷作硬化，恢复组织，降低硬度，提高塑性；也可以消除铸造应力，均匀组织、成分，改善加工性。可作为黄铜压力加工件的中间热处理，青铜件的毛坯或中间热处理。去应力退火（低温退火）消除内应力，提高黄铜件（特别是薄冲压件）抗腐蚀破裂（季裂）的能力，一般作为机加工或冲压后的热处理工序，加热温度为260～300℃。致密化退火消除铸件的显微疏松，提高其致密性，适用于锡青铜、硅青铜。

(3) 固溶处理与时效处理

沉淀硬化型铜合金如铍青铜、铬青铜、锆青铜、钛青铜、铜镍硅及铜镍磷合金等可以通过固溶处理及随后的时效处理（沉淀硬化处理）而获得高的强度及硬度。铜合金的固溶处理亦称淬火，包括将材料或工件加热到适当的高温下保温，然后迅速淬入冷水中急速冷却。固溶处理的目的在于使合金中的析出相固溶于基体中，并获得具有沉淀硬化能力的过饱和固溶体，以便通过随后的时效处理而使合金强化。此外，由于固溶处理的温度高于合金的再结晶温度，因此对于淬火冷却时不发生马氏体转变的上述沉淀硬化铜合金来说，固溶处理还能使加工硬化的材料软化，以承受进一步的冷变形或成形所需的形状。

固溶处理后的铜合金必须经过时效处理才能获得满意的机械性能及其他使用性能。时效处理是使过饱和固溶体发生沉淀硬化过程从而使合金强化的热处理。对一定的沉淀硬化铜合金来说，时效处理后的机械性能和导电性等主要由时效温度、时效时间、固溶处理后时效处理前的冷变形程度等参数所决定。此外，材料的晶粒大小、致密和纯净程度、显微偏析、固溶处理后未溶第二相的存在及其分布情况等冶金因素对时效处理后的性能也有影响。

合金在给定温度下进行时效处理时，根据保温时间的不同，可将时效处理分为峰值时效、亚时效和过时效三类。峰值时效亦称完全时效，是指保温时间正好能获得时效曲线上的峰值强度和硬度的时效。亚时效亦称不完全时效，是指保温时间较峰值时效的保温时间为短的时效。过时效是指保温时间较峰值时效的保温时间为长的时效。合金经亚时效或过时效后所获得的强度和硬度均较峰值时效所获得者为低。

3.3.3 镁合金的热处理

镁合金的热处理方式与铝合金基本相同，但镁合金中原子扩散速度慢，淬火加热后通常在静止或流动空气中冷却即可达到固溶处理目的。另外，绝大多数镁合金对自然时效不敏感，淬火后在室温下放置仍能保持淬火状态下的原有性能。但镁合金氧化倾向比铝合金强烈。当氧化反应产生的热量不能及时散发时，容易引起燃烧，因此，热处理加热炉内应保持一定的中性气氛。镁合金常用的热处理类型如下：

a. T1。铸造或加工变形后不再单独进行固溶处理而直接人工时效。这种处理工艺简单，也能获得相当的时效强化效果，特别是对 Mg-Zn 系合金，因晶粒容易长大，重新加热淬火往往由于晶粒粗大，时效后的综合性能反而不如 T1 状态。

b. T2。为了消除铸件残余应力及变形合金的冷作硬化而进行的退火处理。例如，Mg-Al-Zn 系铸件合金 ZM5 的退火规程为 350℃加热 2～3h 空冷，冷却速度对性能无影响。对某些处理强化效果不显著的合金（如 ZM3），T2 则为最终热处理退火。

c. T4。淬火处理。可用以提高合金的抗拉强度和延伸率。ZM5 合金常用此规程。为了获得最大的过饱和固溶度，淬火加热温度通常只比固相线低 5～10℃。镁合金原子扩散能力弱，为保证强化相充分固溶，需要较长的加热时间，特别是砂型厚壁铸件。对薄壁铸件或金属型铸件加热时间可适当缩短，变形合金则更短。这是因为强化相溶解速度除与本身尺寸有关外，晶粒度也有明显影响。例如，ZM5 金属型铸件，淬火加热规程为 415℃×8～16h。薄壁（10mm）砂型铸件加热时间延长到 12～24h；而厚壁（>20mm）铸件为防止过烧应采用分段加热，即 360℃×3h+420℃×21～29h。淬火加热后一般为空冷。

d. T6。淬火+人工时效。目的是提高合金的屈服强度，但塑性相对有所降低。T6 主要应用于 MgLiAl-Zn 系及 Mg-RE-Zr 系合金。高锌的 Mg-Zn-Zr 系合金，为充分发挥时效强化效果，也可选用 T6 处理。

e. T61。热水中淬火+人工时效。一般 T6 为空冷，T61 采用热水淬火，可提高时效强化效果，特别是对冷却速度敏感性较差的 Mg-RE-Zr 合金。

f. 氢化处理。除上述热处理方法外，国内外还发展了一种氢化处理，以提高 Mg-Zn-RE-Zr 系合金的力学性能，效果显著。

3.3.4 钛合金的热处理

钛合金热处理特点：

a. 马氏体相变不会引起合金的显著强化。这与钢的马氏体相变不同。钛合金的热处理强化只能依赖淬火形成亚稳定相（包括马氏体相）的时效分解。

b. 应避免形成 w 相。形成 w 相会使合金变脆，正确选择时效工艺（如采用高一些的时效温度），即可使 w 相分解为平衡的 α+β。

c. 同素异构转变难于细化晶粒。

d. 导热性差。导热性差可导致钛合金，尤其是 α+β 钛合金的淬透性差，淬火热应力大，淬火时零件易翘曲。由于导热性差，钛合金变形时易引起局部温度过高，使局部温度有可能超过β相变点而形成魏氏组织。

e. 化学性活泼。热处理时，钛合金易与氧和水蒸气反应，在工件表面形成具有一定深度的富氧层或氧化皮，使合金性能变坏。钛合金热处理时容易吸氧，引起氢脆。

f. β相变点差异大。即便是同一成分，但冶炼炉次不同的合金，其相转变温度有时差别很大。这是制定工件加热温度时要特别注意的。

g. 在β相区加热时β晶粒长大倾向大。β晶粒粗化可使塑性急剧下降，故应严格控制加热温度与时间，并慎用在β相区温度加热的热处理。

以上特点，在钛合金热处理工艺的制定与实施过程中，必须予以充分注意。

钛合金热处理通常可分为非强化热处理和强化热处理。α型钛合金的热处理一般为非强化热处理，α+β、β型钛合金的热处理一般为强化热处理。

钛合金的非强化热处理通常采用普通退火、双重退火和等温退火等退火工艺。强化热处理通常采用固溶+时效处理。当需要消除或者减少钛合金在铸造、塑性变形、焊接、机械加工时产生的残余应力时，应采用非强化热处理。当需要获得设计的综合性能或者某种特殊性能（如断裂韧性、疲劳性能或热强性能等）时，应采用强化热处理。

（1）退火

钛及其合金的退火制度、保温时间如表 3-6、表 3-7 所示。

表 3-6 钛及其合金的退火制度

类型	牌号	板、带制材			棒材制件及锻件		
		加热温度/℃	保温时间/min	冷却方式	加热温度/℃	保温时间/min	冷却方式
α	TA2、TA3	650~720	15~120	空冷或更慢冷	650~815	60~120	空冷
	TA7	705~845	10~120	空冷	705~845	60~240	空冷
	TA11	760~815	60~480	空冷	900~1000	60~120	空冷
	TA15	700~850	15~120	空冷	700~850	60~240	空冷
	TA18	650~790	30~120	空冷或更慢冷	650~790	60~180	空冷或更慢冷
	TC1	640~750	15~120	空冷或更慢冷	700~800	60~120	空冷或更慢冷
	TC2	660~820	15~120	空冷或更慢冷	700~820	60~120	空冷或更慢冷

续表

类型	牌号	板、带制材			棒材制件及锻件		
		加热温度/℃	保温时间/min	冷却方式	加热温度/℃	保温时间/min	冷却方式
α+β	TC4	705~870	15~60	空冷或更慢冷	705~790	60~120	空冷或更慢冷
	TC6	—	—	—	800~850	60~120	空冷
	TC10	710~850	15~120	空冷或更慢冷	710~850	60~120	空冷或更慢冷
	TC11	—	—	—	950~980	60~120	空冷
	TC16	680~790	15~120	空冷	770~790	60~120	空冷或更慢冷
	TC18	740~760	15~120	空冷	820~850	60~180	空冷或更慢冷
	TC19	—	—	—	815~915	60~120	空冷
	ZTC3	—	—	—	910~930	120~210	空冷
	ZTC4	—	—	—	910~930	120~180	空冷
	ZTC5	—	—	—	910~930	120~180	空冷

表 3-7 钛合金制件厚度与保温时间关系

最大截面厚度（直径）/mm	保温时间/min
≤3	15~25
>3~6	>25~35
>6~13	>35~45
>13~20	>45~55
>20~25	>55~65
>25	在厚度25mm保温60min基础上，每增加5mm至少增加12min

(2) β退火

对于 TC4、TC4ELI、Ti6Al6V2Sn 和其他 α+β 型若规定β退火，则保温温度为β转变温度以上 25℃±15℃，至少保温 30min。制件在空气或惰性气体中冷却至室温，不应随炉冷却。

(3) 去应力退火

在不高于再结晶温度下进行去应力退火，以消除机加、冲压、焊接等形成的内应力。钛及其合金的去应力退火制度如表 3-8 所示。

表 3-8 钛合金去应力退火制度

类型	牌号	加热温度/℃	保温时间/min
α	TA2、TA3、TA4	480~600	15~240
	TA7	540~650	15~360
	TA11	595~760	10~75
	TA15	600~650	30~480
	TA18	370~595	15~240
	TC1	520~580	30~240
	TC2	545~600	30~360
α+β	TC4	480~650	60~240
	TC6	530~620	30~360
	TC10	540~600	30~360
	TC11	500~600	30~360

续表

类型	牌号	加热温度/℃	保温时间/min
α+β	TC16	550~650	30~240
	TC18	600~680	60~240
	TC21	530~620	30~360
	ZTC3	620~800	60~240
	ZTC4	600~800	60~240
	ZTC5	550~800	60~240
β	TB2	650~700	30~60
	TB3	680~730	30~60
	TB5	680~710	30~60
	TB6	675~705	30~60

（4）固溶处理

对 α+β 合金，制件的固溶加热应在 α+β 区温度进行，对 β 合金，制件固溶加热通常在高于 β 转变温度或者高于 α+β 区温度进行。

制件淬火转移时间（从炉门打开直到整个装料完全浸入淬火剂所用时间）取决于最小截面厚度。当最小截面厚度≤0.6mm 时，转移时间为 6s。当最小截面厚度处于 0.6~2.5mm、2.5~25mm、大于 25mm 时，转移时间分别为 10s、15s 和 30s。

（5）时效处理

固溶处理后应进行时效处理，时效后，制件应在真空、空气或者惰性气体中进行冷却或者随炉冷却。

3.4 典型零件热处理工艺

3.4.1 齿轮类零件

齿轮是机械工业中应用最广的零件之一，是机床、汽车、拖拉机等机器设备中的重要零件，主要用于传递扭矩、改变运动方向和调节速度，其工作时的受力情况如下：由于传递扭矩，齿根承受较大的交变弯曲应力；齿面相互滑动和滚动，承受较大的接触应力，并发生强烈的摩擦；由于换挡、启动或啮合不良，齿部承受一定的冲击。

根据齿轮的工作特点，其主要失效形式有以下几种：主要发生在齿根的疲劳断裂，通常一齿断裂引起数齿甚至更多的齿断裂，它是齿轮最严重的失效形式；由于齿面接触区摩擦使齿面磨损，导致齿厚变小，齿隙增大；在交变接触应力作用下，齿面产生微裂纹并逐渐发展，最终齿面接触疲劳破坏，出现点状剥落；有时还出现过载断裂，主要是冲击载荷过大造成齿断。

根据工作条件和失效形式，对齿轮用材提出如下性能要求：高的弯曲疲劳强度；高的接触疲劳强度和耐磨性；轮齿心部要有足够的强度和韧性。此外，对金属材料，应有较好的热处理工艺性，如淬透性高、过热敏感性小、变形小等。

（1）机床齿轮

机床齿轮工作条件较好：载荷不大、转速中等、工作平稳、少有强烈的冲击。其性能除要有高的接触疲劳强度、弯曲强度、表面硬度与耐磨性等要求外，还应能保证高的传动精度和低的工作噪声。一般选用45钢或40Cr、40MnB中碳合金钢制造，后者的淬透性更好。

机床齿轮的工艺路线为：下料→锻造→正火→粗加工→调质或正火→精加工→齿部高频表面淬火+低温回火→精磨。

正火作为预备热处理工艺可以消除毛坯的锻造应力、细化组织、改善切削加工性能。调质处理赋予齿轮较高的综合力学性能，保证齿的心部具有足够的强度和韧性以承受较大的交变弯曲应力和冲击载荷，同时还可以减少淬火后的变形。对于性能要求不高的齿轮可以不进行调质处理。高频表面淬火+低温回火处理可以使齿面的硬度超过50HRC，有利于提高齿轮的耐磨性和接触疲劳抗力。特别是在高频表面淬火处理后，齿面存在残余压应力，有利于提高齿轮的疲劳抗力，防止表面发生麻点剥落。

在选用齿轮材料和热处理工艺时，必须考虑热处理方法的可行性。例如模数大于4mm，齿宽大于直径的高载荷圆柱齿轮、直齿锥齿轮、弧齿锥齿轮等，不宜采用感应淬火，应该选用渗碳钢或渗氮钢制造。

(2) 汽车齿轮

汽车、拖拉机齿轮，特别是主传动系统中的齿轮，工作条件比机床齿轮恶劣。受力较大，受冲击较频繁。这类齿轮失效形式主要为齿端磨损、崩角等，因此要求材料应有高的表面接触疲劳强度、弯曲强度和疲劳强度。由于弯曲与接触应力都很大，所以重要齿轮都要渗碳、淬火处理，以提高耐磨性和疲劳抗力。为保证心部有足够的强度及韧性，材料的淬透性要求较高，心部硬度应在35～45HRC之间。另外，汽车生产批量大，因此在选用钢材时，在满足力学性能的前提下，对工艺性能必须予以足够的重视。

汽车、拖拉机齿轮所用材料主要是低合金渗碳钢，如20Cr、20CrMnTi、20MnVB等，并进行渗碳或碳氮共渗处理；部分齿轮则采用中碳钢和中碳合金钢，进行调质或正火处理。实践证明，20CrMnTi钢具有较高的力学性能，在渗碳、淬火、低温回火后，表面硬度可达58～62HRC，心部硬度达30～45HRC。正火态切削加工工艺性和热处理工艺性均较好。为进一步提高齿轮的耐用性，渗碳、淬火、回火后，还可采用喷丸处理，增大表面压应力。

渗碳齿轮的工艺路线为：下料→锻造→正火→切削加工→渗碳、淬火及低温回火→喷丸→磨削加工。

3.4.2 轴类零件

轴类零件在机床、汽车、拖拉机等机器设备中用量很大，是机器中最基本的零件之一，轴的质量好坏，直接影响机器的精度与寿命。其主要作用是支承传动零件，并传递运动和动力。机床主轴、丝杠、内燃机曲轴、膛杆、汽车半轴等都属于轴类零件。尽管轴的尺寸和受力大小差别很大（钟表轴直径在0.5mm以下，受力极小；汽轮机转子轴直径达1m以上，载荷很大），然而多数轴受着交变扭转载荷，同时还要承受一定的交变弯矩或拉压载荷。而轴颈处，在用滑动轴承时，受着摩擦磨损（在用滚动轴承且轴颈不作内圈时，则没有摩擦磨损）。同时，大多数尤其是汽车、拖拉机一类轴，都会受到一定过载和冲击载荷的作用。

根据轴的工作特点，其主要失效形式有以下几种：由于受扭转疲劳和弯曲疲劳交变载荷长期作用，造成轴疲劳断裂，这是最主要的失效形式；由于大载荷或冲击载荷作用，轴发生折断或扭断；轴颈或花键处过度磨损。

根据工作条件和失效形式，对轴用材料提出如下性能要求：良好的综合力学性能，即强度、塑性、韧性有良好的配合，以防止冲击或过载断裂；高的疲劳强度，以防疲劳断裂；良好的耐磨性，防止轴颈磨损。此外，还应考虑刚度、切削加工性、热处理工艺性和成本。

(1) 机床主轴

机床主轴是机床的重要零件之一，在进行切削加工时，高速旋转的主轴承受弯曲、扭转和冲击等多种载荷，要求它具有足够的刚度、强度，耐疲劳、耐磨损以及精度稳定等性能。

机床主轴的轴颈常与滑动轴承配合，当润滑不足、润滑油不洁净（如含有杂质微粒）或轴瓦材料选择不当、加工精度不够、装配不当时经常会发生咬死现象，损伤轴颈的工作面，使主轴的精度下降，在运转时产生振动。为防止轴颈被咬死，除了针对上述问题采取一些相应的措施外，应选择合适的材料和热处理工艺，以提高轴颈表面的硬度和强度，如进行表面硬化处理。带内锥孔或外圆锥度的主轴需要频繁装卸，如铣床主轴常需更换刀具，车床尾架主轴常需调换卡盘和顶尖等，为了防止装卸时锥面拉毛或磨损而影响精度，也需要对这些部位进行硬化处理。

根据机床主轴所选用的材料和热处理方式，可以将其分为四种类型：局部淬火主轴、渗碳主轴、渗氮主轴和调质（正火）主轴。对一般的中等载荷、中等转速、冲击载荷不大的主轴，选用45钢或40Cr、40MnB中碳合金钢等即可满足要求，对轴颈、锥孔等有摩擦的部位进行表面处理。当载荷较大，并承受一定疲劳载荷与冲击载荷的主轴，则应采用20CrMnTi合金渗碳钢或38CrMoAlA渗氮钢制造，并进行相应的渗碳或渗氮化学热处理。

C620车床的主轴主要承受中等的交变弯曲与扭转载荷及不大的冲击载荷，转速中等，因此材料经过调质处理后具有一定综合力学性能即可，但在局部摩擦表面要求有较高的硬度与耐磨性，应局部表面处理。该轴一般选用45钢或40Cr钢制造，加工工艺路线为：下料→锻造→正火→粗加工→调质→半精加工→局部表面淬火+低温回火→磨削加工→零件。

整体的调质处理可使轴得到较高的综合力学性能与疲劳强度，硬度可达220～250HBS，调质后组织为回火索氏体。在轴颈和锥孔处进行表面淬火与低温回火处理后，硬度为52HRC，可以满足局部高硬度与高耐磨性的要求。

当轴的精度、尺寸稳定性与耐磨性都要求很高时，如精密镗床的主轴，选用38CrMoAlA，经调质后再进行渗氮处理。

(2) 内燃机曲轴

曲轴是内燃机中形状比较复杂而又重要零件之一，它将连杆的往复传递动力转化为旋转运动并输出至变速机构。曲轴在运转过程中要受到周期性变化的弯曲与扭转复合载荷，汽缸中周期性变化的气体压力与连杆机构的惯性力使曲轴产生振动和冲击，与连杆相连的轴颈表面的强烈摩擦等作用。在这样的复杂工作条件下，内燃机曲轴表现出的失效方式主要是疲劳断裂和轴颈表面的磨损。因此要求曲轴材料具有高的弯曲与扭转疲劳强度，足够高的冲击韧性和局部高的表面硬度和耐磨性。

生产中，按照材料和加工工艺可以把曲轴分为锻钢曲轴和铸造曲轴两种。锻钢曲轴所选材料主要是优质中碳钢和中碳合金钢，如45、40Cr、50Mn、42CrMo、35CrNiMo等，以及非调质钢45V、48MnV、49MnVS3等，其中45钢是最常用的，一般在调质或正火后采用中频感应淬火对轴颈进行表面强化处理。某些汽车、拖拉机发动机的曲轴轴颈也有采用氮碳共渗处理，以提高曲轴的疲劳强度和耐磨性。

锻钢曲轴的工艺路线为：下料→锻造→正火→矫直→粗加工→去应力退火→调质→半精加工→局

部表面淬火+低温回火→矫直→精磨→零件。

为保证曲轴在加工过程中的尺寸精度，一般毛坯热处理后可以采用热矫直，若冷态矫直以及粗加工后均应进行去应力退火。在感应淬火后的低温回火过程中应采用专用的夹具进行静态逆向矫直，利用相变塑性达到无应力矫直的效果。曲轴的其它热处理的作用与机床主轴的相应热处理相同。

球墨铸铁也是曲轴常用的材料，在轿车发动机中应用很广泛。曲轴用球墨铸铁有QT600-2、QT700-2、QT900-2等。一般汽车发动机曲轴用的球墨铸铁强度应不低于600MPa，农用柴油发动机曲轴的球墨铸铁强度则不低于800MPa。

铸造曲轴的工艺路线为：铸造→高温正火→高温回火→矫直→切削加工→去应力退火→轴颈气体渗氮（或氮碳共渗）→矫直→精加工→零件。

铸造质量对铸造曲轴质量有很大影响，应保证铸造毛坯球化良好并无铸造缺陷。正火是为了增加组织中珠光体的含量并使其细化，以提高其强度、硬度与耐磨性；高温回火的目的在于消除正火过程中造成的内应力。

(3) 汽车半轴

半轴是连接发动机与车轮的传动件，半轴轴杆一端带有花键，另一端带有法兰。主要承受驱动和制动扭矩，尤其是在汽车启动、刹车和爬坡时扭矩很大。半轴的使用寿命还与花键齿的耐磨性能有关。对重型载重车半轴，轴杆与花键的连接处、轴杆与法兰的连接处是易发生疲劳的部位。因此，半轴应有足够的强度、韧性、抗疲劳性和一定的耐磨性。

通常选用中、低碳合金调质钢制造半轴。小型汽车、拖拉机半轴多用40Cr、40MnB制造；大型载重车半轴多用40CrNi、40CrMo、40CrMnMo等钢种制造。

汽车半轴的工艺路线为：下料→锻造→正火（或退火）→机加→调质→喷丸→矫直→感应淬火+低温回火→精加工→成品。

3.4.3 弹簧

弹簧是重要的机械零件，广泛用于火车、汽车、枪炮及各种机械设备中，起承重、减震、缓冲及控制等作用。弹簧按外形分为叠板弹簧（板簧）和螺旋弹簧（卷簧）。板簧多用于火车、汽车等，起减震和承受大的负荷作用。卷簧可承受拉力、压力和扭力载荷，起缓冲、测量、控制等作用，用途广泛。弹簧会因发生疲劳断裂或产生过大的残余永久变形而失效。

弹簧应具有较高的弹性极限，以免在工作时产生残余变形；在振动中及受周期交变载荷作用的弹簧应具有较高抗疲劳性能，防止疲劳断裂；受较大冲击负荷起减震缓冲作用的弹簧，应具有一定的塑性和韧性；用于测量、控制的弹簧，应具有稳定的弹性系数；弹簧应具有良好的表面质量。

直径为6~12mm的弹簧多用冷卷成形。板簧及大直径螺旋弹簧要热成形。

板簧的制造工艺为：切割→弯制主片卷耳→加热→弯曲→淬火→回火→喷丸→检验。

卷簧的制造工艺为：下料→锻尖→加热→卷簧及校正→淬火→回火→磨端面→检验。

为防止和减少弹簧淬火变形，可将加热的弹簧压住后水平淬入冷却剂（油）中。淬火与回火温度随钢及对弹簧的要求不同而异：一般弹簧钢在350~450℃回火，弹性极限较高；在450~500℃回火，抗疲劳性能较好。热处理时要防止脱碳，以免降低疲劳强度。以55Si2Mn为例，严重脱碳时，疲劳极限只有未脱碳的46%。

3.4.4 飞机用零件

(1) 起落架外套

起落架是供飞机起飞、着陆、滑行和停放使用的，属于重要受力部件。常用的材料包括 30CrMnSiNi2A、40CrMnSiMoVA、40CrNi2Si2MoVA 和 16Co14Ni10Cr2MoE。工艺路线为：锻造→正火+退火→机械加工→去应力退火→（焊接→去应力退火）→淬火+回火→校正→去应力回火→精加工→去应力回火→喷丸→探伤→表面处理→探伤→喷漆。

淬火+回火阶段，30CrMnSiNi2A 在 (900±10)℃保温 1.5h，油淬（或者硝盐等温 180～300℃× 1.5h，热水冷却），250～300℃回火空冷；40CrMnSiMoVA 在 (920±10)℃保温 1h，硝盐等温 180～ 230℃×1h，热水冷却，250～300℃回火 3h，空冷；40CrNi2Si2MoVA 在 (870±10)℃保温 1h，油淬，200～300℃回火 2h，回火 2 次；16Co14Ni10Cr2MoE 在 860℃保温 3h，油淬，-73℃×1h 冷处理，510℃×5h，空冷。

(2) 飞机的蒙皮

飞机的外形由蒙皮形成和保持，蒙皮使飞机获得很好的空气动力学特性。一般蒙皮要求压缩强度高、刚度和抗应力腐蚀能力好。而下机翼和机身蒙皮还要求较高的疲劳强度、疲劳裂纹扩展抗力和断裂韧性。

蒙皮常用材料包括 2A12（LY12）、7A04（LC4）和 7A09（LC9）铝合金。工艺路线为：轧板→退火→清洗→固溶热处理→拉伸成形→自然时效→机械加工→表面处理。

2A12 铝合金 495～503℃保温 0.4h 水冷，室温自然时效 96h 以上。

7A04 铝合金 465～475℃保温 0.4h 水冷，(120±5)℃人工时效 24h，空冷。

7A09 铝合金 460～475℃保温 0.4h 水冷，(135±5)℃人工时效 8～16h，空冷。

(3) 燃烧室

燃烧室应具有足够的塑性，良好的抗热冲击、抗热疲劳及抗畸变性能，还要有高的抗氧化及防止燃烧产物腐蚀的化学稳定性。

燃烧室常用材料包括 12Cr18Mn8Ni5N、GH1016、GH1140、GH4099、GH4163、GH3030、GH3039、GH3044、GH3128、GH5188。工艺路线为：板料冲压成形→中间退火→冲压成形→组焊→去应力退火→组焊→固溶处理→机械加工成品。

固溶处理中，12Cr18Mn8Ni5N 钢 (1070±10)℃，水冷或空冷；GH1016 钢 (1160±10)℃，空冷；GH1140 钢 1050～1090℃，空冷；GH4099 钢 1080～1140℃，空冷；GH4163 钢 (1150± 10)℃，空冷，(800±10)℃保温 8h，空冷；GH3030 钢 980～1020℃，空冷；GH3039 钢 1050～ 1090℃，空冷；GH3044 钢 1120～1160℃，空冷；GH3128 钢 1140～1180℃，空冷；GH5188 钢 (1180±10)℃，空冷。

思考题

1. 能够热处理强化的条件是什么？
2. 简述正火与退火的主要区别，并说明正火的主要应用。
3. 为什么含碳量超过共析点的钢必须采用球化退火而不能采用完全退火？
4. 指出下列零件锻造毛坯进行正火的主要目的及正火后的显微组织。

(1) T12 钢锉刀； (2) 40 钢小轴； (3) 20 钢齿轮

5. 钢淬火和回火的目的分别是什么？
6. 什么是淬透性和淬硬性？影响的因素各是什么？
7. 40 钢和 T12 钢小试样分别经 850℃水冷、850℃空冷、760℃水冷、720℃水冷处理后的组织是什么？
8. 用 20 钢进行表面淬火和 45 钢渗碳淬火是否合适？为什么？
9. 表面淬火和淬不透均造成表面和心部组织差异，它们有何不同？
10. 为什么高速钢球化退火前需要锻打？
11. 为什么合金钢有较好的淬透性？
12. 什么是回火脆性，原因是什么？
13. 渗碳处理后为什么要采用淬火工艺？
14. 马氏体有几种类型？
15. 什么是贝氏体组织？

第4章 碳钢

金属材料是重要的工程结构材料，工业上将金属材料分为两大类：

黑色金属：铁和铁基合金（钢、铁和铁合金）；

有色金属：黑色金属以外的所有金属及合金。

金属材料中的 95%为钢铁，钢铁材料性能优良，价格便宜，应用广泛。按照化学成分，钢可分为碳素钢和合金钢。

钢为铁碳合金，其中碳质量分数大于 0.02%，小于 2.11%。为了保证良好的强度和韧性，碳含量不宜过高，常用碳钢的碳质量分数一般小于 1.3%。碳钢价格较为低廉，冶炼较为容易，同时还能满足大多数工程需要，因此在工程材料中占有重要地位，其中 90%的钢制品由碳钢制备。

4.1 纯铁的同素异构转变

纯铁总是含有一些杂质。工业纯铁含有 0.10%～0.20%杂质，其中含碳量一般不大于 0.02%。其机械性能大致为：σ_b=180～230MPa，$\sigma_{0.2}$=100～170MPa，δ=30%～50%，φ=70%～80%，HBS=50～80，A_K=128～160J。由于纯铁机械性能较弱，一般不用于机械结构材料。但纯铁的磁导率高，常用于制造各种仪器仪表的铁芯。

纯铁随着温度的变化，会从一种晶格转变为另一种晶格，称为同素异构转变。如图 4-1 所示，室温下，纯铁为体心立方晶格，晶格常数 a=0.286nm，称为 α-Fe；当温度升高到 912℃，纯铁的晶格结构由体心立方转变为面心立方，其晶格常数 a=0.364nm，称为γ-Fe；当温度升高至 1394℃，面心立方晶格又重新变为体心立方晶格，晶格常数 a=0.293nm，称为δ-Fe。如温度降低，则上述转变过程可逆，即

α-Fe（体心立方）$\xrightarrow{912℃}$ γ-Fe（面心立方）$\xrightarrow{1394℃}$ δ-Fe（体心立方）

同素异构转变与液态金属结晶过程相似，也遵守晶核的产生和生长的结晶规律，转变也需要一定的过冷度或过热度。但同素异构转变在固态下进行，具有一些与液态金属结晶不同的差别，主要表现在：

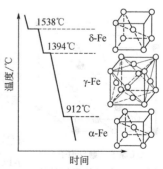

图 4-1 纯铁的同素异构转变

a. 新相晶核一般在旧相界面上形成；
b. 具有较大的过冷倾向，其过冷度可达上百摄氏度；
c. 由于新旧相密度不同，转变温度又较低，会产生较大的内应力。

为了与液态金属结晶过程相区别，通常将同素异构转变又称为重结晶。

纯铁的同素异构转变具有重要的工程意义。由于纯铁在不同温度下具有不同的晶格结构，对碳及合金元素的溶解能力不同，才可以通过加热和冷却的方法，使碳化物析出或溶解，达到改善性能的目的。因此，纯铁的同素异构转变是钢铁可以进行热处理的原因所在。

4.2 铁碳合金平衡态的相变

（1）铁碳合金的基本组织

碳是最廉价，也是最为有效的强化钢铁的元素。碳能溶解到铁的晶格中形成间隙固溶体，当含碳量超过铁的溶解度时，多余的碳将与铁形成化合物，由此构成了固溶体与化合物组成的机械混合物。因此，铁碳合金的基本组织有奥氏体、珠光体、铁素体、渗碳体和莱氏体等。碳钢的机械性能强烈依赖于碳含量及热处理组织类型。图 4-2 给出了 $Fe-Fe_3C$ 二元相图，根据相图，可以推测出碳钢的平衡组织。

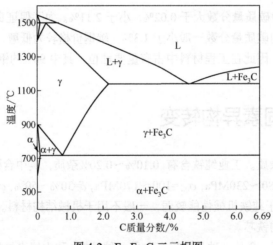

图 4-2 $Fe-Fe_3C$ 二元相图

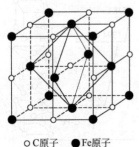

图 4-3 奥氏体晶格结构

① 奥氏体

奥氏体是碳溶于 γ-Fe 中形成的间隙化合物，属于面心立方结构。晶格常数与温度 T 有关：$a=0.3618+0.8496\times10^{-5}T$ nm。奥氏体在碳钢中是高温组织，在共析温度以上（>727℃）存在，但通过合金化，如镍或锰含量增加到一定程度，奥氏体会保留到室温。

图 4-3 为奥氏体晶格结构。面心立方晶格最大空隙位置（1/2，1/2，1/2）处的空隙半径为 0.053nm，C 原子半径为 0.077nm，故 C 原子固溶于 γ-Fe 将引起晶格膨胀。碳在奥氏体中的最大固溶量为 2.11%，共析反应时降为 0.77%。C 是稳定奥氏体的元素，随着溶碳量的增多，奥氏体将变得

比较稳定，共析转变比较困难，因而容易获得数量众多、组织细密的珠光体。

② 珠光体

珠光体是铁素体和渗碳体的机械混合物，铁素体与渗碳体交替排列构成层状结构，由奥氏体共析转变而来。纯珠光体的抗拉强度为686～784MPa，硬度为170～330HBS，延伸率为15%～25%，是一种强度、硬度和韧性都较为理想的材料，其性能波动与铁素体与渗碳体层状结构的片间距有关，片间距越小，则强度和硬度越高。

③ 铁素体

铁素体是 C 溶于 α-Fe 中形成的间隙固溶体，具有体心立方结构，其晶格常数与温度有关：$a=0.2860+0.4252\times10^{-5}T$ nm。铁素体的体心立方晶格内有两个最大间隙位置，一个为四面体，如图 4-4(a) 所示，间隙半径为 0.036nm；另一个为八面体，如图 4-4(b) 所示，间隙半径为 0.019nm。而碳的原子半径为 0.07nm，比上述的间隙半径大得多，故碳在铁素体中的溶解度很小，727℃时为 0.02%，温度下降时溶解度更小，因此铁素体是一种微碳固溶体。铁素体是一种高塑性、高韧性、中等强度的金属基体。

④ 渗碳体

渗碳体是铁与碳组成的复杂间隙化合物，其晶体结构如图 4-5 所示，分子式为 Fe_3C，含碳量为 6.69%。

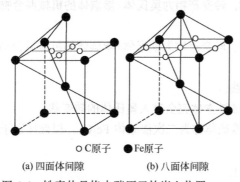

图 4-4 铁素体晶格中碳原子的嵌入位置
(a) 四面体间隙 (b) 八面体间隙

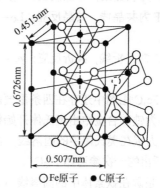

图 4-5 Fe_3C 晶体结构

Fe_3C 硬且脆，$\sigma_b=30$MPa，HBW≈800，$\delta\approx0$，$\alpha_K\approx0$。渗碳体在铁碳合金中与其他相共存，具有片状、粒状和网状等不同形态。它的形状、大小及分布对钢的性能具有很大影响。渗碳体是一种亚稳定化合物，在一定条件下可以分解为铁和石墨，这对于铸铁（尤其是可锻铸铁）具有重要意义。

⑤ 莱氏体

莱氏体为 Fe-C 相图的共晶组织，是由奥氏体和渗碳体组成的机械混合物；当共晶组织冷却到共析温度，奥氏体转变为珠光体，则由珠光体和一次渗碳体组成的机械混合的组织称为变态莱氏体。莱氏体的平均含碳量为 4.3%。

莱氏体中的渗碳体是作为基体存在的，所以莱氏体的性能与渗碳体比较接近，属于硬而脆的组织。

(2) 铁碳合金平衡态下的结晶

图 4-6 为 $Fe-Fe_3C$ 相图，图中 A 点表示纯铁的熔点（1538℃）；D 点表示渗碳体熔点（1227℃）；

C 为共晶点，温度为 1148℃，含碳量为 4.3%；E 为碳在奥氏体铁中的最大溶解度（2.11%）；S 为共析点，温度为 727℃，含碳量为 0.77%。

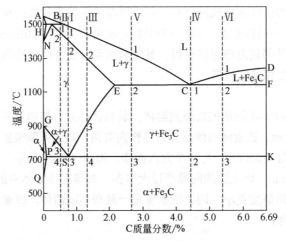

图 4-6 Fe-Fe$_3$C 合金相图

ABCD 为液相线，AHJECF 为固相线，整个相图主要由包晶、共晶、共析 3 个恒温转变所组成。

HJB 为包晶线，包晶反应：L$_B$+δ ⟶ γ$_J$，转变产物为奥氏体。

ECF 为共晶线，共晶反应：L$_C$ ⟶ γ$_E$+Fe$_3$C，转变产物为奥氏体+渗碳体的机械混合物，称为莱氏体。

PSK 为共析线，共析反应：γ$_S$ ⟶ α$_P$+Fe$_3$C，转变产物为铁素体+渗碳体的机械混合物，称为珠光体。

Fe-Fe$_3$C 相图中还存在四条重要的固态转变线。

GS 为铁碳合金中由奥氏体开始析出铁素体或铁素体完全溶入奥氏体的转变线。

ES 为碳在奥氏体中的固溶线，由此析出的渗碳体称为二次渗碳体 Fe$_3$C$_{II}$，以此区别于经液相线 CD 析出的一次渗透体 Fe$_3$C$_I$。

GP 是碳在铁素体中的固溶线（共析温度以上）。

PQ 是碳在铁素体中的固溶线（共析温度以下）。此时由铁素体中析出的渗碳体为三次渗碳体 Fe$_3$C$_{III}$。

通常按照有无共晶转变来区分钢和铁。含碳量在 0.0218%~2.11% 的铁碳合金无共晶转变，有共析转变，称为钢；含碳量大于 2.11% 的铁碳合金具有共晶转变，称为铁；含碳量小于 0.0218% 的铁碳合金称为工业纯铁；含碳量大于 5% 的铁碳合金在工业上没有应用价值，一般不予研究。

根据组织特点，可将铁碳合金分为 7 种，分别为：a.工业纯铁（C 含量≤0.0218%）；b.共析钢（C 含量=0.77%）；c.亚共析钢（0.0218%<C 含量<0.77%）；d.过共析钢（0.77%<C 含量<2.11%）；e.共晶铸铁（C 含量=4.30%）；f.亚共晶铸铁（2.11%<C 含量<4.30%）；g.过共晶铸铁（4.30%<C 含量<6.69%）。

① 共析钢

如图 4-6 合金 I 所示。合金在 1 点温度以上为液态，当缓慢冷却到 1 点，开始从液相中析出奥氏体，直到 2 点温度结晶完成。在 2~3 点区间为单一的奥氏体。当缓慢冷却到 3 点（S 点），奥氏体发生共析反应，转变为珠光体。3 点以下，珠光体基本上不发生变化。共析钢的室温组织为珠光体。

② 亚共析钢

如图 4-6 合金Ⅱ所示。合金温度在 3 点以上的组织转变过程与共析钢相同。当温度降到 3 点时，奥氏体中开始析出铁素体。随着温度继续降低，铁素体的析出量不断增加，奥氏体中的含碳量沿 GS 线增加。当温度降低到 4 点时，剩余奥氏体中的含碳量达到 0.77%，进行共析反应，转变为珠光体。4 点以下，合金组织基本上不发生变化。亚共析钢的室温组织由珠光体和铁素体组成。当含碳量不同时，组织中的铁素体和珠光体的相对重量不同。随着合金中含碳量减少，组织中铁素体量增加，珠光体量减少。

③ 过共析钢

如图 4-6 合金Ⅲ所示。过共析钢结晶过程与亚共析钢的主要区别为，当温度降到 3 点时，奥氏体中析出的不是铁素体，而是二次渗透体。过共析钢的室温组织由珠光体和二次渗透体组成。随着合金中含碳量减少，组织中的二次渗碳体量减少，珠光体增加。

④ 共晶白口铁

如图 4-6 合金Ⅳ所示。当合金缓慢冷却到 1 点（C 点），发生共晶反应，转变为莱氏体（奥氏体+渗碳体）。莱氏体在冷却过程中，其中奥氏体的含碳量沿 ES 线减少，不断析出二次渗透体，所以在 1 点温度以下，莱氏体由奥氏体、二次渗碳体和渗碳体组成。冷却到 2 点，奥氏体中的含碳量达到 0.77%，发生共析反应，转变成珠光体，此时的组织由珠光体、渗碳体和二次渗碳体组成，成为变态莱氏体。2 点温度以下，变态莱氏体基本上不发生变化。

⑤ 亚共晶白口铁

如图 4-6 合金Ⅴ所示。当合金缓慢冷却到 1 点，从合金液中析出奥氏体，当缓慢冷却到 2 点温度时，合金液中的含碳量为 4.30%，发生共晶反应，形成莱氏体。随着温度的降低，先析出奥氏体和共晶奥氏体的含碳量沿 ES 线减少，不断析出二次渗碳体，所以在 2 点温度以下，组织由奥氏体、二次渗碳体和莱氏体组成。冷却至 3 点，奥氏体中的含碳量达到 0.77%，发生共析反应，转变成珠光体，此时的组织由珠光体和变态莱氏体组成。温度继续降低，组织基本不发生变化。

⑥ 过共晶白口铁

如图 4-6 合金Ⅵ所示。当温度降低至 1 点时，从合金液中析出渗碳体（一次渗碳体），由于高温，一次渗碳体较为粗大。当缓慢冷却到 2 点时，合金液中的含碳量为 4.30%，发生共晶反应，形成莱氏体。继续降温，莱氏体中的奥氏体含碳量按照 ES 变化，析出二次渗碳体，当温度降低至 3 点时，发生共析转变，此时的组织为变态莱氏体和一次渗碳体。

(3) $Fe-Fe_3C$ 相图的应用

相图清晰地表明了合金相变过程及组织转变规律，反映了合金系的成分、温度与组织、性能之间的关系。因此，它为材料的选用与加工工艺制定提供了可靠依据。

由铁碳合金成分、组织、性能之间的变化规律，可以根据零件的服役条件来选用材料。如要求良好焊接性能、冲压性能的零部件，应选用组织中铁素体多、塑性好的低碳钢制造；对于一些要求综合力学性能的零件，如齿轮、传动轴可采用中碳钢制造；而对于要求高硬度、高耐磨性的工件，可采用高碳钢制造；对于形状复杂，承力要求不太高的零件可采用铸铁来制造。

铁碳相图也可用于制定热加工工艺。对于铸造生产，可以根据铁碳相图确定铸铁的浇注温度，越接近共晶成分的合金，熔点越低，结晶间隔越小，合金液的流动性小，组织致密；对于锻造生产，处于单相奥氏体状态的钢塑性好，变形扛力小，便于成型。

应当注意，$Fe-Fe_3C$ 合金相图也存在一定的局限性。该相图只反映了铁碳二元合金中的相，实际生产中的钢铁材料除了铁碳以外，还有其他合金元素，导致相图会发生一些变化；而且相图只反映了平衡状态，这是在极其缓慢的冷却过程中才能达到的状态，而实际生产中温度变化很快，是一种非平衡状态，采用平衡状态的相图处理工业生产问题会存在一定的偏差。尽管如此，铁碳相图在实际生产中仍具有不可替代的指导价值。

4.3 钢的冶炼

炼钢的任务是将生铁中的碳和杂质降低，并适当补充一些合金元素，以达到规定的化学成分。

4.3.1 炼钢的基本原理

（1）脱碳

生铁炼钢的实质是碳的氧化过程。炼钢时，在铁水中通入氧气，

$$2Fe + O_2 = 2FeO \tag{4-1}$$

使得部分铁氧化成 FeO。当然也可以在铁液中加入铁矿石（Fe_2O_3），

$$Fe_2O_3 + Fe = 3FeO \tag{4-2}$$

反应生成的 FeO 溶解于铁液中，起到脱碳作用：

$$FeO + C = Fe + CO\uparrow \tag{4-3}$$

碳的氧化形成了大量的 CO 气泡，CO 气泡中其他气体的分压为零，有助于溶解于钢液中的气体进入 CO 气泡，通过气泡上浮逸出；同时 CO 气泡表面可以黏附夹杂物，将夹杂带入钢液表面，通过扒渣去除，因此，CO 气泡造成的钢液沸腾可以有效地除气去杂。

（2）脱硫、磷

硫、磷是钢中的有害杂质，在炼钢时应尽量去除。去除硫、磷要求熔渣中含有较多的 CaO，进行如下反应：

$$2P + 5FeO + 4CaO = 5Fe + (CaO)_4 \cdot P_2O_5 \tag{4-4}$$

$$FeS + CaO = CaS + FeO \tag{4-5}$$

反应生成的磷酸钙 $[(CaO)_4 \cdot P_2O_5]$ 和 CaS 进入炉渣而被排除。

（3）脱氧

在钢的冶炼过程中，脱碳反应会在钢液中引入过多的氧，并以 FeO 形式存在，会严重降低钢的力学性能，因此在熔炼后期需要脱氧。脱氧主要是在钢液表面造渣，主要成分为碳粉、硅铁粉等。主要反应如下：

$$FeO + C = Fe + CO\uparrow \tag{4-6}$$

$$Si + 2FeO = SiO_2 + 2Fe \tag{4-7}$$

当含氧量和化学成分达到规定要求后，钢液温度达到出钢温度要求后，就可以采用铝终脱氧，即将铝块压入钢液中或放置在出钢槽上，铝与钢液发生如下反应

$$2Al + 3FeO = 3Fe + Al_2O_3 \tag{4-8}$$

4.3.2 炼钢方法

炼钢方法主要有转炉炼钢、平炉炼钢和电弧炉炼钢。按照熔炼炉炉衬耐火材料的性质，熔炼炉又可分为酸性炉和碱性炉两种。酸性炉炉衬的主要成分是二氧化硅；碱性炉炉衬的主要成分是

氧化镁、氧化钙等。碱性炉炼钢可以去除钢中大部分硫、磷，但炉衬寿命短；酸性炉去除硫、磷效果差，因此要求低硫、磷的炉料，但寿命长。

(1) 转炉炼钢法

转炉炼钢法是利用氧气或空气进入铁水中，将钢液中的碳、硅、锰、磷等元素氧化去除，并依靠氧化反应放出的热量作为热源，不需外加燃料。

转炉炼钢法生产率高、投资少、成本低，质量较好，已被广泛应用，成为世界上的主要钢类。但必须使用铁水作为原料，不能大量利用废钢，吹炼时金属喷溅损失较大，一般不用于高合金钢的熔炼。

(2) 平炉炼钢法

平炉炼钢法是利用煤气或重油等燃烧产生的热量熔化炉料，依靠炉气中的氧和加入的铁矿石氧化碳和杂质元素。

平炉容量大，工艺容易控制，可大量利用废钢，钢的品质与转炉钢相近。但平炉构造复杂，投资大，冶炼时间长，限制了其发展。

(3) 电弧炉炼钢法

电弧炉炼钢法是利用石墨电极与炉料之间产生的电弧作为热源的炼钢法，主要原料是废钢、合金料。电弧炉熔炼炉温度高，气氛易控，脱硫、磷较为彻底，钢的质量优良，但消耗大量电能，成本较高，适用于生产高质量的高、中合金钢。

上述三种常见的炼钢法，由于钢液与大气接触，常含有氢、氮等气体和非金属夹杂物，影响了钢的质量。当熔炼有特殊要求的高合金钢时，如耐热钢、不锈钢、滚动轴承钢等，可在真空条件或熔渣保护下熔炼，如真空感应电路熔炼法、电渣重熔法等。

4.4 碳钢中的元素

工程上使用的碳钢一般指含碳量不超过 1.4%，主要由 C、Mn、Si、S、P 五大元素组成的铁合金。其中 C 决定碳钢的性能，而其他元素为长存杂质，对碳钢的性能有较大影响。Mn、Si 为有益元素，S、P 为有害元素。这些元素对钢材性能影响很大，必须控制在牌号规定的范围之内。

根据铁碳相图，不同含碳量钢具有不同的组织，必然具有不同的性能，所以含碳量是决定碳钢力学性能的主要因素。随着含碳量的增加，不仅组织中的渗碳体含量增加，而且渗碳体的形态和分布也发生变化，并使基体由铁素体变成珠光体乃至渗碳体。钢以铁素体为基体，渗碳体为增强相，当铁素体和渗碳体构成层片状珠光体时，钢的强度、硬度得到提高，珠光体含量越高，强度、硬度越高。当渗碳体呈网状分布时，钢的塑性、韧性大幅度降低，脆性显著提高，强度也随之降低。图 4-7 为含碳量对钢的力学性能的影响，可以看出，当钢的含碳量小于 0.9%时，随着钢中含碳量的增加，钢的强度、硬度几乎呈直线上升，而塑性、韧性不断降低；

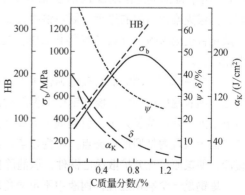

图 4-7 含碳量对钢的力学性能的影响

当钢中的含碳量大于 0.9% 时，因出现了网状渗碳体，钢的脆性大幅度增加，强度下降，而硬度仍然继续增加。

Mn 是炼钢时用锰铁脱氧而残存于钢中的杂质。锰具有一定的脱氧能力，能将钢中的 FeO 还原成铁，改善钢的质量。锰能与 S 化合形成高熔点 MnS 颗粒，可消除 S 的热脆性。锰以置换固溶体的形式溶入铁素体起到固溶强化作用，也能溶入渗碳体形成合金渗碳体，提高钢的强度和硬度，所以锰是钢中的有益元素。碳钢中的 Mn 含量一般为 0.25%～0.8%，最高可达 1.2%。

Si 与 Mn 一样，也是炼钢脱氧时残存于钢中，其脱氧效果强于 Mn，能消除 FeO 夹杂物对钢性能的不利影响。Si 可溶入铁素体起固溶强化作用，但含量增多使钢变脆，一般控制在 0.4% 以下。

S 是从矿石和燃料中带入钢中，炼钢时难以除尽。S 与 Fe 形成 FeS，FeS 与 Fe 形成低熔点共晶体并存在于晶界上，熔点为 985℃，且分布在奥氏体晶界上。当钢材在 800～1200℃ 轧、锻时，由于共晶体过热甚至熔化，减弱了晶粒间联系，发生晶界开裂，导致钢材热脆。因此，钢中的 S 含量控制在 0.055% 以下。由于 Mn 与 S 在钢中能有限化合形成高熔点的 MnS（熔点 1620℃），而 MnS 在高温下具有塑性，可以避免钢的热脆。因此，在钢中提高含 Mn 量，可消除 S 的有害影响。

P 由矿石冶炼残存于钢中，炼钢时难以除尽。室温下 P 在铁素体中的最大溶解度约为 1.2%，但当钢中有碳存在时，P 在铁素体中的溶解度急剧降低。溶入铁素体中的 P 降低钢的韧性，升高韧性转变温度；而未溶入铁素体中的 P 以脆性的化合物 Fe_3P 形式存在，偏析于晶界，导致钢材脆性增加，特别在低温甚至室温下更严重，称为冷脆。磷的冷脆对于寒冷地区或其他低温条件下工作的钢构件具有严重的危害性。为了降低磷的有害作用，钢中的 P 含量控制在 0.045% 以下。钢中适量的磷可以提高钢材在大气中的耐蚀性能。

S、P 虽然是钢中的有害元素，但在一定条件下可以利用 S、P 产生的脆性，使切削时容易断屑，故适量的 S、P 可以提高钢的切削加工性能。所以在制造表面粗糙度要求较小而强度不高的零件时，可以将 S、P 的含量适当提高，含硫量为 0.08%～0.33%，含磷量为 0.05%～0.15%，这种钢为易切削钢，广泛应用于在自动机床上加工的螺钉、螺母等标准件。

除了以上五大元素，碳钢中还存在一些气体元素，如氮、氢、氧等，也给钢的性能带来有害影响。

氮是熔炼时通过炉气进入钢中的。当钢液快速冷却时，氮来不及析出，而使其过饱和固溶在铁素体中，随后会逐渐地以 Fe_4N 的形式析出，大大降低了钢的韧性，称为蓝脆。它往往是造成船舶或桥梁灾难性事故的原因。氮在钢中也具有一定益处。炼钢时，用铝、钛、钒脱氧时，它们可与氮化合生成 AlN、TiN、VN 等化合物，在钢液中弥散分布，起到非均匀形核的核心作用，可以细化晶粒。

氢是在炼钢时潮湿炉料在电弧作用下水解离产生的，其也使钢材变脆，产生氢脆，造成白点缺陷。随着温度的降低，氢在钢中的溶解度急剧降低，当氢原子来不及逸出钢件，氢就聚集于晶体缺陷处，并形成氢分子，引起很大的局部内应力，使钢材开裂。这种开裂在平行于轧制方向上的截面上表现为椭圆形白亮点，称为白点。因此，对于大截面锻件，特别是合金钢锻件，应锻后缓冷，使氢原子充分扩散逸出钢件，以消除白点。

炼钢是一个氧化过程，钢液中不可避免地使铁氧化，故在浇注前进行脱氧。如果钢液含氧量过多，或脱氧不完全，在钢中会存在非金属夹杂物 FeO，使得钢的强度、塑性降低，特别是对疲劳强度影响较大。

4.5 碳钢的分类

根据不同标准，碳钢可分为不同类型。

(1) 按钢中有害杂质分类

普通碳素钢：S 质量分数<0.055%，P 质量分数<0.045%；

优质碳素钢：S、P 质量分数<0.04%；

高级优质碳素钢：S 质量分数<0.03%，P 质量分数<0.035%。

(2) 按钢的碳质量分数分类

低碳钢：C 质量分数<0.25%；

中碳钢：0.6%<C 质量分数<0.25%；

高碳钢：C 质量分数>0.6%。

(3) 按钢的用途分类

碳素结构钢：用于制造各种工程构件（桥梁、船舶、建筑构件等）和机器零件（轴、齿轮、螺母等），多为普通碳素钢，一般在热轧空冷状态下使用（正火）。

碳素工具钢：用于制造各种工具（刃具、量具、模具等），通常为优质钢。

(4) 按冶炼时脱氧程度分类

沸腾钢：钢液脱氧不完全（仅采用锰铁脱氧），当钢液浇入钢锭模后，钢液中残留的氧与碳反应，产生大量的 CO 气体，使钢水沸腾，故称为沸腾钢。沸腾一定时间后，在钢锭顶部加盖铁板，使钢锭很快凝固成一薄壳，钢水停止沸腾，待全部钢水凝固后，钢锭内部分布着许多气孔，如图 4-8(a) 所示。由于钢锭内气孔的存在，补偿了钢水凝固时的体积收缩。钢锭顶部没有集中缩孔，轧制前钢锭头部切除量很少，成材率高，成本低。该钢锭内部存在偏析，成分与性能不均匀，耐蚀性和机械性能相对较差。钢水沸腾的结果，冲洗了凝固层中的杂质，使钢锭具有纯净、坚固的外壳，表面质量好。内部气孔在热轧时能焊合，再加上沸腾钢一般为低碳钢，具有良好的塑性，故适合于轧制成各种型钢（工字钢、槽钢、角钢等）和钢板。牌号以 F 标注。

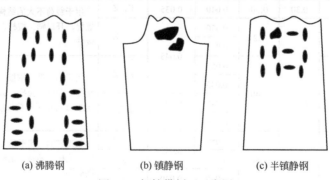

(a) 沸腾钢　　　(b) 镇静钢　　　(c) 半镇静钢

图 4-8　钢锭纵剖面示意图

镇静钢：钢液脱氧完全（采用硅铁和铝脱氧），浇注时很少析出气体，凝固平静。该钢锭成分均匀，组织致密，力学性能高。但由于钢锭顶部形成集中缩孔，如图 4-8(b) 所示，轧制前应予切除，成材率低，成本高。目前使用的大部分合金钢和中、高碳钢都是镇静钢，一般用作重要用途的钢材。牌号以 Z 标注。

半镇静钢：脱氧程度介于镇静钢与沸腾钢之间。钢水浇注后，无明显沸腾现象，只析出少量气泡,并能较少集中缩孔,如图 4-8(c) 所示。其质量接近镇静钢,而成材率接近沸腾钢。但生产工艺与产品质量较难控制,故其在钢产量中比重不大。牌号以 b 标注。

(5) 按金相组织分类

按钢退火态的金相组织可分为亚共析钢、共析钢和过共析钢三种;

按钢正火态的组织可分为珠光体钢、贝氏体钢、马氏体钢和奥氏体钢四种。

4.6 碳钢的牌号和用途

4.6.1 碳素结构钢

碳素结构钢属低碳钢,S、P 含量较高,用量约占钢材总量的 70%,其牌号和化学成分如表 4-1 所示。牌号为"Q+屈服强度",如 Q275 表示屈服强度为 275MPa 的碳素结构钢,若牌号后标注字母 A、B、C、D,则表示钢材质量等级不同。其中 A 级表示钢中硫、磷含量最高,而 D 级表示硫、磷含量最低。若在牌号后还标注 F、b,则分别表示沸腾钢、半镇静钢,镇静钢不用标注。

碳素结构钢分为 5 个强度等级,牌号分别为 Q195、Q215、Q235、Q255、Q275。其中 Q195、Q215 强度不高,塑性很好,常做铁钉、铁丝及薄板等;Q235A、Q235B 钢材塑性较好,有一定强度,通常轧制成钢筋、钢板和钢管等,可用于桥梁、建筑物、普通螺钉、螺帽、铆钉等;Q235C、Q235D 可用于重要的焊接件;Q255、Q275 强度较高,可用于工字钢、螺纹钢及钢板等。

碳素结构钢的焊接性、塑性好,一般在热轧状态下使用,常以热轧板、带、棒及型钢使用。碳素结构钢不需额外的热处理,组织为铁素体+珠光体;但对于某些零件,也可以采用正火、调质、渗碳等工艺,以提高其使用性能。

表 4-1 碳素结构钢牌号、化学成分及应用(GB 700—2006)

牌号	等级	化学成分(质量分数,不大于)/%					脱氧方法	应用举例
		C	Si	Mn	S	P		
Q195	—	0.12	0.30	0.50	0.040	0.035	F、Z	用于载荷不大的结构件、铆钉、垫圈、地脚螺栓、开口销、拉杆、螺纹钢筋、冲压件和焊接件
Q215	A	0.15		1.2	0.050	0.045	F、Z	
	B				0.045			
Q235	A	0.22	0.35	1.40	0.050	0.045	F、Z	用于结构件、钢板、螺纹钢筋、型钢、螺栓、螺母、铆钉、拉杆、齿轮、轴、连杆;Q235C、Q235D 可用于重要焊接结构件
	B	0.20			0.045			
	C	0.17			0.040	0.040	Z	
	D				0.035	0.035	TZ	
Q275	A	0.24		1.50	0.050	0.045	F、Z	强度较高;用于承受中等载荷的零件,如键、链、拉杆、转轴、链轮、链环片、螺栓及螺纹钢筋等
	B	0.21			0.045			
	C	0.20			0.040	0.040	Z	

4.6.2 优质碳素结构钢

与普通碳素结构钢相比,优质碳素结构钢的 S、P 含量低,纯洁度、均匀性及表面质量较好,因此,优质碳素结构钢的塑性和韧性都较好,适用于制造较为重要的机械零件。

优质碳素结构钢的钢号采用碳质量分数的万分数的数字表示,如钢号"45"为碳含量 0.45%

的优质碳素结构钢。

若钢中锰的质量分数较高（含锰量在0.7%~1.2%之间），则在钢号后加"Mn"，如45Mn。

如在钢号后加A、E，则分别表示高级优质和特级优质。

优质碳素结构钢的牌号和化学成分见表4-2。

优质碳素结构钢主要用于制造各种机器零件。08F钢塑性好，可制造冷冲压零件；10、20钢可作冷冲压件与焊接件，经过热处理也可制造轴、销等零件；35、40、45、50经热处理后，可获得良好的综合力学性能，用来制造齿轮、轴、套筒等零件；60、65钢可用于制造弹簧。

表4-2 优质碳素结构钢的牌号和化学成分（GB/T 699—2015）

牌号	化学成分（质量分数）/%			力学性能				
	C	Si	Mn	R_m/MPa	$R_{0.2}$/MPa	A/%	Z/%	K_a/J
08	0.05~0.11		0.35~0.65	325	195	33	60	—
10	0.07~0.13			335	205	31	55	—
15	0.12~0.18			375	225	27	55	—
20	0.17~0.23			410	245	25	55	—
25	0.22~0.29		0.50~0.80	450	275	23	50	71
30	0.27~0.34			490	295	21	50	63
35	0.32~0.39			530	315	20	45	55
40	0.37~0.44			570	335	19	45	47
45	0.42~0.50	0.17~0.37		600	355	16	40	39
50	0.47~0.55			630	375	14	40	31
55	0.52~0.60			645	380	13	35	—
60	0.57~0.65			675	400	12	35	—
65	0.62~0.70			695	410	10	30	—
70	0.67~0.75			715	420	9	30	—
75	0.72~0.80			1080	880	7	30	—
80	0.77~0.85			1080	930	6	30	—
85	0.82~0.90			1130	980	6	30	—
15Mn	0.12~0.18		0.70~1.00	410	245	26	55	—
20Mn	0.17~0.23			450	275	24	50	—
25Mn	0.22~0.29			490	295	22	50	71
30Mn	0.27~0.34			540	315	20	45	63
35Mn	0.32~0.39			560	335	18	45	55
40Mn	0.37~0.44			590	355	17	45	47
45Mn	0.42~0.50			620	375	15	40	39
50Mn	0.48~0.56			645	390	13	40	31
60Mn	0.57~0.65			690	410	11	35	—
65Mn	0.62~0.70		0.90~1.20	735	430	9	30	—
70Mn	0.67~0.75			785	450	8	30	—

4.6.3 碳素工具钢

碳素工具钢的钢号用T+碳含量的千分数的数字表示，T表示碳，如T9表示含碳量为0.9%的碳素工具钢。碳素工具钢的碳含量较高，一般为0.62%~1.35%。

若钢中锰的质量分数较高，则在钢号后加"Mn"，如 T8Mn。

如钢号后加 A，则为高级优质钢，如 T12A 为含量 1.2%的高级优质碳素工具钢。

碳素工具钢的化学成分和力学性能如表 4-3 所示。

碳素工具钢使用前需热处理。预备热处理一般为球化退火，目的在于降低硬度，利于切削，并为淬火做组织准备。最终热处理为淬火加低温回火。使用状态下的组织为高碳回火马氏体加颗粒状碳化物及少量残余奥氏体。

碳素工具钢成本低，耐磨性和加工性较好，但热硬性差，淬透性低，一般用于制作尺寸不大、形状简单的工具，同时不在高温或能够产生摩擦热的环境下使用。其中 T7、T8 硬度较高，韧性较好，可做冲头、凿子、锤子等；T9、T10、T11 硬度高，韧性适中，可做丝锥、手锯条、刨刀、钻头及冷作模具等；T12、T13 硬度高，韧性较低，可做锉刀、刮刀等刃具和量规、塞规等量具。

表 4-3 碳素工具钢的牌号、化学成分及性能（GB/T 1299—2014）

牌号	化学成分（质量分数）/%			硬度			
	C	Mn	其他	退火 HBW≤	退火后冷拉 HBW≤	淬火 温度（℃）和冷却剂	HRC≤
T7	0.65~0.74	≤0.40	Si≤0.35 P≤0.035 S≤0.030	187	241	800~820，水	62
T8	0.75~0.84	≤0.40				780~800，水	
T8Mn	0.80~0.90	0.40~0.60				780~800，水	
T9	0.85~0.94	≤0.40		192			
T10	0.95~1.04			197		760~780，水	
T11	1.05~1.14			207			
T12	1.15~1.24						
T13	1.25~1.35			217			

思考题

1. 说明纯铁的同素异构转变。
2. 说明奥氏体、珠光体、铁素体、莱氏体、变态莱氏体的组织特点。
3. 钢中如何脱碳？
4. 钢中如何脱氧？
5. 随着碳量的增加，钢中的组织和性能如何变化？
6. 锰和硅在钢中起什么作用？
7. 硫和磷对钢有什么影响？
8. 沸腾钢、镇静钢和半镇静钢有什么区别？
9. 说明 Q235、45、T9 牌号的意义。
10. 按照冶金质量，碳钢如何分类？

第5章 合金钢

虽然碳素钢产能巨大,但其在某些性能上难以满足工程使用要求,主要表现在以下几个方面:
a. 淬透性差。对于大截面零件,由于中心淬不透,零件的整个截面就不能获得均匀的机械性能。
b. 强度较低,难以承受高载荷。
c. 满足不了某些工况的特殊性能要求。如高温下工作零件要求的热强性;摩擦领域要求的耐磨性;电力行业要求的导电性能等。

由于上述的不足,促使了合金钢的开发和应用。通过在钢中加入一些合金元素获得合金钢,提高钢的机械、工艺、物理或化学性能。历史上,Faraday 在 1820 年首次提出采用合金钢替代乌兹钢生产大马士革刀,被认为是合金钢发展的先驱。合金元素加入后,可以提高钢的力学性能,改善钢的工艺性能。当某些合金元素的含量达到一定量时,还可以使钢具有某些特殊的物理或化学性能。

合金钢中经常加入的元素有:Mn、Cr、Ni、Si、Mo、W、V、Ti、Al、Cu、Nb、B、RE 等。合金钢性能好,但其冶炼、铸造、锻压、焊接等工艺相对碳钢比较复杂,成本较高。因此,选择合金钢时,要注意节约,物尽其用。

5.1 合金元素对钢性能和热处理的影响

合金元素的加入,对钢中基本相产生作用,引起了钢的组织状况的变化,造成合金钢性能的改变。但是合金元素在钢中的作用是很复杂的,迄今对它们的认识还不是很全面和透彻,尚需进一步深入。下面简要介绍合金元素对钢性能的影响。

5.1.1 合金元素对钢机械性能的影响

(1) 固溶强化

钢基本上是由铁素体和各种碳化物所组成的复合体。凡溶入铁素体的元素,由于它们的原子半径、晶体结构和铁原子不同,必然使得铁的晶格发生畸变,由此导致固溶强化。一般情况下,合金原子的原子半径与铁原子半径相差越大,强化效果越显著。图 5-1 给出了各种元素的强化效果。一般不需要调质处理的普通低合金钢(60Mn、09Mn2 等)主要依赖这一作用来提高强度。

合金元素对钢的塑性和韧性的影响比较复杂,一般情况下,固溶强化的同时,往往使塑性和韧性有一定程度的降低，但某些元素在一定含量范围内，韧性反而可以得到改善。图 5-2 给出了合金元素对钢的塑性和韧性的影响。

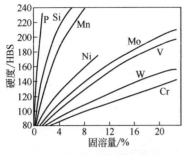

图 5-1 合金元素对钢硬度的影响

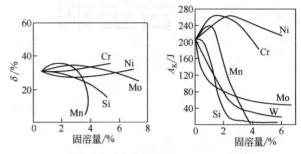

图 5-2 合金元素对钢塑性和韧性的影响

（2）形成合金渗碳体和特殊碳化物

合金元素除了能溶入铁素体外，还可能溶入 Fe_3C 中形成合金渗碳体、合金碳化物，或者形成特殊碳化物，这主要由合金元素形成碳化物倾向的强烈程度所决定。

渗碳体是一种稳定性最弱的碳化物，渗碳体中的铁和碳的结合力最低。合金元素溶入渗碳体内，增强了铁和碳的结合力，提高其稳定性。稳定性高的合金渗碳体较难以溶入奥氏体中，也不易聚集长大。

在高碳高合金钢中，除了出现稳定性较高的合金碳化物（Mn_3C、Cr_7C_2、Fe_4W_2C 等）外，还有稳定性更高的特殊碳化物（WC、VC、TiC 等）。碳化物的稳定性越高，其溶入奥氏体就越困难，也越难以聚集长大，而且其熔点和硬度也相应增加。随着这类碳化物数量的增多，将使钢的强度、硬度增大，耐磨性提高，但塑性和韧性下降。

钢中加入合金元素，特别是强碳化物形成元素，可以钉扎晶界，阻止奥氏体晶粒的长大，细化钢的晶粒度，因而可以提高钢的强度、塑性和韧性。

（3）弥散强化

钢中有形成碳化物、氮化物的合金元素时，在一定条件下，生成的化合物从固溶体中弥散析出，可有效提高钢的强度，即为弥散强化。弥散强化的效果与弥散颗粒的数量、大小、分布、形状及硬度等有关。V、W、Mo、Ti、Nb 等元素有很高的弥散强化能力。如普通低合金钢 16MnNb，利用铌的碳化物从铁素体中弥散析出，可提高屈服强度 50MPa。

（4）提高钢的高温强度和蠕变强度

一些高熔点的合金元素，如 W、Mo 等加入钢中，提高了钢的再结晶温度；对于已有加工硬化的钢材，起到了阻碍再结晶软化过程的进行，提高了钢的高温强度。

细小弥散的合金渗碳体和特殊碳化物，如 Fe_3Mo_3C、$(VNb)_4C_3$、VC、TiV，在高温回火析出时不易聚集长大，并起到钉扎晶界的作用，故可以提高钢的蠕变强度。

5.1.2 合金元素对钢热处理性能的影响

合金钢只有经过适当的热处理，才能充分发挥合金元素的作用。合金元素对热处理的影响主要体现在以下方面。

（1）提高淬透性

淬透性是指过冷奥氏体在冷却过程中获得马氏体组织的能力，具体体现在 C 曲线的位置上。

C 曲线靠右，则以较慢的冷却速度就可以得到全部的马氏体组织，钢的淬透性大；反之，则钢的淬透性小。实践证明，凡能溶入钢中的合金元素（Co 除外）都可以阻止碳的析出和扩散，从而减慢奥氏体的分解速度，提高淬透性。淬透性好的钢，不但可使零件整个截面上的性能均匀一致，还可以减缓淬火时的冷却速度，减少淬火变形和开裂的倾向。

(2) 抑制奥氏体晶粒的长大

合金元素（Mn 除外）的加入使得钢在加热时奥氏体形成速度减慢，奥氏体晶粒的长大倾向减小。细化作用最显著的是碳化物形成元素，而非碳化物形成元素影响较小。这是由于合金碳化物在高温下比较稳定，不易溶于奥氏体中，起到阻止奥氏体晶粒长大的作用，使钢在高温下较长时间加热仍能保持细晶粒组织。

(3) 奥氏体或铁素体稳定化

合金元素会使 Fe-C 相图发生很大改变。相界位置及相区形状的变化程度取决于合金元素的种类和含量。基于合金元素对 Fe-C 相图中奥氏体相区和铁素体相区的影响，这些合金元素可分为奥氏体形成元素和铁素体形成元素。

向铁中加入 C 有利于奥氏体的形成。Ni、Mn 有显著扩大奥氏体相区的作用，当添加足够量的这类合金元素时，会使奥氏体保留至室温，获得奥氏体钢。

向铁中加入 Cr、Ti、V、Mo、Si 等元素使得奥氏体相区缩小。当钢中存在大量的这些元素时，奥氏体相区会消失。例如，含有 13%Cr 的 Fe-Cr 合金中不会出现面心立方结构，只有体心立方结构，所以也就不能通过淬火获得马氏体组织。

(4) 提高钢的回火稳定性

由于合金元素减慢了铁和碳原子的扩散速度，使淬火钢回火时马氏体不易分解，析出的碳化物也不易聚集长大，增加了回火抗力，提高了回火稳定性，从而使钢的硬度随回火温度的升高而下降的程度减弱，这使得合金钢在相同的回火温度下比碳钢具有更高的强度和硬度。当合金钢与碳钢的回火硬度相同时，因为合金钢的回火温度高而使合金钢具有更高的塑性和韧性，有利于提高结构钢的韧性、塑性和工具钢的热硬性。

在含有较多碳化物形成元素（Cr、Mo、W、V、Ti 等）的高合金钢中，400℃以上温度回火时，合金渗碳体转变成细小的特殊碳化物；合金铁素体中也可以析出细粒状特殊碳化物，这些碳化物一般不易聚集长大，使得钢在 500~600℃回火时硬度反而增加，即弥散硬化。

在一些高合金钢中（高速钢等），淬火后有较多的残余奥氏体，加热至 500~600℃时仍不分解，而是在回火冷却时转变成马氏体，提高了钢的硬度，该现象称为二次硬化。

回火脆性强烈降低淬火合金钢回火后的力学性能。回火脆性一般在 250~400℃和 550~650℃两个温度范围内出现，分别称为第一类（低温）回火脆性和第二类（高温）回火脆性，严重降低了钢的韧性。低温回火脆性与马氏体条析出断续碳化物薄片有关，该回火脆性一旦产生则无法消除，又称为不可逆回火脆性。避免在该温度区间回火是抑制低温回火脆性的有效方法。第二类回火脆性主要出现在合金结构钢中（铬钢、锰钢等）。该类回火脆性与铬锰等合金元素及磷锡锑等杂质向奥氏体晶界偏聚有关。偏聚程度越严重，回火脆性越大。防止这类回火脆性的方法，对于小截面尺寸的零件，可自回火温度快速冷却；对于大截面尺寸的零件，由于中心部位很难快速冷却，可在钢中加入适量的钨、钼等元素。

5.1.3 合金元素对钢的物理、化学性能的影响

金属的导电和传热依靠自由电子进行。合金元素的溶入，增加了晶体结构中自由电子运动的

阻力，降低了钢的导热和导电能力。由于合金元素降低了钢的导热性，对合金钢，尤其是高合金钢等进行热处理时，要考虑充分的预热和预冷，以防导热性差而开裂。根据合金元素降低导电性这一特点，对于高电阻合金，一定是高浓度的固溶体，如铁铬铝合金等。

金属材料的强度和导电性相互矛盾，提高金属材料强度的工艺手段会降低导电性。为了获得较高强度和较高导电性的金属材料，合金元素一般以第二相颗粒形式存在，而不能以固溶状态存在，因为固溶的合金元素显著降低金属的导电性。

金属的腐蚀分为化学腐蚀和电化学腐蚀，普通碳素钢在潮湿环境下会生锈，在空气中加热会发生氧化。钢在高温下的氧化属于化学腐蚀，而在室温下的氧化属于电化学腐蚀。钢铁的腐蚀大部分属于电化学腐蚀。

普通碳钢的组织由铁素体和渗碳体组成。当浸入硝酸酒精溶液中，由于两相电极电位不同，铁素体电极电位较负，渗碳体电极电位较正，在钢表面构成了显微电池，其中铁素体为阳极，渗碳体为阴极。显微电池的形成导致铁素体不断溶解，而渗碳体保留下来，钢材不断被腐蚀。两相组成的组织越细，形成的显微电池越多，越容易发生电化学腐蚀。

为了提高钢材的抗腐蚀性能，可以在钢中加入一定量的合金元素，获得单一均匀的组织。钢中加入足够量的 Ni、Mn 合金，可以在室温下获得单相奥氏体组织，如 ZGMn13 Cr18Ni9 等。也可以在钢中加入足量的 Cr 元素，在室温下获得单相的铁素体组织，如 Cr17、Cr25。

另外，也可以通过加入合金元素提高金属的电极电位来提高钢材的抗腐蚀能力。当铁素体中溶入 13%Cr 时，其电极电位从原来的-0.56V 升高到+0.12V。在腐蚀介质作用下，表面迅速形成一层致密的氧化膜 Cr_2O_3，保护金属不受腐蚀。对钢起保护作用的 Cr 的最小添加量为 13%（质量分数），这种 Fe-Cr 钢是各种不锈钢的基础。

5.2　合金钢的分类及编号

5.2.1　合金钢的分类

合金钢一般有三种分类方法。

（1）按用途分类

a. 合金结构钢：一类为建筑及工程结构用钢，即普通低合金钢；另一类为机器制造用钢，包括渗碳钢、调质钢、弹簧钢和滚动轴承钢等。

b. 合金工具钢：包括刃具钢、模具钢、量具钢等。

c. 特殊性能钢：包括不锈钢、耐热钢、耐磨钢等。

（2）按合金元素含量分类

a. 低合金钢：合金元素含量<5%。

b. 中合金钢：合金元素含量为 5%～10%。

c. 高合金钢：合金元素含量>10%。

（3）按正火组织分类

按正火处理得到的组织可分为：珠光体钢、马氏体钢、贝氏体钢、奥氏体钢、铁素体钢等。

5.2.2　合金钢的编号

合金钢的编号采用以钢的含碳量及合金元素符号和含量表示。合金钢的编号规则如下。

(1) 合金结构钢的编号

合金结构钢的标号采用"两位数字+化学元素+数字"表达。前面的数字表示钢的含碳量，以万分之几表示；后面的数字表示合金元素的含量，以百分之几表示，当合金元素少于1.5%时，该数字不标注。如果数字为2或3，则表明该元素的平均含量为1.5%~2.5%或2.5%~3.5%，余者类推。例如60Si2Mn表示该硅锰钢约含有0.6%C、2%Si、1%Mn。

如果S、P含量低（S、P含量<0.025%）的高级优质钢，则在钢号后加注"A"。

合金结构钢中，低合金高强度结构钢的旧牌号命名如上所述，但新的标号与碳素结构钢类似，即采用"Q+屈服强度"。滚动轴承钢的编号比较特殊，为表示其用途，可在钢号前面加注字母G，不标含碳量，而标注所含的Cr元素符号及其平均含量的千分数。例如GCr15，G表示滚动轴承钢，含碳量约为0.95%~1.05%，含铬量为1.3%~1.65%。

(2) 合金工具钢的编号

合金工具钢的标号与合金结构钢的牌号规则基本相同，为一位数字（或无数字）+元素符号+数字。前面的一位数字表示含碳量的千分数，但含碳量≥1%时不标出，否则易与合金结构钢的钢号混淆；后面的数字表示合金元素的含量，以百分之几表示，当合金元素少于1.5%时，该数字不标注。如9SiCr表示含碳量约为0.9%，Si、Cr含量<1.5%。对于高速钢，其含碳量虽然小于1%，但在钢号中也不标出含碳量。例如W9Cr4V2，表示平均含钨量9%，平均含铬量4%，平均含钒量2%，含碳量查表为0.85%~0.95%。

(3) 特殊性能合金钢的编号

特殊性能合金钢一般可分为高合金与低合金两类。高合金特殊性能钢的标号方法与合金工具钢相同，如1Cr13表示其含碳量约为0.1%，Cr含量为13%。但有些高合金特殊性能合金钢，只表示其所含合金元素及其含量，含碳量不标注，如Cr25Ti，钢中平均含铬量为25%，含钛量小于1%，含碳量查表可知≤0.12%。

低合金特殊性能钢的钢号表示方法与合金结构钢类似。例如25Cr2Mo1V，钢中平均含碳量为0.25%，平均含铬量为2%，平均含钼量为1%，含钒量小于1%。

含S、P量极少的高级优质合金钢，其钢号后标以A，如50CrVA。一些专门用途合金钢，还有专门的钢号记号，如16Mng，钢号中的"g"表示锅炉用钢。

5.3 合金结构钢

合金结构钢是在碳素结构钢的基础上加入一些合金元素以提高性能。合金结构钢中常用的合金元素为Mn、Si、Cr、Ni、W、Mo、V、Ti等，其中Mn、Cr、Ni等元素对提高钢的综合力学性能起着主要作用，可称为主加元素，W、Mo、V、Ti等元素加入后能提高钢的淬透性，细化晶粒，为进一步改善钢的性能起着辅助作用，称为附加元素。合金元素的加入使得零件在整个截面上获得均匀良好的综合机械性能，从而保证零件的长期安全使用。

5.3.1 低合金结构钢

低合金结构钢的合金元素含量较少，一般不超过3%，合金的作用在于提供特定的性能，如强度、韧性、成形性、焊接性或耐蚀性等。主要应用于桥梁、车辆、高压容器、管道、建筑物等方面。

低合金结构钢具有良好的机械性能，特别是较高的屈服强度。如碳素结构钢Q235的屈服强度为 235MPa，而低合金强度钢的屈服强度可达 300~400MPa，某些钢种经过调质处理后，屈服强度可达 1000MPa。由于强度大大提高，用低合金结构钢代替碳素结构钢可以大量节约钢材，减轻自重，提高产品的可靠性。如用低合金结构钢 Q345（旧标 16Mn）代替碳素结构钢 Q235，一般可节约钢材 20%~30%。如 1957 年建成的武汉长江大桥采用碳素结构钢 Q235，1968 年建造的南京长江大桥就采用了合金结构钢 Q345，1991 年建成的九江长江大桥采用强度更高的合金结构钢 Q420 以及 2008 年建成的鸟巢体育场主框架采用 Q460E。同时，低合金结构钢还具有更低的冷脆转变温度，这对于北方高寒地区使用的钢结构和运输工具具有十分重要的意义。

低合金结构钢通常在热轧状态下使用，或者焊后进行退火或正火。为了保证良好的焊接性和韧性，其含碳量一般不超过 0.2%。因此，强度的提高主要依靠合金的加入来实现。加入硅、锰，可强化铁素体；加入钒、钛，可细化组织，提高韧性；加入钼、硼，可提高珠光体稳定性，增加钢的热强性；加入铜、磷，可提高钢的耐蚀性能，其耐蚀能力约比普通碳素钢提高 2~3 倍。

表 5-1、表 5-2 列出了几种常用低合金结构钢的化学成分及用途。

表 5-1 一些低合金结构钢的牌号及化学成分

牌号	质量等级*	化学成分质量分数/%										
		C	Si	Mn	Nb	V	Ti	Cr	Ni	Cu	N	Mo	B
		≤											
Q345	A、B、C	0.20	0.50	1.70	0.07	0.15		0.30	0.50	0.30	0.012	0.10	—
	D、E	0.18											
Q390	A、B、C、D、E	0.20				0.20							
Q420													
Q460	C、D、E	0.18	0.60	1.80	0.11	0.12	0.20	0.60	0.80	0.55	0.015	0.20	0.004
Q500									0.80				
Q550													
Q620				2.00				1.00		0.80		0.30	
Q690													

* 质量等级 A、B：P 含量≤0.35%，S 含量≤0.35%；C：P 含量≤0.03%，S 含量≤0.03%；D：P 含量≤0.03%，S 含量≤0.025%；E：P 含量≤0.025%，S 含量≤0.020%。

表 5-2 一些低合金结构钢的性能及用途

牌号	质量等级	以下公称厚度（mm）拉伸屈服强度/MPa（≥）					以下公称厚度（mm）断后延伸率/%（≥）			冲击功/J（V形）*（≥）公称厚度12~150mm	应用举例
		≤16	16~40	40~63	63~80	80~100	≤40	40~63	63~100		
Q345	A、B	345	335	325	315	305	20	19	19	34	桥梁，车辆，船舶，压力容器，建筑结构
	C、D、E						21	20	20		
Q390	A、B、C、D、E	390	370	350	330	330	20	19	19		桥梁，船舶，起重设备，压力容器
Q420		420	400	380	360	360	19	18	18		桥梁，高压容器，大型船舶，电站设备，管道
Q460		460	440	420	400	400	17	16	16		中温高压容器（<120℃），锅炉，化工、石油高压厚壁容器（<100℃）
Q500	C、D、E	500	480	470	450	440	17	17	17	等级 C：55 等级 D：47 等级 E：31	起重和运输设备，塑料模具，石油、化工和电站的锅炉、反应器、热交换器、球罐、油罐、气罐、核反应堆压力容器等
Q550		550	530	520	500	490	16	16	16		
Q620		620	600	590	570	—	15	15	15		
Q690		690	670	660	640		14	14	14		

*冲击试验温度：B 级钢为 20℃，C 级钢为 0℃，E 级钢为-40℃。

根据相组成,低合金结构钢可划分为图 5-3 所示的几个类别。这种划分,既反映了钢种强度系列的高低和相应相的组成,又体现了低合金钢生产技术上的历史发展。

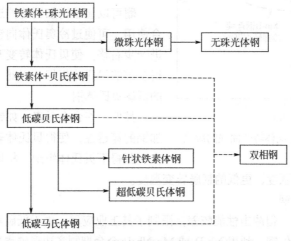

图 5-3　低合金结构钢组织类型及历史沿革

(1) 铁素体-珠光体钢

这类钢使用量广,其典型结构为片层状珠光体和多边形铁素体组成,以 C-Mn 钢为例,如图 5-4 所示,钢的性能主要取决于 Mn 的固溶强化,由 C 决定了珠光体的含量,通过控轧控冷调整铁素体晶粒尺寸。合金元素的加入,随着奥氏体晶粒细化,珠光体也会细化。

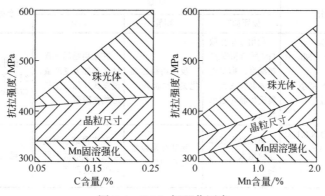

图 5-4　C-Mn 钢强化因素

铁素体-珠光体钢常用于建筑结构和焊接结构,多在热轧状态下使用,部分经退火或正火使用。退火的目的在于消除应力,软化材料以改善切削性能和冷加工性;正火在于均匀和细化组织,高强度船用钢和高压容器用钢需正火处理。

(2) 低碳贝氏体钢

在轧制状态下,为了获得高的强度,可加入 Si、Mn、Cr、Ni、Mo 等元素,或正火后加速冷却,在金相组织中出现粒状组织,其为 α-Fe 基体上分布着块状或条状的 M/A 相结构,称为粒状贝氏体,如不细化晶粒或回火以充分分解这种粒状贝氏体,对钢的韧性不利。

钼是保证获得贝氏体组织的最为有效的合金元素。由钼钢奥氏体等温转变曲线可见,钼使铁

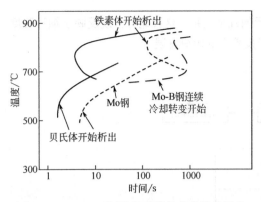

图 5-5 Mo、B 对过冷奥氏体转变曲线的影响

素体析出线明显右移（如图 5-5 所示），但并不明显改变贝氏体转变，所以过冷奥氏体得以直接向贝氏体转变。

硼可以显著增加钢的淬透性，同时钼和硼的复合使用，可使过冷奥氏体向铁素体的等温转变曲线进一步右移，使贝氏体转变开始线明显突出，可获得全部的贝氏体组织。因此，钼钢或钼硼钢是典型的低碳贝氏体钢。

其他一些合金元素，如锰、铬、镍等，可以增加钢的淬透性，使得贝氏体转变温度在更低温度发生，获得下贝氏体组织。相比于上贝氏体组织，下贝氏体组织具有更高的强度、更低的韧脆转变温度。

(3) 超低碳贝氏体钢

贝氏体钢强度较好，但冲击性能较差，限制了其工业应用。由于低碳对韧性具有非常重要的意义，研制出低碳贝氏体钢。利用 Nb-B 或 Mo-Nb-B 合金抑制多边形铁素体形核，发展了控轧超低碳贝氏体钢，可用于大口径天然气输送管线材料。

通过控轧工艺的最佳化，超低碳贝氏体钢可得到具有高密度位错亚结构的均匀细小贝氏体组织，保证高强度、高韧性和良好焊接性能的匹配。表 5-3 给出了超低碳贝氏体钢和传统贝氏体钢的对比。

表 5-3 超低碳贝氏体钢和常规贝氏体钢的对比

钢类	化学成分	轧制			显微组织	性能
		板坯加热	粗轧	精轧		
超低碳贝氏体钢	碳含量<0.03%；合金元素 Mn、Nb、B 等最佳配合；充分利用 TiN 细小弥散质点细化晶粒；碳当量低	利用细小弥散 TiN 质点和低加热温度，抑制奥氏体晶粒长大，奥氏体晶粒细小均匀	反复再结晶细化奥氏体晶粒	在未再结晶奥氏体区施加大变形量，使奥氏体晶粒拉长形成变形带	细小均匀组织，高密度位错亚结构	良好强度、韧性和可焊性
常规贝氏体钢	碳含量高，约为 0.1%；大量的 Mn、Cr、Mo 等合金元素；碳当量>0.55%	再结晶奥氏体晶粒粗大且不均匀	奥氏体晶粒粗大且不均匀	在未再结晶奥氏体区内变形量不足以形成变形带	粗大贝氏体	韧性较差，可焊接性不好

(4) 针状铁素体钢

为了适应高寒地区石油天然气输送管线工程对材料高强度、低温韧性、可焊性及成型性的要求，发展了针状铁素体钢。

与传统的多边形铁素体不同，针状铁素体既有不规则的铁素体晶界，又有针状亚结构。在 $\gamma \to \alpha$ 的转变过程中，碳含量较少，不足以析出渗碳体，即为无碳贝氏体。

在 Mn-Nb 钢的基础上降碳、提锰、加钼发展了 C-Mn-Mo-Nb 针状铁素体钢，其组织是由针状铁素体、多边形铁素体和富碳小岛（M-A）组成的复相组织，有时还含有少量贝氏体。针状铁素体具有较高位错密度，为第二相析出形核提供了弥散分布的地点，因此，粒度细小的 Nb（C,N）、(Nb,Ti)（C,N) 弥散分布在位错网络上，对钢的强化极为重要。

(5) 双相钢

由铁素体+贝氏体、铁素体+马氏体两类不同相组成的双相钢，组织中 70%～80%为细晶铁素体，第二相贝氏体以块状分布于晶界，马氏体以小岛状或纤维状均匀分布于铁素体基体上。这两类双相钢可由轧后在 (γ+α) 两相区退火，或轧后适当速度冷却而获得，为转变的奥氏体转变为贝氏体或马氏体。

双相钢的特点是较低屈服强度，高的延伸率，高的塑性应变比值和加工硬化指数，较低的应变时效速率，可适用于汽车冲压件。

(6) 低碳马氏体钢

低碳马氏体基本为板条状，板条之间是小角度晶界，板条内有很高的位错密度，偶尔可见孪晶马氏体。可通过淬火加高温回火调整钢的强韧性配合。由于其具有较高强度和一定韧性，广泛应用于中厚钢板。可用于压力容器和储罐用钢、水电站高压水管用钢、舰艇壳体用钢、装甲车辆用钢等等。

5.3.2 易切削结构钢

在需要大量切削的领域，一般采用易切削结构钢。通过往钢中加入一些合金元素（主要是硫、铅、钙、磷等），使之具有良好的切削加工性能。

材料的易切削性一般以硬度的高低来考虑，硬度太高，磨损刀具，难以切削；而硬度太低，容易粘刀，也降低切削性能，因此，存在最佳的硬度值，一般为170～230HBS。

硫在钢中形成 (Mn，Fe) S 杂质，使得切屑易碎断，同时还起到减摩作用，降低切削与刀具的摩擦系数。因此，硫能降低切削力与切削热，降低工件表面粗糙度，提高刀具寿命，但含硫量过高会引起热脆。易切削结构钢中的含硫量为 0.08%～0.3%，同时适度提高含锰量(0.6%～1.55%)。

铅不溶于钢中，以 2～3μm 的质点弥散分布于集体组织中，能改善切削加工性。铅使得切屑易断，降低摩擦系数和刀具温度。铅含量一般控制在 0.15%～0.25%，过多会引发严重的偏析。

微量钙（0.001%～0.005%）在钢中能形成高熔点复合氧化物（钙铝硅酸盐），附着在刀具上，形成一层保护膜，减轻刀具磨损，提高刀具寿命。

表 5-4 给出了几种常用的易切削结构钢的化学成分。

表 5-4 一些易切削钢的牌号及化学成分（GB/T 8731—2008）

项目		化学成分/%							
		C	Si	Mn	P	S	Pb	Sn	Ca
硫系	Y08	≤0.09	≤0.15	0.75～1.05	0.04～0.09	0.26～0.35	—	—	—
	Y12	0.08～0.16	0.15～0.35	0.70～1.00	0.08～0.15	0.10～0.20	—	—	—
	Y15	0.10～0.25	0.15～0.35	0.80～1.20	0.05～0.10	0.23～0.33	—	—	—
	Y20	0.17～0.25	0.15～0.35	0.70～1.00	≤0.06	0.08～0.15	—	—	—
	Y30	0.27～0.35	0.15～0.35	0.70～1.00	≤0.06	0.08～0.15	—	—	—
	Y35	0.32～0.40	0.15～0.35	0.70～1.00	≤0.06	0.08～0.15	—	—	—
	Y45	0.42～0.50	≤0.40	0.70～1.10	≤0.06	0.15～0.25	—	—	—
	Y08MnS	≤0.07	≤0.07	1.00～1.50	0.04～0.09	0.32～0.48	—	—	—
	Y15Mn	0.14～0.20	≤0.15	1.00～1.50	0.04～0.09	0.08～0.13	—	—	—
	Y35Mn	0.32～0.40	≤0.10	0.90～1.35	≤0.04	0.18～0.30	—	—	—
	Y40Mn	0.37～0.45	0.15～0.35	1.20～1.55	≤0.05	0.20～0.30	—	—	—
	Y45Mn	0.40～0.48	≤0.40	1.35～1.65	≤0.04	0.16～0.24	—	—	—
	Y45MnS	0.40～0.48	≤0.40	1.35～0.65	≤0.04	0.24～0.33	—	—	—

续表

项目		化学成分/%							
		C	Si	Mn	P	S	Pb	Sn	Ca
铅系	Y08Pb	≤0.09	≤0.15	0.75~1.05	0.04~0.09	0.26~0.09	0.15~0.35		
	Y12Pb	≤0.15	≤0.15	0.85~1.15	0.14~0.09	0.26~0.33	0.15~0.35		
	Y15Pb	0.10~0.18	≤0.15	0.80~1.20	0.05~0.10	0.23~0.33	0.15~0.35		
	Y45MnSPb	0.40~0.48	≤0.40	1.35~1.65	≤0.04	0.24~0.33	0.15~0.35		
锡系	Y08Sn	≤0.09	≤0.15	0.75~1.20	0.04~0.09	0.25~0.40		0.09~0.25	
	Y15Sn	0.13~0.18	≤0.15	0.40~0.70	0.03~0.07	≤0.05			
	Y45Sn	0.40~0.48	≤0.40	0.60~1.00	0.03~0.07	≤0.05			
	Y45MnSn	0.40~0.48	≤0.40	1.20~1.70	≤0.06	0.20~0.35			
钙系	Y45Ca	0.42~0.40	0.20~0.40	0.60~0.90	≤0.04	0.04~0.08			0.002~0.006

5.3.3 渗碳钢

渗碳钢主要用于制造性能要求高或截面尺寸大的渗碳零件，如用于制造汽车、拖拉机中的变速齿轮，内燃机上的凸轮轴、活塞销等机器零件。这类零件在工作中受到强烈的摩擦磨损，同时又受到较大的交变载荷和冲击载荷。根据工况，要求材料表面具有高的硬度，而心部具有足够的强度和韧性。当心部韧性不足时，在冲击载荷或过载状态下容易断裂；而心部强度不足时，则较脆的渗碳层缺乏足够的支撑而易破裂、剥落。合金渗碳钢的组织能很好地满足上述要求。

（1）化学成分

渗碳钢属于低碳钢，含碳量一般在0.10%～0.25%之间。低碳量可保证渗碳零件心部具有足够的塑性和韧性，加入的合金元素可以提高钢心部强度。

渗碳钢的工作表面应该具有很高的硬度（60～65HRC）和耐磨性，这主要依赖合金的加入获得。合金渗碳钢的主加元素是Mn、Cr、Ni、B、Mn、Cr，能强化铁素体组织，增加淬透性。B可以显著提高钢的淬透性；Ni可同时提高强度和韧性，一般与Cr配合使用。此外，微量的辅加元素V、W、Mo、Ti等能形成高硬度且稳定的碳化物，有效阻碍奥氏体晶粒的长大，进一步改善钢的力学性能，也起到防止钢件在渗碳过程中发生过烧作用。

（2）热处理

渗碳钢渗碳处理温度高、时间长，造成晶粒粗大，不利于材料性能的发挥。因此，渗碳处理后要进行淬火及低温回火。经淬火及低温回火后，表面层获得回火马氏体和一定量的合金碳化物组织，硬而耐磨；心部获得低碳马氏体，具有足够的强度和塑性，达到"表硬心韧"的目的。合金渗碳钢的淬火工艺如图5-6所示。

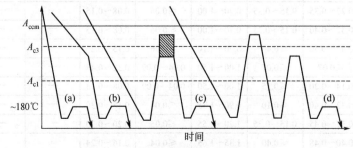

图5-6 合金渗碳钢渗碳后的淬火工艺
(a) 直接淬火；(b) 预冷后直接淬火；(c) 一次淬火；(d) 二次淬火

直接淬火工艺简单，直接从渗碳炉中取出工件，利用渗碳高温淬火。但渗碳温度高，保温时间长，直接淬火导致淬火组织粗大；而渗碳使得奥氏体中含碳量较多，稳定了奥氏体，导致淬火后的残余奥氏体较多，工件耐磨性降低，变形较大，一般用于耐磨性和承载要求不高的零件。

预冷后直接淬火是将渗碳工件由渗碳高温冷却到 $A_{c3} \sim A_{c1}$ 之间，然后淬火。该工艺克服了直接淬火组织粗大和残余奥氏体众多的缺点，材料耐磨性得到提高，变形较小，一般用于要求较高耐磨性的场合。

一次淬火是将渗碳后的材料缓冷至室温，然后重新加热至临界温度以上的淬火工艺。要求心部强韧性较高的材料，重新加热温度为 $[A_{c3} + (30 \sim 50)]$ ℃；要求表层耐磨性高的材料，加热温度为 $[A_{c1} + (30 \sim 50)]$ ℃。

二次淬火是将渗碳后的材料缓冷至室温，然后进行两次重新加热淬火的工艺。第一次淬火加热温度为 $[A_{c3} + (30 \sim 50)]$ ℃，目的是细化心部组织和消除表层的网状碳化物；第二次淬火加热温度 $[A_{c1} + (30 \sim 50)]$ ℃，目的是细化表层组织，获得细小马氏体及均匀分布的颗粒状碳化物。该工艺主要用于要求心部具有高强韧性、表层具有高耐磨性的重要零件。

热处理后的渗碳层组织为高碳回火马氏体，硬度为 60～65HRC，心部组织与钢材的淬透性和零件截面尺寸有关，一般为低碳回火马氏体，或者为低碳回火马氏体+珠光体+铁素体的混合组织。

(3) 常用的合金渗碳钢

根据淬透性的高低，常用的合金渗碳钢分为三类。

① 低淬透性渗碳钢

如 15Cr、20Cr、15Mn2、20Mn2 等，这些钢经过渗碳、淬火及低温回火，心部强度较低。低淬透性钢水淬临界直径约 20～35mm。低温回火的心部组织为回火低碳马氏体，这类钢一般用于制造受力不大，对心部强度要求不高的耐磨件，如柴油机的凸轮轴、小轴和小齿轮等。

② 中淬透性渗碳钢

如 20CrMnTi、12CrNi3A、20CrMnMo、20MnVB 等，合金含量约在 4%，其淬透性和机械性能较高，油淬临界直径约为 25～60mm。主要用于承受中等载荷的耐磨零件，如汽车变速齿轮、齿轮轴、花键轴套等。由于含有 Ti、V、Mo 等元素，渗碳时奥氏体晶粒长大倾向小，可由渗碳温度冷却至 870℃左右直接淬火，经低温回火后具有良好的机械性能。

图 5-7 给出了 20CrMnTi 钢用于制造渗碳齿轮的热处理工艺。渗碳后冷却至 870～880℃，直接油淬可以减少淬火变形。同时，在预冷过程中，渗碳层中析出一些二次渗碳体，在随后的淬火过程中，减少了渗碳层的残余奥氏体数量。经过这样的处理，20CrMnTi 可以获得较好耐磨性的表层，且心部也具有足够的强韧性。

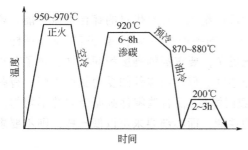

图 5-7 20CrMnTi 制齿轮热处理工艺

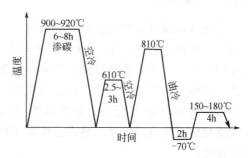

图 5-8 20Cr2Ni4A 制齿轮热处理工艺

③ 高淬透性渗碳钢

如 12Cr2Ni4A、18Cr2Ni4WA、20Cr2Ni4A 等，钢中合金含量小于 7.5%。热处理后的心部强度高，主要用来制作重载和磨损强烈的大型零件，如内燃机车的主动牵引齿轮、柴油机曲轴等。这类钢淬透性很大，临界直径在 100mm 以上，甚至可以空淬。但残余奥氏体较多，可在淬火后采用冷处理。图 5-8 给出了 20Cr2Ni4A 制造渗碳齿轮的热处理工艺。

表 5-5 给出了常用渗碳钢的牌号、热处理工艺、力学性能及用途。

表 5-5 常用渗碳钢的牌号、热处理工艺、力学性能及用途

类别	牌号	热处理/℃			力学性能（≤）				用途
		第一次淬火	第二次淬火	回火	σ_b/MPa	σ_s/MPa	δ/%	A_{KU}/J	
低淬透性	20Cr	880，水、油	780~820，水、油	200 水、空	835	540	10	47	机床变速箱齿轮、齿轮轴、活塞销、凸轮、蜗杆等
	20MnV				785	590	10	55	同 20Cr，也制作锅炉、高压容器、高压管道等
	20Mn2	850，水、油			785	590	10	47	小齿轮、小轴、活塞锁、十字削头等
中淬透性	20CrMn	850，油			930	735	10	47	齿轮、轴、蜗杆、活塞销、摩擦轮
	20CrMnTi	880，油	870，油		1080	850	10	55	汽车、拖拉机上的齿轮、齿轮轴、十字头等
	20MnTiB	860，油			1130	930	10	55	代替 20CrMnTi
	20MnVB	860，油			1080	885	10	55	代替 20CrMnTi 20CrNi 制造重型机床的齿轮和轴、汽车齿轮等
高淬透性	18Cr2Ni4WA	950，空	850，空		1180	835	10	78	大型渗碳齿轮、轴类和飞机发动机齿轮
	20Cr2Ni4A	880，油	780，油		1180	1080	10	63	大截面渗碳件，如大型齿轮、轴等
	12Cr2Ni4	880，油	780，油		1080	835	10	71	承受高负荷的齿轮、蜗杆、蜗轮、轴、方向接头叉等

注：1. 各牌号钢的 S、P 含量≤0.035%。

2. 各钢在 930℃渗碳后再进行淬火+回火热处理。

5.3.4 调质钢

调质钢指经淬火加高温回火的钢材，为回火索氏体组织，具有优良的综合机械性能。调质钢广泛应用于制造汽车、拖拉机、机床和其他机器上的各种重要零件，如齿轮、轴、连杆、螺栓等。调质件大多承受多种工作载荷，受力情况复杂，要求高的强度和韧塑性。为了在整个截面获得均匀的力学性能，调质钢要求较好的淬透性。但不同零件的受力状态不同，有些零件截面受力均匀，如承受拉压的零件，要求整个截面淬透；而有些零件截面受力并不均匀，如承受扭转或弯曲的零件，要求工件表面有较好的性能，而心部要求可以低一些，则不要求全部淬透。

（1）化学成分

调质钢的含碳量一般介于 0.25%~0.50% 之间，以 0.40%居多，属于中碳钢，若碳量过低则不

易淬硬，但碳量过高则韧性不足。

调质钢的主加元素有 Cr、Ni、Mn、Si 等。它们大多固溶于铁素体，起到强化作用，并增加钢的淬透性。同时还加入 Mo、V、Al、B 等辅加元素，含量一般较少。Mo 可防止第二类回火脆性；V 阻碍奥氏体晶粒长大；Al 可加速调质钢的氮化过程，强化氮化效果；B 可以显著增加钢的淬透性。由于 B 是我国富有元素，可用它替代 Cr、Mo 增加钢的淬透性，具有很好的应用价值。表 5-6 列出了一些典型调质钢的化学成分。

表 5-6 典型调质钢的化学成分

材料牌号	化学成分质量分数/%						
	C	Mn	Cr	Si	Ni	Mo	其他
45	0.42～0.50	0.50～0.80	≤0.25	0.17～0.37			
40Mn	0.37～0.44	0.70～1.00		0.17～0.37			
45MnB	0.42～0.49	1.10～1.40		0.17～0.37			0.0008～0.0035
40CrNi	0.37～0.44	0.50～0.80	0.45～0.75	0.17～0.37	1.00～1.40		
35CrMo	0.32～0.40	0.40～0.70	0.80～1.10	0.17～0.37		0.15～0.25	
42CrMo	0.38～0.45	0.50～0.80	0.90～1.20	0.17～0.37		0.15～0.25	
40CrNiMoA	0.37～0.44	0.50～0.80	0.60～0.90	0.17～0.37	1.25～1.65	0.15～0.25	
40CrMnMo	0.37～0.45	0.90～1.20	0.90～1.20	0.17～0.37		0.20～0.30	

（2）热处理特点

调质钢的热处理分为以下两种。

① 预备热处理

根据成分及组织特点，调质钢的预备热处理可采用退火、正火或者正火+高温回火。

对于合金元素含量较少的钢，可采用正火处理，获得索氏体组织；对于合金元素含量较多的钢，可采用退火或正火+高温回火。合金含量多，正火后可能得到马氏体，硬度较高，不利于切削加工，需进一步采用高温回火，降低硬度。

② 调质处理

调质处理是保证钢材性能达到设计要求的关键，而淬透性直接影响钢材最后的机械性能。

调质钢热处理的第一步是淬火，淬火温度必须按照规定的温度加热，淬火介质应根据零件尺寸和淬透性来选择，一般调质钢在油中淬火，淬透性特别大时甚至可以采用空冷，能减少热处理缺陷；第二步工序为回火，回火温度决定了调质钢的最终性能，一般采用 500～650℃回火，具体温度由成分及对性能要求而定。为了抑制调质钢回火时慢冷造成的第二类回火脆性，回火后要快冷（水冷或油冷）。但对于大截面零件，中心部位难以达到快冷的目的，应采用含有 Mo、W 等元素的钢，抑制回火脆性。

调质钢常规热处理后的组织为回火索氏体。但有些调质钢根据性能要求，淬火后可以采用中温回火，获得回火屈氏体（如模锻锤锤杆、套轴等）；淬火也可以采用低温回火，获得回火马氏体（如凿岩机活塞等）。如果要求调质钢具有良好的耐磨性，经调质处理后的零件还应进行表面淬火或化学热处理，如氮化等。

典型调质钢调质工艺、性能及用途如表 5-7 所示。

表 5-7 典型调质钢调质工艺、力学性能及用途

类别	牌号	热处理温度/℃		力学性能（不小于）[2]			用途
		淬火	回火[1]	σ_b/MPa	σ_s/MPa	δ/%	
低淬透性	45	830～840，水	580～640 空	600	355	16	小截面、中载荷的调质件，如主轴、曲轴、齿轮、连杆、链轮等
	40Mn	840，水	600	590	355	17	比 45 钢强韧性稍高的调质件
	40Cr	850，油	520	980	785	9	重要调质件，如轴类、连杆螺栓、机床齿轮、蜗杆、进气阀等
	45MnB	840，油	500	1030	835	9	代替40Cr制作φ<50mm的重要调质件，如机床齿轮、钻床主轴、凸轮、蜗杆等
中淬透性	40CrNi	820，油	500	980	785	10	制作较大截面的重要件，如曲轴、主轴、齿轮、连杆等
	35CrMo	850，油	550	980	835	12	代替40CrNi制作大截面齿轮和高负荷传动轴、发电机转子等
	30CrMnSi	880，油	520	1080	855	10	用于飞机调质件，如起落架、螺栓等
高淬透性	37CrNi3	820，油	500	1130	980	10	高强韧性的大型重要零件，如汽轮机叶轮、转子轴等
	40CrNiMoA	850，油	600	980	835	12	高强韧性大型重要零件，如飞机起落架、航空发动机轴等
	40CrNiMnMo	850，油	600	980	785	10	部分代替40CrNiMoA，如制作卡车后桥半轴、齿轮轴等

注：1. 回火冷却剂为水或油；
2. 力学性能测试毛坯尺寸为 25mm。

(3) 常用调质钢

按照化学成分，常用调质钢可分为 Mn 系、Cr 系和 Cr-Ni 系。

① Mn、Si-Mn、Mn-B 钢

Mn 主要是强化铁素体和增加淬透性，Mn 钢可以代替 40Cr，制造截面<50mm 的零件；Si-Mn 钢强化较好，但韧性较差，退火后硬度偏高，切削困难。

② Cr、Cr-Mo、Cr-Mn、Cr-V 钢

40Cr 是常用钢材。Cr 主要是增加淬透性，提高强度，对韧性、塑性影响不大。42CrMo、35CrMo、40CrV 可以增加淬透性，细化组织，防止回火脆性，提高钢的韧性和塑性。Cr-Mn 钢可较好地提高淬透性和强度，但有回火脆性和过热倾向，因此可适当加热 Ti、Mo，成为 40CrMnTi、40CrMnMo 钢。

③ Cr-Ni、Cr-Ni-Mo 钢

钢中同时加入 Cr、Ni 元素，可获得良好的机械性能，高的强度、塑性和韧性，同时具有优良的淬透性。但 Cr-Ni 钢有回火脆性。35CrNi3MoA、25Cr2Ni4WA 钢具有非常优异的机械性能，可用于大截面零件，为了降低成本，现多用 40CrMnMoVB 钢代替 35CrNi3MoA 制作大截面零件。

根据淬透性不同，调质钢可分为以下三类。

① 低淬透性调质钢

该类钢的油淬临界直径为 30～40mm，典型钢种为 45、40Cr 等，用于制作尺寸较小的车床变速箱中次要齿轮、简易机床主轴、汽车曲轴等。40MnB、40MnVB 是为了省 Cr 而发展出来的钢种，其淬透性不太稳定，切削性差一些。

② 中淬透性调质钢

该类钢的油淬临界直径为 40～60mm，含有较多合金元素。典型钢种有 42CrMo 等，用于制作截面较大的零件，如内燃机曲轴、主轴、齿轮等。

③ 高淬透性调质钢

该类钢的油淬临界直径为 60～100mm，主要是 Cr-Ni 钢。典型钢种有 40CrNiMo 等，用于制作大截面、重载荷的重要零件，如汽轮机主轴、航空发动机主轴等。

5.3.5 弹簧钢

弹簧是各种机器、仪表和日常生活设备中广泛使用的零件之一，其利用弹性变形来储存能量，缓和震动与冲击。弹簧钢主要用于制造各种弹簧或具有类似性能要求的零件。弹簧钢应满足以下要求：

a. 具有高的弹性极限，以保证足够的弹性变形能力，避免在高载荷下出现塑性变形；
b. 具有高的疲劳强度、高的屈强比和良好的表面质量，避免出现疲劳破坏；
c. 具有足够韧性以承受一定的冲击；
d. 具有一定的淬透性和低的脱碳敏感性；
e. 对于高温、腐蚀工况下的弹簧，应有良好的耐热及耐蚀性能。

（1）化学成分

因要求高的弹性极限和疲劳强度，弹簧钢的含碳量一般较高。碳素弹簧钢含碳量为 0.6%～0.75%，合金弹簧钢含碳量一般为 0.46%～0.70%。合金弹簧钢主加元素有 Si、Mn、Cr、V 等，可以提高钢的淬透性和回火稳定性，强化铁素体、细化晶粒，从而有效改善弹簧钢的机械性能。其中 Cr、V 还可以提高弹簧钢的高温强度，Si 可以提高屈强比。

（2）常用弹簧钢及其热处理特点

① 热轧弹簧钢

65Mn 钢属于较高含锰量的优质碳素结构钢，淬透性好，强度较高，脱碳敏感性小，但存在过热倾向和回火脆性，淬火易开裂。

55Si2Mn、60Si2Mn 等硅锰弹簧钢具有较高的弹性极限和回火稳定性，可用于<25mm 的机车车辆、拖拉机上的板簧、旋转弹簧等。

热轧弹簧钢一般采用如下的加热成型工艺路线（板簧为例）：

扁钢剪断→加热压弯成型后淬火+中温回火→喷丸→装配。

弹簧钢淬火温度一般在 930～880℃。要严格控制炉内气氛，缩短加热时间，以避免脱碳，降低疲劳强度。淬火加热后在油中冷却至 100～150℃即可进行中温回火（400～550℃），获得回火屈氏体组织。弹簧钢热处理后要做喷丸处理，强化表面，获得一层残余压应力，提高疲劳强度。如 60Si2Mn 钢经喷丸处理，使用寿命可提高 5～6 倍。

② 冷轧（拉）弹簧钢

直径较小或厚度较薄的弹簧一般用冷轧弹簧钢或冷拉弹簧丝制成。一般由碳钢（65、65Mn、75、T9）或合金钢（55Si2Mn、60Si2Mn）经冷拉而成，冷拉可获得高的强度。钢丝在冷拉前，先经过铅浴处理（索氏体化处理），以得到高强高塑的适于冷拉的索氏体组织。

索氏体化处理是将钢加热到 A_{c3} 以上 50～100℃，得到奥氏体组织，然后在 500～550℃的铅浴中等温淬火，获得索氏体组织。然后经清理，拉拔至成品所需的尺寸。弹簧经冷卷制成后进行消除内应力退火即可。

5.3.6 滚动轴承钢

1901 年，德国 Stribek 第一次提出高碳铬钢适合制造轴承的滚珠，轴承钢形成了。滚动轴承钢的主要用途是制作滚动轴承用的套圈、滚珠、滚柱和滚针等。这类零件受到周期性交变载荷,每分钟可受到数万次循环应力周期;表面有极高的局部应力和磨损。随着科技的发展,一些特殊用途的轴承向着高温、低温、特大型、特小型、低噪声等发展。因此,对滚动轴承钢的要求是:高而均匀的硬度;高的弹性极限和接触疲劳强度;高的耐磨性能;足够的韧性和淬透性;一定的耐蚀性。可将上述要求归纳为两个与冶金因素有关的问题,即材料的纯洁度和均匀性。纯洁度指材料中的夹杂物含量、类型、气体含量及有害元素种类及含量;而均匀性指材料的化学成分、内部组织,尤其是碳化物颗粒的尺寸、间距和分布等的均匀程度。表 5-8 列出了轴承性能要求和特性及对轴承材料的要求。

表 5-8　轴承性能要求和特性及对轴承材料的要求

轴承性能要求	轴承具有的特性	对轴承材料的要求
耐高载荷	抗形变强度高	高硬度
高速回转	摩擦磨损小	高耐磨强度
回转性能好	回转和尺寸精度高	纯洁度、均匀度高
具有互换性	尺寸稳定性好	
长寿命	具有耐久性	疲劳强度高

(1) 高碳铬轴承钢

① 化学成分

为保证高的硬度和耐磨性,滚动轴承钢的含碳量较高,约为 0.95%～1.15%。主加元素是铬,其含量约为 0.4%～1.65%,代表性钢号为 GCr15,由于合金元素 Cr 含量不太高,价格适中,而且有较高的接触疲劳强度和耐磨性,是轴承钢中使用最为广泛的一种。铬可以增加钢的淬透性及回火稳定性,并形成合金渗碳体 $(Fe,Cr)_3C$ 以细小颗粒均匀弥散分布在基体中,提高耐磨性,但若含铬量过大,会使残余奥氏体量增加,降低硬度,也影响尺寸的稳定性。随着轴承尺寸的增大,要求钢具有足够的淬透性。为满足这一要求,提高了轴承钢的 Si、Mn 含量,形成了铬锰硅轴承钢。也可以加入少量的 Mo 提高淬透性,形成了铬锰钼或者铬硅钼轴承钢。

为了解决高碳铬钢碳化物过剩及其分布不均、节省铬资源等问题,在高碳铬轴承钢的基础上,通过加入少量的 Mo、W、V、RE 等,降低碳或者铬含量,研制出了改型轴承钢。尤其是我国的铬资源贫乏,在无铬轴承钢方面做出了突出的贡献。如 GSiMnV (RE) 的制造工艺和使用性能与 GCr15 相当。无铬轴承钢的碳化物颗粒细小均匀、耐磨性好,但是它的磨削性能和耐大气腐蚀性能差,脱碳敏感性强。

滚动轴承钢对杂质含量要求严格,一般要求含硫量小于 0.02%,含磷量小于 0.027%。

② 热处理

滚动轴承钢的热处理主要有球化退火、淬火及低温回火和时效处理等。

球化退火是滚动轴承钢的预备热处理,可以降低硬度,改善切削性能,并为零件的最终热处理做好组织准备。

淬火和低温回火一般作为最终热处理。如对于常用的 GCr15 钢,采用 820～840℃淬火,得到细的马氏体和少量的残余奥氏体,如淬火温度超高 850℃,则将增加残余奥氏体量,得到粗片状马氏体,降低钢的冲击韧性和疲劳强度。淬火后应立即回火,回火温度 150～160℃,保温 2～3h。

为了消除内应力,保证零件尺寸稳定性,对于精密零件,淬火后可进行冷处理(-80～-60℃),磨削后进行时效处理(120～140℃,保温 5～10h)。

表 5-9 给出了常用滚动轴承钢的化学成分、热处理及用途。

表 5-9 常见滚动轴承钢的化学成分、热处理及用途

钢号	化学成分/%				热处理规范/℃		用途
	C	Mn	Si	Cr	淬火	回火	
GCr6	1.05~1.15	0.20~0.40	0.15~0.35	0.40~0.70	800~820，水、油	150~160	直径小于 10mm 的滚珠、滚柱、滚锥及滚针
GCr9	1.00~1.10	0.20~0.40	0.15~0.35	0.90~1.20	810~830，水、油	150~160	直径小于 20mm 的滚珠、滚柱、滚锥及滚针
GCr15	0.95~1.05	0.20~0.40	0.15~0.35	1.30~1.65	820~840，油	150~160	壁厚小于 12mm、外径小于 250mm 的套筒，直径为 20~50mm 的钢球，直径小于 22mm 的滚子
GCr9SiMn	1.00~1.10	0.90~1.20	0.40~0.70	0.90~1.20	810~830，水、油	150~160	
GCr15SiMn	0.95~1.05	0.90~1.20	0.40~0.65	1.30~1.65	810~830，油	150~160	壁厚≥14mm、外径>250mm 的套筒；直径为 50~200mm 的钢球；直径>22mm 的滚子

(2) 表面硬化轴承钢

由于表面技术的发展，工业上已能成功地硬化零件表面。常见的表面硬化轴承钢有表面渗碳轴承钢、表面淬火轴承钢及低淬透性轴承钢。

渗碳轴承钢是优质低碳或中碳合金钢，具有能切削、冷加工性能良好、耐冲击、耐磨和接触疲劳寿命高等优点，可用于制造承受冲击负荷较大的轴承，如轧机、重型车辆、铁路机车、矿山机械轴承。渗碳工艺需要轴承在 900℃以上长时间保温，导致了晶粒长大，降低力学性能。因此，该钢种常添加 Ti、Nb、Al 等元素，使之析出细小氮化物和碳化物，防止晶粒长大。为了加快渗碳速度，缩短渗碳时间，可以适当提高钢中的碳含量。如对于 SCr420 钢，将碳含量从 0.18%提高至 0.40%，渗碳时间可从 7h 降至 50min。

表面淬火轴承钢一般采用高频淬火使得轴承零件硬化。该方法可以用较低等级的钢代替高等级钢制造轴承，如使用锰钢代替 Ni-Cr-Mo 合金钢（表面渗碳），可以去掉渗碳处理，简化工艺，节约能源和合金。

低淬透性轴承钢只需要一般的淬火+回火处理，有效淬透层和表面硬度达到了与渗碳钢及表面淬火钢相类似的水平，而且心部还有足够的韧性。

(3) 中碳轴承钢

挖掘机、起重机、大型机床等重型机械设备上的特大型轴承，转速不高，但承受较大的载荷及大弯曲力矩，由于这些性能及尺寸过大等原因，这类轴承的内外套圈多采用中碳合金钢制造，如 5CrNiMo、50CrNi、55SiMoVA 等，一般经调质、表面淬火及回火处理，而轴承的滚动体仍采用 GCr15SiMn 钢。

(4) 不锈耐蚀轴承钢

为了满足化工、造船、食品工艺等的需求而发展起来的不锈耐蚀轴承钢，用于制造在腐蚀环境下工作的轴承。不锈耐蚀轴承钢主要有中、高碳马氏体不锈钢、奥氏体不锈钢、沉淀硬化不锈钢等。为了满足轴承的硬度要求，多采用马氏体不锈钢，目前，9Cr18 马氏体不锈钢是轴承领域应用最为广泛的不锈钢。

5.4 合金工具钢

用来制造各种刃具、模具、量具和其他工具的合金钢，称为合金工具钢。

5.4.1 刃具钢

刃具钢是主要用于制造车刀、铣刀、丝锥、板牙、钻头等切削刀具的钢种。切削时，刃具要承受很大的切削力、冲击和震动，还要受到摩擦高温，因此，要求刃具材料具有如下性能。

a. 高硬度。刃具材料必须具有比被加工工件更高的硬度，一般用于切削金属的刀具材料的硬度要高于 HRC 60，硬度主要取决于钢的含碳量。

b. 高耐磨性。钢的耐磨性与硬度有关，也与组织有关。在回火马氏体的基体上，分布着细小的碳化物颗粒，能提高钢的耐磨性。

c. 高的红硬性。切削刀具不仅要求室温下高的硬度，还要求在高温下也能保持高硬度。红硬性与回火稳定性和碳化物弥散沉淀有关，如 X、V、Nb 的加入可显著提高红硬性。

d. 一定的强度、韧性和塑性。在切削工件时，刃具材料具有一定的强度和韧性，可以避免冲击、震动作用下，发生折断或崩刃。

合金刃具钢按其成分和性能分为低合金刃具钢和高速钢。

(1) 低合金刃具钢

① 化学成分

低合金刃具钢含碳量较高，合金总量为 3%～5%，加入 Cr、Mn、Si 等合金可以提高钢的淬透性和回火稳定性；加入 W、V 等元素可形成合金碳化物，比渗碳体稳定、耐磨。合金元素的量不多，故钢的热硬性提高不大，一般在 250～300℃以下保持高硬度。主要用于制造形状复杂，要求淬火变形小的低速切割刃具。

② 热处理

低合金刃具钢的热处理与碳素工具钢基本相同，即球化退火、淬火和低温回火。图 5-9 为 9SiCr 钢等温球化退火工艺。

由于合金元素的存在，该刃具钢晶粒长大倾向小，可适当提高淬火温度，增加固溶体的溶解度，从而提高钢的机械性能，一般以 850～870℃为宜。同时，钢的淬透性提高，使得 $\psi<40mm$ 的工具在油中可以淬透，且变形小，耐磨性高。因此，这类钢多用于制造切削速度较小的薄刃刀具，如板牙、丝锥等。

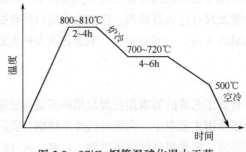

图 5-9 9SiCr 钢等温球化退火工艺

表 5-10 给出了常用低合金刃具钢的化学成分、热处理规范及用途。

表 5-10　常用低合金刃具钢的化学成分、热处理规范及用途

钢号	化学成分/%					热处理规范				用途
	C	Mn	Si	Cr	其他	淬火温度/℃	淬火后硬度/HRC	回火温度/℃	回火后硬度/HRC	
9Mn2V	0.85~0.96	1.70~2.00	≤0.40		V 0.10~0.25	780~820,油	≥62	150~200	60~62	丝锥、板牙、铰刀
9SiCr	0.85~0.95	0.30~0.60	1.20~1.60	0.95~1.25		860~880,油	≥62	140~160	62~65	丝锥、板牙、钻头、铰刀
Cr2	0.95~1.10	≤0.40	≤0.40	1.30~1.65		840~860,油		130~150	62~65	车刀、铰刀、插刀、刮刀
CrMn	1.30~1.50	0.45~0.75	≤0.40	1.30~1.60		840~860,油	≥62	140~160	62~65	长铰刀、长丝锥、板牙、拉刀、量具
CrWMn	0.90~1.05	0.80~1.10	0.15~0.35	0.90~1.20	W 1.20~1.60	820~840,油	≥62	140~160	62~65	长丝锥、长铰刀、板牙、拉刀、量具
CrW5	1.25~1.50	≤0.40	≤0.40	0.40~0.70	W 4.50~5.50	800~820,油	≥65	150~160	62~65	铣刀、车刀、刨刀

(2) 高速钢

1868 年,为了解决碳素工具钢车削速度慢和温度低的问题,英国 Mushet 研制了高碳高钨自淬火刀具钢(2.3C-1.15Si-2.51Mn-1.15Cr-6.62W)。1900 年,巴黎博览会上展出了改进的 Mushet 钢(1.85C-3.8Cr-8.0W)制成的刀具,在高速车削时刀具呈暗红色,依然锋利不减,削铁如泥,获得了高速钢的美誉。高速钢是高合金工具钢,含碳量为 0.7%~1.4%,含 W、Mo、Cr、V 等合金元素,其总量>10%。高速钢具有良好的红硬性,在 600℃下硬度无明显下降,适宜制造较高切削速度的刃具,如车刀、铣刀、刨刀、钻头、机用锯条等。

① 化学成分

以大量使用的 W18Cr4V 为例,分析各元素作用。

a. 碳。W18Cr4V 含碳量为 0.7%~0.8%。若碳量低于 0.7%,合金碳化物数量减少,马氏体中的含碳量也减少,降低钢的耐磨性与红硬性;若碳量高于 0.8%,碳化物的不均匀性增加,残余奥氏体数量也增加,降低机械性能和工艺性能。

b. 钨。强碳化物形成元素,是提高钢红硬性的主要元素。钨与铁、碳形成特殊碳化物 Fe_4W_2C,淬火加热时,一部分融入奥氏体,淬火后存在于马氏体中,提高回火稳定性,回火时析出弥散的特殊碳化物 W_2C,造成二次硬化,增加耐磨性;另一部分在淬火加热时阻止奥氏体晶粒长大。红硬性随含钨量增加而增大,但大于 20%时,由于碳化物不均匀性增加,强度和塑性降低,加工也困难。

c. 铬。增加高速钢的耐磨性和淬透性。含铬量低时,水淬或油淬才能获得马氏体;而含铬量达 4%,空冷即可得到马氏体,故高速钢可空淬;当含铬量大于 4%,M_s 点下降,残余奥氏体增加,且其稳定性也增加。

d. 钒。显著增加钢的红硬性、硬度和耐磨性,细化晶粒,降低钢的过热敏感性;同时,钒在回火时,可以产生"二次硬化"作用。但钒量增加将显著降低钢的磨削性能,因此,钒一般控制在 1%~4%。

② 组织结构

铸态高速钢组织有莱氏体存在。高速钢莱氏体中的合金碳化物，以鱼骨骼状分布在晶界上，增加脆性。这种粗大碳化物不能用热处理方法消除，需用锻造工艺破碎，并使其分布均匀。碳化物分布的均匀程度影响高速钢的机械性能，所以锻造对于高速钢非常重要。高速钢锻造后的组织含有70%～80%的珠光体和20%～30%的合金碳化物。

③ 热处理

a. 退火。高速钢锻造后，产生锻造应力，同时硬度也较高，须进行球化退火。W18Cr4V 锻件球化退火工艺如图 5-10 所示。在 860～880℃保温，奥氏体中溶入合金元素不多，稳定性较好，易于转变为珠光体组织。如温度过高，奥氏体中溶入大量碳与合金元素，稳定性大，达不到退火目的。

b. 淬火。高速钢良好的性能只有在正确的淬火及回火后才能发挥出来。图 5-11 为 W18Cr4V 钢盘形齿轮铣刀淬火回火工艺。

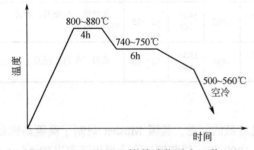

图 5-10 W18Cr4V 锻件球化退火工艺

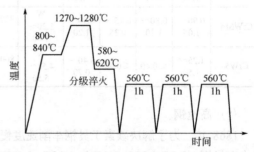

图 5-11 W18Cr4V 钢盘形齿轮铣刀淬火回火工艺

Ⅰ. 预热。为防止工件氧化与脱碳，加热一般在盐浴炉中进行。由于高速钢含有大量合金元素，导热性差，为避免加热过快导致过大内应力，一般在 800～840℃先预热，截面大的刀具可二次预热（500～650℃及 800～840℃）。

Ⅱ. 加热温度。加热温度越高，溶入奥氏体的合金越多，马氏体中合金浓度越高，从而提高钢的红硬性。但温度过高，晶粒易粗大，影响钢的性能；同时，降低了马氏体转变温度，增加了残余奥氏体量。因此，高速钢淬火的加热温度通常控制在 1150～1300℃，W18Cr4V 的淬火温度一般控制在 1270～1280℃之间。

Ⅲ. 保温时间。根据刀具截面尺寸确定。在高温盐浴炉中加热直径小于 50mm 的刀具，每毫米保温 10s；直径大于 50mm 的刀具，每毫米保温 6s，但总时间不应小于 1min。

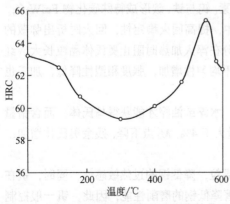

图 5-12 W18Cr4V 钢硬度与回火温度的关系

Ⅳ. 冷却。高速钢淬透性高，若刀具截面尺寸不大，可空淬。为防止氧化与脱碳，可油冷。形状复杂或要求变形小的刀具，如齿轮铣刀，采用 580～620℃在中性盐中进行一次分级淬火，可减少变形量。W18Cr4V 钢淬火后的组织由马氏体、残余奥氏体和粒状碳化物组成。

④ 回火。W18Cr4V 钢硬度与回火温度的关系如图 5-12 所示。在 150～300℃范围内，硬度随温度的升高而下降，这是由于从马氏体中析出碳化物，引起马氏体

含碳量下降和碳化物聚集长大。在 300~500℃范围内，马氏体中的铬向碳化物中转化，形成弥散的合金碳化物，提高钢的硬度；在 550~570℃回火，硬度达最大，这是由于从马氏体中析出高度弥散的钨（钼/钒）的碳化物，这类碳化物很稳定，难以聚集长大，导致"弥散硬化"；同时，残余奥氏体中的部分合金元素和碳析出，降低了残余奥氏体的稳定性，出现了残余奥氏体转变成了马氏体的现象，即"二次硬化"。如再升高温度，由于碳化物聚集长大，硬度反而下降。所以，一般高速钢回火温度控制在 550~570℃之间。

高速钢淬火后一般要回火 3 次，每次保温一小时左右。这是因为高速钢淬火后约含有 20%~25%的残余奥氏体，一次回火难以全部消除，仅三次回火后可将残余奥氏体降低至 1%~2%，同时，后一次回火可以消除前一次回火产生的内应力。

表 5-11 为常用高速钢的化学成分、热处理规范及用途。

表 5-11 常用高速钢的化学成分、热处理规范及用途

钢号	化学成分/%					热处理规范				热硬性/HRC	用途
	C	Cr	W	V	Mo	淬火温度/℃	淬火后硬度/HRC	回火温度/℃	回火后硬度/HRC		
W18Cr4V (18-4-1)	0.70~0.80	3.80~4.40	17.50~19.00	1.00~1.40		1260~1300，油	≥63	550~570	63~66	61.5~62	制造一般高速切削用车刀、铣刀、钻头、刨刀
W9Cr4V2 (9-4-2)	0.85~0.95	3.80~4.40	8.50~10.00	2.00~2.60		1240，油	≥63	560	63~66	61.5~62	作 18-4-1 钢代用品
W6Mo5Cr4V2 (6-5-4-2)	0.80~0.90	3.80~4.40	5.75~6.75	1.80~2.20	4.75~5.75	1220~1240，油	≥63	550~570	63~66	60~61	要求高耐磨性和韧性很好配合的高速切削刃具

5.4.2 模具钢

（1）冷作模具钢

冷作模具钢用于在冷态下成型的模具，如冷冲模、冷镦模、冷挤压模以及拉丝模等。模具在工作中承受很大的压力、弯曲力、冲击力和摩擦力，所以要求模具钢材料有很高的强度、硬度、耐磨性以及足够的韧性。

冷作模具钢的化学成分与刃具钢基本相似，如 T10A、9SiCr、9Mn2V、CrWMn 等，都可作模具，不过只适合于制造尺寸较小的模具。对于尺寸较大的重载或要求精度较高、热处理变形小的模具，一般采用 Cr12、Cr12MoV 等。

Cr12 钢淬透性好，耐磨性高，热处理时变形量小，但它含碳量较高，碳化物分布不均匀，降低了钢的强度，常常造成模具边缘崩落。Cr12MoV 钢的含碳量较低，碳化物分布均匀，因此，强度和韧性都较高。Mo 既能减轻碳化物偏析，也能提高淬透性；V 可细化晶粒，增加韧性。

冷作模具钢的热处理主要包括：锻后退火后、淬火及回火。

为了提高模具耐磨性、抗疲劳能力及减小变形，也可采用氮化、软氮化和渗硼等化学热处理。

（2）热模具钢

热模具钢用于制造金属在高温状态下成型的模具，如铸模、锻模、热挤压模等。热模具钢一般在 400~600℃甚至更高温度下工作。因此，热模具钢要求有高的红硬性、热强度和足够的高温韧性。同时，还要具有抵抗由于热胀冷缩产生的热疲劳能力。

热模具钢的含碳量一般为0.3%～0.6%，属于中碳合金钢，合适的碳含量保证钢材具有足够高的强度和韧性。钢中的主要合金元素有Cr、Mn、Ni、Si等，合金元素保证钢材具有较高淬透性，提高钢的硬度和抗热疲劳能力。

表5-12给出了常用模具钢的热处理工艺及用途。

表5-12 常用模具钢的热处理工艺及用途

钢号	退火后硬度HBS	淬火			用途
		加热温度/℃	冷却剂	HRC≥	
Cr12	269～217	950～1000	油	60	冲模、冷剪模、拉丝模
9Mn2V	≤229	780～810		62	小冲模、冷压模、塑料压模
Cr12MoV	255～207	1020～1040		60	拉伸模、冷冲模、粉末冶金压模
5CrNiMo	241～197	830～860		47	大型锻模、热压模、小型压铸模
5CrMnMo	241～197	820～850		50	大型锻模、热压模、小型压铸模
4W2CrSiV	≤234	850～920		56	压铸模、热锻模
3Cr2W8V	235～207	1075～1125		46	压铸模、热压模、热切剪刀
6SiMnV	≤229	830～860		56	中小型锻模

5.4.3 量具钢

量具钢需要满足以下要求：

a. 高硬度和耐磨性，以保证量具在长期使用过程中不因磨损而丧失精度；

b. 高的尺寸稳定性；

c. 能承受偶尔碰撞和冲击，不发生崩落和破坏。

(1) 量具用钢类型

精度较低、形状复杂的量具可采用T10A、T12A、9SiCr等钢制造，也可用10、15钢经渗碳、淬火及低温回火制造，或用50、55、60、60Mn、65Mn钢经感应加热表面淬火制造。这类量具主要包括量规、样板、直尺等。

高精度的精密量具（赛规、块规等）常用热处理变形小的钢（如CrMn、CrWMn）制造。CrWMn由于三种合金元素的存在，不仅提高钢的淬透性、耐磨性，还减小热处理变形，增加量具尺寸稳定性。

(2) 热处理特点

一般量具采用淬火及低温回火工艺，组织为回火马氏体和残余奥氏体，存在一定的淬火应力。这种不稳定状态的组织，在长期使用过程中，将发生变化，从而使量具的尺寸也发生变化。尺寸变化的主要原因是残余奥氏体转变为马氏体，使尺寸增大；同时，残余应力在量具内部的重新分布和消失，也引起尺寸的变化。为保证量具尺寸稳定，对于高精密量具，淬火温度要低些，同时材料淬火后立即冷至～80℃左右，甚至放入液氮中以减少残余奥氏体，然后正常回火。在精磨前，须进行时效处理，进一步消除内应力，必要时，这种处理可反复多次。

5.5 特殊性能钢

在钢中加入一些合金元素后，可以使合金钢具有某些特殊的物理、化学或力学性能，用于制造工程上有特殊性能要求的机械零件，即为特殊性能钢。本节主要介绍几种常见的特殊性能钢，包括耐腐蚀钢、耐热钢和耐磨钢等。

5.5.1 耐腐蚀钢

金属受到外部介质的作用而发生的表面损坏称为腐蚀,即生锈。腐蚀问题已经成为当今材料科学与工程领域不可忽略的问题,据统计,我国每年由腐蚀造成的经济损失至少 200 亿元,发达国家腐蚀造成的经济损失约占国民经济生产总值的 2%~4%,世界钢产量的 1/16 因腐蚀而报废。金属和它周围的介质之间主要发生化学腐蚀和电化学腐蚀,电化学腐蚀更为普遍。电化学腐蚀的主要类型有:

① 点蚀

金属表面生成的钝化膜被局部破坏而裸露出新鲜表面,这部分金属会被迅速溶解而发生局部腐蚀。腐蚀机理是在中性溶液中的离子作用于表面钝化膜,表面膜受到破坏,因而发生点蚀。金属组织中的不均匀部分,如夹杂部分,容易成为点蚀源。

② 缝隙腐蚀

浸没在腐蚀介质中的金属件,在缝隙处常常发生强烈的局部腐蚀现象。该类型腐蚀与孔穴、搭接缝、螺帽螺栓和铆钉的缝隙积存的少量静止溶液有关。不锈钢对缝隙腐蚀特别敏感。其机理是金属局部溶解使得缝隙内金属离子浓缩,在缝隙内外离子浓度差构成了浓差电池,造成腐蚀。

③ 电偶腐蚀

当两种不同金属浸在导电性溶液中,两种金属之间存在电位差,如果这些金属直接接触,如采用导线连接,该电位差将驱使电子在金属间流动,形成电流。耐蚀性差的金属为阳极,从而阳极金属溶解而腐蚀增加。

④ 晶间腐蚀

在金属晶界或邻近区发生局部腐蚀,而晶粒内部腐蚀很小的腐蚀现象。晶间腐蚀导致晶粒脱裂造成金属碎裂。如奥氏体不锈钢晶界上有铬的碳化物析出时极易发生晶界腐蚀。

5.5.1.1 传统不锈钢

碳钢及低合金钢在大气、水及许多其他介质中,不能抵抗介质对金属的作用,所以没有抗腐蚀能力。1913 年,英国 Brearley 研制出低碳高铬马氏体不锈钢,并应用于餐具,拉开了不锈钢发展的序幕。不锈钢在大气、海水、碱及硝酸溶液中能抗腐蚀,其中起到抗腐蚀作用的基本元素是铬,一般含量大于 13%。研究发现,当一定数量的铬加入铁中形成 Fe-Cr 合金时,该合金在硝酸、浓硫酸等许多电解介质中有很强的抗电化学腐蚀的能力,出现很强的钝化能力。

含铬钢的钝化理论认为,含铬钢与环境介质作用,在表面形成吸附层,主要是氧的吸附层。氧原子的吸附导致金属电极电位升高,金属离子不易进入电解介质,从而提高耐蚀性。并指出,当含铬量达到 1/8, 2/8, ..., $n/8$ 原子比时,铁基固溶体的电位呈跳跃性提高,腐蚀速率迅速减小,这个变化规律被称为 $n/8$ 规律,如图 5-13 所示。因此,当 Fe-Cr 合金含铬量达到 1/8 时,其电极电位由-0.56V 提高到+0.2V,这样就可以抵抗大气、水蒸气及稀硝酸等较弱的腐蚀介质的侵蚀;如需抵抗更强的腐蚀介质,如沸腾

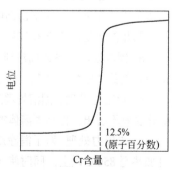

图 5-13 Cr 含量对 Fe-Cr 合金电极电位的影响

浓硝酸，则增大铬含量达 2/8。

常用的主要有铬不锈钢和铬镍不锈钢。

① 铬不锈钢

铬不锈钢不能抵抗盐酸及硫酸。这类钢主要有 1Cr13、2Cr13、3Cr13、4Cr13、1Cr17 等。Cr13 型不锈钢随含碳量增加，耐蚀性降低。这主要是由于易形成铬碳化物，降低含铬量。Cr13 型不锈钢经锻造后组织中出现马氏体，硬度高，不利于切削，因此，锻后须退火。1Cr17 属于铁素体不锈钢，加热无相变发生，不可淬火强化。因其含铬量较高，具有较高的耐蚀性能。

表 5-13 给出了常用铬不锈钢的化学成分、热处理工艺、组织、力学性能及用途。

表 5-13 常用铬不锈钢的主要成分、热处理工艺、组织、力学性能及用途

类别	钢号	化学成分/%		热处理	组织	力学性能						用途
		C	Cr			$R_{p0.2}$/MPa	R_m/MPa	A/%	Z/%	A_K/J	HRC	
马氏体型	1Cr13	0.08~0.15	12~14	1000~1050℃油或水淬，700~790℃回火	索氏体	≥420	≥600	≥20	≥60	≥72	HBS 187	制作能抗弱腐蚀性介质、能承受冲击负荷的零件，如汽轮机叶片、水压机阀门、结构件、架、螺栓、螺母等
	2Cr13	0.16~0.24	12~14	1000~1050℃油或水淬，700~790℃回火	索氏体	≥450	≥660	≥16	≥55	≥64	HBS 179	
	3Cr13	0.25~0.34	12~14	1000~1050℃油淬，200~300℃回火	回火马氏体	—	—	—	—	—	48	制作具有较高硬度和耐磨性的医疗工具、量具、滚珠轴承等，以及耐腐蚀的弹簧
	4Cr13	0.35~0.45	12~14	1000~1050℃油淬，700~790℃回火	回火马氏体	—	—	—	—	—	50	
铁素体型	1Cr17	≤0.12	16~18	750~800℃空冷	铁素体	≥250	≥400	≥20	≥50	—	—	制作硝酸工厂设备如吸收塔、热交换器、酸槽、输送管道，以及食品加工设备等

② 铬镍不锈钢

铬镍不锈钢不能抵抗盐酸，但能抵抗硫酸。这类钢中镍扩大γ区，降低 M_s 点，使钢在室温获得单相奥氏体组织。它与铬共同作用，进一步改善耐蚀性。

铬镍不锈钢碳含量低，属于超低碳范围，其强度很低，塑性、韧性、焊接性能较好，但切削性能较差。铬镍不锈钢在 500~700℃ 范围内，在奥氏体晶界上析出，晶界贫铬，造成晶界腐蚀。为避免晶界腐蚀，可在不锈钢中加钛，抑制 $(Cr,Fe)_{23}C_6$ 析出。

常用的热处理工艺有三种：

a. 固溶处理。将钢加热到 1050~1150℃，使所有碳化物溶入奥氏体中，迅速水淬，在室温获得单相奥氏体组织，使其具有最佳耐蚀性。

b. 稳定化处理。固溶处理后，再进行一次稳定化处理，使碳基本上稳定于碳化钛中，而使得铬碳化合物不析出，提高固溶体的含铬量。稳定化工艺一般加热温度是 850~880℃，保温 6h，空冷。

c. 去应力处理。为了消除冷变形而产生的残余应力，一般可加热至 300~350℃；对于焊接件，可加热至 850℃以上，同时使 $(Cr,Fe)_{23}C_6$ 溶解于奥氏体中，减轻晶界腐蚀。

最早应用的铬镍不锈钢含铬 18%、含镍 8%，称为 18-8 钢。这种钢具有很好的耐腐蚀性能、无磁性、塑性和韧性极好，有良好焊接性能，但存在晶界腐蚀问题。为了进一步提高耐腐蚀能力，

克服晶间腐蚀，在18-8钢基础上，增加镍含量，加入0.4%～0.8%的钛，做成18-9型或含钛的18-9型铬镍不锈钢。

铬镍不锈钢的含碳量很低，碳会与铬化合沉淀析出，降低基体中的含铬量，进而降低钢材的耐腐蚀性能。

钢中约含18%的铬，固溶于基体提高钢的耐腐蚀能力；约含9%的镍，可以扩大奥氏体区，降低 M_s 点温度（降至室温以下），使得钢在室温时具有单相奥氏体组织。单相奥氏体钢能进一步提高耐腐蚀能力，这种钢又称为奥氏体不锈钢。

钛与碳的亲和力远大于铬与碳的亲和力，钢中加钛，可优先与碳化合析出，可以防止晶界上的铬析出，避免晶界腐蚀。

铬镍不锈钢淬火后并不能提高硬度和强度，淬火只是使铬镍不锈钢成为单相奥氏体组织，从而获得高的耐腐蚀性能，所以这种热处理又称为固溶处理。钢中加钼，可提高固溶效果。铬镍不锈钢有明显的加工硬化现象，所以通过冷变形可以提高钢的强度，这是铬镍不锈钢提高强度的唯一途径。

表5-14给出了常用铬镍不锈钢的化学成分、力学性能及用途。

表 5-14 常用铬镍不锈钢的化学成分、力学性能及用途

钢号	化学成分/%					热处理/℃	力学性能				用途
	C	Cr	Ni	Ti	Mo		$R_{p0.2}$/MPa	R_m/MPa	A/%	Z/%	
0Cr18Ni9	≤0.06	17～19	8～11			1080～1130，水冷	200	500	45	60	焊芯
1Cr18Ni9	≤0.12	17～19	8～11			1100～1150，水冷	200	550	45	50	发电机水接头、刷握罩及紧固件；不锈耐酸外壳；船舶控制设备的低磁性零件
2Cr18Ni9	0.13～0.22	17～19	8～11			1100～1150，水冷	220	580	40	55	
0Cr18Ni9Ti	≤0.08	17～19	8～11	5×C%～0.7		950～1050，水冷	200	500	40	55	焊芯、抗磁仪表、医疗器械、耐酸容器及管道、航空发动机排气系统的尾喷管等
1Cr18Ni9Ti	≤0.12	17～19	8～11	0.5～0.8		950～1050，水冷	200	550	40	55	
1Cr18Ni12Mo2Ti	≤0.12	16～19	11～14	0.5～0.8	1.8～2.5	1000～1100，水冷	200	550	40	55	用于耐硫酸、磷酸、蚁酸、醋酸腐蚀的设备
00Cr18Ni10	≤0.03	17～19	8～11			1050～1100，水冷	180	490	40	60	具有良好耐腐蚀和耐晶间腐蚀的能力，制作化学工业、化肥工业及化纤工业重要耐蚀零件
00Cr17Ni14Mo2	≤0.03	16～18	12～16		1.8～2.5	1050～1100，水冷	180	490	40	60	

不锈钢也可以按照组成相分类。组成相由合金元素决定，为了分析合金元素对组织的影响，引入了铬当量和镍当量。

$$Cr\text{当量}=(Cr+Mo+1.5Si+0.5Nb)\times100\%$$

$$Ni\text{当量}=(Ni+30C+0.5Mn)\times100\%$$

上式表明，铬、钼、硅、铌等元素为具有相同一类性质的元素，它们均为体心立方晶格，具有缩小奥氏体相区、扩大铁素体相区的作用，为铁素体形成元素；而镍、碳、锰等元素为面心立方晶格，具有缩小铁素体相区、扩大奥氏体相区的作用，为奥氏体形成元素。铬当量和镍当量决定着不锈钢的组织，如图5-14所示。

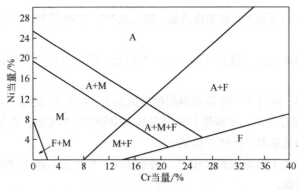

图 5-14 不锈钢组织状态图

(1) 铁素体不锈钢

铬元素可以扩大铁素体区，缩小奥氏体区，当铬含量约为 14%时就可以获得室温完全铁素体组织。因此，简单的低碳高铬不锈钢通常为铁素体组织。这类不锈钢的含铬量较高，组织单一，具有较高的耐氧化性酸能力，因此又称为高铬铁素体耐酸不锈钢，且耐酸能力随着含铬量的增加而提高。但铁素体不锈钢抵抗非氧化性酸的能力较弱，如稀硫酸，这是由于铬的氧化膜在氧化性介质中较为稳定。为了提高铁素体不锈钢耐非氧化酸的能力，可进一步加入钼、铜等合金元素。

铁素体固溶能力较弱，当含碳量较大时，将析出碳化物。碳化物与铁素体基体可构成电偶腐蚀的阴阳两极，造成点状的腐蚀坑。因此需严格控制碳的含量。铁素体不锈钢晶粒容易粗大，在铸造缓冷和热处理过热至 900℃以上，晶粒即显著长大，可通过熔炼时加入少量钛或氮细化晶粒。

(2) 奥氏体不锈钢

奥氏体不锈钢是非常重要的一类不锈钢，既具有优良的耐蚀性，又具备良好的铸造性能、可焊性和冷加工性能，但强度较低，存在晶界腐蚀倾向。奥氏体不锈钢为铬镍钢，最具代表性的钢种为含 18%铬和 8%～9%镍的 18-8 型不锈钢（如 1Cr18Ni9），约占奥氏体不锈钢的 70%，占不锈钢的 50%。为了提高奥氏体不锈钢的耐蚀性，在 18-8 型不锈钢中常加入 Ti、Nb、Si、Pd 等元素。

一般不锈钢耐大气腐蚀和土壤腐蚀；耐氧化性酸腐蚀，如中等浓度的稀硝酸，但不耐浓硝酸腐蚀，原因是不锈钢在浓硝酸中发生过钝化溶解，钢中 Cr 以 Cr^{3+} 离子形式溶解；耐碱蚀性能很好，且随着镍含量增加而升高；但是奥氏体不锈钢在含氯化物溶液中不耐应力腐蚀，容易出现点蚀和缝隙腐蚀；同时，高温高浓度的醋酸、柠檬酸、草酸、乳酸都会强烈腐蚀奥氏体不锈钢。

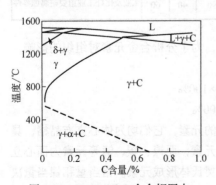

图 5-15 Fe-Cr-Ni-C 合金相图中
Cr=18%，Ni=8%的截面图

图 5-15 为 Fe-Cr-Ni-C 四元系的等铬(18%Cr)等镍(8%Ni)的二元截面图。18-8 不锈钢的室温平衡组织为奥氏体+铁素体+碳化物，但在铸造条件下，奥氏体来不及转变向铁素体，因此铸态组织为奥氏体+碳化物。碳化物既影响了耐蚀性，也降低了合金的力学性能。因此，需将碳化物固溶处理。将钢材加热至奥氏体化温度，1050～1100℃保温，让析出的碳化物充分溶解并均匀化成分，随后迅速采用水冷、油冷或空气中冷却，使碳化物来不及析出而获得单一的奥氏体组织。

奥氏体耐蚀性能优良，但要防范特定情况下出现晶间腐蚀现象（亦称敏化）。如果奥氏体不锈钢在 500～800℃保温一段时间，在腐蚀介质作用下，会出现沿奥氏体晶界的严重腐蚀。这种腐蚀降低钢晶粒间的结合力，降低钢的强度，严重时会使钢粉碎。奥氏体不锈钢一般采用铬耗尽理论解释。

经过固溶处理，奥氏体不锈钢中的碳处于过饱和状态，奥氏体为介稳定状态。在较低温度下，碳原子扩散困难，碳化物不易形成；当温度升高至 500～800℃时，碳原子扩散相对容易，碳向晶界扩散并与铬化合成 $Cr_{23}C_6$ 析出，如图 5-16 所示。碳化物的析出使得晶界附近贫铬，

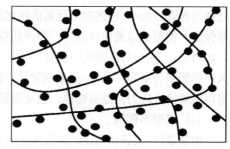

图 5-16　奥氏体不锈钢的晶界腐蚀

而晶内的铬扩散较慢，无法补充晶界缺乏的铬，导致了晶界相对贫铬，当晶界含铬量低于 11.7%时，此时晶界相对于晶内而言成为阳极，且阳极与阴极的面积比非常小，阳极腐蚀非常剧烈，导致了晶间腐蚀现象。这种现象在奥氏体不锈钢焊接件的热影响区很常见，需注意防范。影响晶间腐蚀的主要因素有：

a. 化学成分。为了表征钢中化学元素对晶界腐蚀的作用，提出了有效铬含量（Cr^{eff}）的概念，即

$$Cr^{eff} = Cr + 1.45Mo - 0.19Ni - 100C + 0.13Mn - 0.22Si - 0.51Al - 0.20Co + 0.01Cu + 0.61Ti + 0.34V - 0.22W + 9.2N$$

有效铬含量表明铬在碳化物与基体界面的活动能力，当有效铬含量较高时，晶界处的铬耗尽现象大幅度降低，敏化需要较长的时间发生。从公式看出，碳是强烈影响敏化的元素，因此，降碳是克服敏化的主要手段之一。

b. 晶粒尺寸。晶粒尺寸影响到铬的扩散，晶粒越细小，铬越容易扩散，主要原因为大量晶界为铬扩散提供了快速通道；同时从晶内至晶界的扩散距离大幅度降低。快速的铬扩散可以迅速补充铬耗尽区域晶界处的铬，有助于脱敏。

c. 预变形。预变形可以加速敏化，这是由于预变形可以促进碳化物的晶内析出。对于稳定的 316 奥氏体不锈钢，预变形诱发滑移带，滑移带相互交割，成为碳化物的析出位；而对于亚稳的 304 不锈钢，预变形导致了马氏体板条形成，成为晶内碳化物的析出位。

d. 晶界特征。碳化物在晶界的析出情况强烈依赖于晶界特征。高能的普通大角晶界是碳化物的优先析出地点，非共格的孪晶界次之，共格的孪晶界再次之。因此，低的重合点阵晶界，尤其是共格孪晶界，可以有效地抵抗晶界腐蚀。

为了防范奥氏体不锈钢晶间腐蚀现象，就要避免碳化物的析出，可采用三方面的措施：

a. 严格控制钢的含碳量，含碳量尽量低一些；

b. 适当加入一些强碳化物形成元素，如 Nb、Ti 等，这些元素优先与碳化合，起到保护铬的作用；

c. 重新固溶处理，让析出的铬碳化物重新溶入奥氏体，这在奥氏体不锈钢的焊接件中非常实用。

(3) 马氏体不锈钢

实用较广的马氏体不锈钢为 Cr13，是不锈钢中含铬量最低的一类。Cr13 不锈钢的铬除了保证耐蚀性外，还起到促进铁素体形成，显著增加过冷奥氏体的稳定性，使钢的 C 曲线右移，大大提高钢的淬透性，甚至空淬也可得到马氏体组织作用。碳是强烈扩大奥氏体区的元素，碳量越低，高温下铁素体的相对量越多，钢接受淬火强化的能力就越小；同时碳量越低，其固溶强化效果越弱，强度较低，塑性增加。但碳量增加，金属基体的电极电位也下降，耐蚀性降低，而且铬碳结合造成固溶铬量降低，进一步降低耐蚀性。

根据含碳量高低，Cr13 型不锈钢可分为：0Cr13、1Cr13、2Cr13、3Cr13、4Cr13。Cr13 的热

处理为淬火+回火。将钢加热至奥氏体化温度（1000～1050℃）保温，使碳化物溶入奥氏体中。高温保温后的组织以奥氏体为主，但可能存在铁素体（0Cr13、1Cr13），也有可能存在未溶碳化物（4Cr13）。充分奥氏体化的钢立即淬火，获得马氏体组织。随含碳量增加，从0Cr3到4Cr3，淬火后的组织分别为马氏体+少量铁素体、马氏体、马氏体+少量碳化物。随后的低温回火（200～300℃）可以消除淬火应力，提高韧性，强度和耐蚀性降低很少。

（4）双相不锈钢

由铁素体+奥氏体组成，奥氏体在铁素体晶间形核，并向一侧晶粒长大，二相之间存在一定的取向关系，一般认为大致符合 K-S 关系。双相不锈钢兼有铁素体和奥氏体的优点：良好的耐蚀性，如对晶间腐蚀不敏感，耐点蚀、缝隙腐蚀和应力腐蚀；良好的韧性和焊接性。但也有缺点，主要是冷、热加工性能较差，不能在脆性敏感区（350～850℃）长期使用（会产生 475℃脆性）。典型代表位 Cr25 型双相不锈钢，约占双相不锈钢的 50%以上，应用广泛。

5.5.1.2 高强度不锈钢

高强度不锈钢具有超高强度、优良的塑性和韧性、优异的耐腐蚀、抗应力腐蚀及腐蚀疲劳性能，在航空航天、海洋工程及能源等关系国计民生的装备制造领域得到广泛应用，如飞机的主承力构件、卫星陀螺仪、海洋石油平台、核能工业等，是未来装备部件轻量化设计和节能减排的首选材料。

高强度不锈钢典型的室温组织包括细小的板条马氏体基体，适量的残余奥氏体和弥散分布的沉淀强化相。板条马氏体含有高位错密度，具有很高强度。亚稳残余奥氏体可以缓解裂纹尖端应力集中，提高材料韧性。时效析出沉淀相可进一步提高钢的强度。按照析出相的合金组成可分为三类：碳化物（MC、M2C）、金属间化合物（NiAl、Ni$_3$Ti）和元素富集相（ε相、α'相）。沉淀相的强化能力取决于沉淀相的本质及尺寸、密度、空间分布情况等。典型的高强度不锈钢的化学成分及力学性能见表 5-15 和表 5-16。

表 5-15 典型高强度不锈钢的化学成分（质量分数/%）

钢号	C	Cr	Ni	Ti	Mo	Al	Cu	Co	Mn	W	Fe
17-4PH	0.07	16.0	4.0	—	—	—	4.0	—	≤1.0	—	余量
15-5PH	0.04	15.0	4.7	—	—	—	3.0	—	≤1.0	—	余量
Custom450	0.04	14.9	8.5	—	—	—	1.5	—	—	—	余量
PH13-8	0.03	12.6	7.9	—	1.7	1.0	—	—	—	—	余量
Ultrafort401	0.02	12.0	8.2	0.8	2.0	—	—	5.3	—	—	余量
1RK91	0.01	12.2	9.0	0.87	4.0	0.33	1.95	—	0.32	0.15	余量
Custom465	0.02	11.6	11.0	1.5	1.0	—	—	—	—	—	余量
USS122G	0.09	12.0	3.0	-	5.0	—	—	14.0	—	1.0	余量
Ferrium S53	0.21	9.0	4.8	0.02	1.5	—	—	13.0	—	1.0	余量

表 5-16 典型高强度不锈钢的力学性能

钢号	$R_{p0.2}$/MPa	R_m/MPa	K_{Ic}/MPa·m$^{1/2}$	A_{KU}/J	强化相
17-4PH	1262	1365	—	21	Cu
15-5PH	1213	1289	—	79	Cu
Custom450	1269	1289	—	55	Cu
PH13-8	1448	1551	—	41	NiAl

续表

钢号	$R_{p0.2}$/MPa	R_m/MPa	K_{Ic}/MPa·m$^{1/2}$	A_{KU}/J	强化相
Ultrafort401	1565	1669	103	56	Ni$_3$Ti
1RK91	1500	1700	58	27	Cu/Ni$_3$Ti
Custom465	1703	1779	71	—	Ni$_3$Ti
USS122G	1550	1940	90	—	Laves/α′
Ferrium S53	1551	1986	77	—	M$_2$C

15-5PH 是第一代高强度不锈钢的代表。该钢采用 15%Cr 来保证钢的耐腐蚀性能；5%Ni 起到平衡钢材的 Cr-Ni 当量，使钢获得室温马氏体组织，同时降低铁素体含量；4%Cu 起强化作用；少量的 Nb 可以与 C 形成 MC 相，起到钉扎晶界、细化晶粒作用。经 550℃时效处理后，马氏体基体上析出大量 fcc 结构富 Cu 相，是该钢主要强化相。

PH13-8Mo 是典型的第二代高强度不锈钢，碳含量低。其中 13%Cr 保证钢的耐蚀性，8%Ni 弥补由于低碳而引起的 Cr-Ni 当量不平衡，降低铁素体含量，可获得板条马氏体组织；1%Al 可形成强化相；2%Mo 可以增加固溶强化效果，在时效过程中析出的富 Mo 相也起到强化作用，并使钢保持良好韧性，提高耐海水腐蚀性能。

5.5.2 低合金耐蚀钢

(1) 低合金耐大气腐蚀钢

金属在大气自然环境下发生的化学或电化学反应而引起材料的破损称为大气腐蚀，大气腐蚀是一种常见的腐蚀现象。全球生产的钢材 60%以上一般在大气中使用，如钢梁、汽车、钢轨、各种机械设备等都在大气中使用。据统计，由大气腐蚀造成的金属约占总的腐蚀量的 50%以上。耐大气腐蚀钢是指在大气中具有比普通碳素钢优良的耐腐蚀性能，只是含有少量合金元素的低合金钢，也称为耐候钢。

大气主要含有 75%N$_2$、23%O$_2$、1.3%Ar、0.04%CO$_2$ 和 0.7%的水汽，其中对腐蚀影响最大的是 O$_2$ 和水汽。金属暴露在大气中，大气中的水汽润湿金属表面，并形成电解质溶液膜；O$_2$ 溶解于电解质溶液膜中，作为阴极去极化剂，影响着腐蚀速度；大气杂质溶解在电解质溶液膜中，增强其电导和腐蚀性能，加速金属腐蚀。因此，由于电解质溶液膜的存在，构成了电化学腐蚀的条件，导致金属的大气腐蚀现象。电解质溶液膜的厚度强烈影响金属的大气腐蚀速率，根据膜厚，可将大气腐蚀划分为干的大气腐蚀、潮的大气腐蚀和湿的大气腐蚀三种。

干的大气腐蚀即干氧化，金属在干燥大气中发生的腐蚀。此时金属表面不形成水膜，仅有几个分子层厚度的吸附膜，并不具备电解质溶液的性质，不是电化学腐蚀，而是化学腐蚀中的常温氧化。由于常温下金属氧化反应极慢，这类大气腐蚀的速度很低。如铜、银在被硫化物污染的空气中所形成的一层膜。

潮的大气腐蚀指金属在相对湿度小于 100%的大气中发生的腐蚀，金属表面有一层肉眼不可见的水膜，厚度在 10nm～1μm，该水膜具备了电解质溶液性质，金属在电解质溶液膜中发生电化学腐蚀。通常所说的大气腐蚀就是指常温下潮湿空气中的腐蚀，如铁即使没受水淋也会生锈。

湿的大气腐蚀指金属在相对湿度>100%的大气中或雨水直接落在金属表面发生的腐蚀。金属表面形成一层肉眼可见的水膜，厚度为 1μm～1mm，这种条件下的腐蚀为典型的电化学腐蚀。如果金属表面含有吸湿性较大的盐类（如 NaCl），则更有利于水膜的生成。

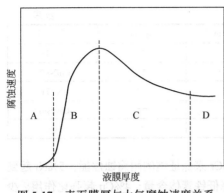

图 5-17 表面膜厚与大气腐蚀速度关系

由上述内容可知，金属表面膜厚度强烈影响着大气腐蚀情况，图 5-17 给出了金属表面液膜厚度与大气腐蚀速度之间的关系。A 区的金属表面上有几个分子层厚的吸附水膜，此时为化学腐蚀，相当于干燥大气中的情况；B 区中的水膜厚度为几十至上百分子层厚，水膜开始具备电解质溶液特点，金属开始发生电化学腐蚀，相当于潮的大气腐蚀，腐蚀速度随液膜增厚而增加，达到最大腐蚀速度后，进入 C 区；C 区为可见液膜，随膜厚增加，O_2 的扩散困难，金属腐蚀速度下降，当液膜增厚至 1mm 以上时，进入 D 区；D 区与金属全浸泡在电解液中的行为相当，此时 O_2 在液膜中的扩散速度基本与膜厚无关，所以腐蚀速度略有下降。C、D 区相当于湿的大气腐蚀。

大气中还含有一定的杂质：工业大气中的 SO_2、H_2S、NO_2、NH_3 等；海洋大气中的 NaCl 等，它们能增加大气的腐蚀性，加速金属腐蚀。大气环境随着温度、湿度、日照、雨量、风速、雾霾等气象因素及污染情况的变化而变化，因而各地的大气环境对金属腐蚀的影响有很大差异。根据不同大气环境对金属腐蚀影响，可将大气分为：工业大气、农村大气、城市大气、海洋大气、热带大气、北极大气等。

大气中还存在一定量的固体颗粒杂质，称为尘埃。它的组成比较复杂，主要包含海盐粒、碳和碳化物、硅酸盐、氮化物等。城市大气中的尘埃含量约为 $2mg/m^3$，工业大气中的尘埃含量可达 $1000mg/m^3$。有些尘埃本身具有腐蚀性，如盐粒溶于金属表面水膜，提高电导，促进腐蚀；有些尘埃虽然没有腐蚀性，但可以吸附腐蚀物质；尘埃沉积在金属表面形成缝隙而凝聚水分，可引起缝隙腐蚀。因此，放置于大气环境中的重要仪器设备应该防尘。

耐大气腐蚀低合金钢主要是通过合金元素提高钢的耐大气腐蚀能力。Cu 是提高钢耐大气腐蚀性能最主要的元素，最早的耐大气腐蚀钢就是在碳素钢中单独加入铜实现的。Cu 在钢中起着活化阴极的作用，在一定条件下可以促进钢产生阳极钝化，降低钢的腐蚀速度；另外也有人认为铜在锈层中的富集可以改善锈层的保护性能，从而提高耐蚀性。但含铜钢存在热加工敏感性问题，如果工艺不当，在热加工过程中会在钢材表面产生龟裂。

P 是提高钢材耐大气腐蚀性能最有效的元素，但 P 会降低钢的韧性，特别是低温韧性，因此耐大气腐蚀钢的 P 含量一般在 0.15% 以下，对韧性有特殊要求的钢材，P 含量会更低，甚至采用其他耐大气腐蚀元素代替 P。为提高含 P 钢的韧性，可加铝细化晶粒，改善钢材的低温韧性。P 一般不单用，往往与其他合金元素，特别是与 Cu、Cr 复用，可进一步提高钢的耐大气腐蚀能力。

Cr 是耐大气腐蚀钢中常加合金元素，含量一般在 0.4%～1.3% 之间，但单加 Cr 并不能显著提高钢的耐大气腐蚀能力，甚至可能降低耐腐蚀性，但通过与其他耐大气腐蚀的合金元素，如与 Cu、P、Si 复用，其耐大气腐蚀能力显著提高。

RE 可以净化钢液，降低钢中夹杂含量，减少了夹杂物与金属接触面的腐蚀；提高 Cu 的溶解度，从而提高了 Cu 在钢中的利用率；降低 P 的偏析，尤其是在晶界中的偏析，使得 P 分布均匀，提高耐蚀性。

Ni 可以有效提高钢的耐大气腐蚀能力，含量越高，耐蚀性能越好。Si 可以改善耐大气腐蚀能力；S 对钢的耐大气腐蚀能力有害，但其量低，一般可忽略影响。我国耐大气腐蚀钢主要有 Cu-P、P-Cu-Cr-Ni、Cu-Cr-N 系钢。

(2) 低合金耐海水腐蚀钢

海洋约占地球表面的 70%，而海水是规模巨大的具有腐蚀性的天然电解质溶液。随着海洋开发的发展，海上勘探、采油装置增多，海洋建筑日益兴起，海洋运输蓬勃发展，海水还是沿海工厂常用的冷却介质，这些都对金属材料的耐海水腐蚀提出了要求。目前，低合金耐腐蚀钢具有较高强度和良好成形性能，对海水较好的耐腐蚀能力，是海洋开发的重要支撑材料。

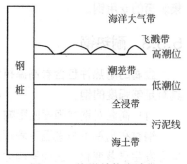

图 5-18 海洋结构腐蚀带

海洋结构的腐蚀包括海洋大气带、飞溅带、全浸带、潮差带和海土带五个部位的腐蚀，如图 5-18 所示。影响海水腐蚀的因素很多，如海水中的溶氧量、盐分浓度、温度、流速、海生物、pH 值、污染程度等，这些因素对钢在不同海水部位的带的腐蚀影响和机理各不相同，目前没有一种金属可以满足各个海域、海水各个带的耐腐蚀性能。因此，根据不同带的腐蚀情况，可在合金成分设计上体现出不同。

① 海洋大气带

海洋大气中含有大量含盐微粒的水汽，由于 Cl⁻ 的腐蚀活性较强，加上雾、风速、湿度等气象因素，其腐蚀程度比普通大气的严重。耐海洋大气腐蚀效果最显著的元素为 P、Cu，此外还有 Si、Al、Mo、Cr 等。

② 飞溅带

指平均潮位受到波浪作用的上限部分，该部位一方面受到海水交替的干湿变化影响，溶解氧多；另一方面由于日光照射而使温度升高；再加上海面的污染物的附着，台风和流冰等的冲击等加速腐蚀，致使该带为海水腐蚀环境中腐蚀最为严重的部位。提高飞溅带的耐腐蚀效果最显著的元素为 Cu、P、Mo，此外还有 Ni、Cr、Si、W、Ti 等。

③ 潮差带

潮差带和飞溅带相似，但非腐蚀严重的部位。主要原因是潮差带与全浸带相邻，潮差带的供氧情况较好，二者之间形成氧的浓差电池，潮差带成为电池阴极而受到保护。提高钢的潮差带的耐腐蚀能力，可选用与飞溅带相同的合金元素。

④ 全浸带

指低潮位到海底泥线之间被海水浸泡的部位。全浸带由于上述的氧浓差电池作用和由海水流动造成的金属面上氧的分布不均匀而形成氧的浓差电池，以及海生物作用，加上不同金属接触产生的电化学腐蚀等，在海水中除了金属的均匀腐蚀外，还存在均布腐蚀和点蚀。

Cr、P、Al、Mo、Si 等元素可以减少钢在全浸带腐蚀速度。

在深海，含氧量少，海水温度也降低，海生物附着减少，海水流速减慢，所以腐蚀速度较慢，合金元素的效果不太明显。

⑤ 海土带

埋入海洋土壤的金属部分。海土带对钢的供氧量极少，所以腐蚀较轻。但对于部分埋入海土，部分裸露于海水中的钢结构，由于氧的浓差电池作用，加快了海土带钢的腐蚀。此外，海土中，尤其是浅海海土中，由于陆地流入的污染土壤中存在大量促进腐蚀的微生物，腐蚀加剧。

我国典型的耐海洋腐蚀钢主要有 12Cr2MoAlRE 钢，可耐海洋大气腐蚀、耐海水间浸和全浸腐蚀，可用于海水冷凝器和渔船的船舱管道等；10CrMoAl 钢在海水全浸腐蚀条件下有良好的耐腐蚀性，可用于海水冷凝器和海水输送管线等；09MnCuPTi 钢，具有良好的耐大气腐蚀性，可作海运集装箱的专用钢。

5.5.3 耐热钢

金属的耐热性包含着高温抗氧化性和高温强度两个概念。耐热钢是在高温下不发生氧化，并具有足够强度的钢。

(1) 高温对钢材强度的影响

钢材在高温下与室温下表现出的力学性能有很大差别。长期在高温下工作的钢材，其组织结构会发生显著变化，进而影响力学性能。所以，不能仅用钢在室温下的力学性能来评定和选用材料，还必须研究和了解钢材在高温时的力学性能。

金属的强度由晶内强度和晶界强度两部分组成。常温下晶界强度高于晶内强度，这是由于晶界的原子排列不规则，晶体缺陷也较多，从而具有较大的变形抗力，金属破坏为穿晶破坏。随着温度升高，晶内强度和晶界强度均下降，但晶界原子比晶内原子更不稳定，缺陷也多，在较高温度下原子扩散速度就较大，因此，晶界强度下降速度较快。到达某一温度后，晶界强度就低于晶内强度，如图5-19所示。

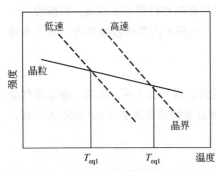

图5-19 等温强度示意图

晶内强度和晶界强度相等的温度，称为等强度温度。如果工作温度超过等强度温度，钢材的破坏形式就开始转变为沿晶破坏，即在晶界处因晶粒之间的相对滑动而先产生裂纹，然后沿晶界扩展，导致脆性断裂。

等强度温度与载荷速度等因素有关。等强度温度随载荷速度的降低而下降。在热力设备中，某些零件在高温和应力的长期作用下（相当于低的载荷速度）工作，钢材的破坏往往属于晶粒间的脆性断裂。而在高速载荷下，如短期超温爆管（相当于冲击或短时拉伸），等强度温度就比较高，可能产生穿晶断裂。晶粒度对钢材强度的影响与温度密切相关。常温下细晶粒对强度有利，而高温时晶粒粗一些对强度有利。

(2) 耐热钢的组织稳定性

钢材在高温下长期工作时，由于原子的扩散，其组织结构也要发生变化。温度越高，高温下运行的时间越长，原子扩散能力就增强，钢的组织结构变化就越大。组织结构的变化，必然引起力学性能的改变。

① 碳化物的球化

碳化物的球化指珠光体中的碳化物由片状逐渐转变为球状，也称为珠光体的球化。珠光体中的片状渗碳体表面积较大，具有较大的表面能量，存在着从较高能量状态向较低能量状态转变的趋势。在常温或温度较低时，原子活动能量较弱，一般难以完成上述转变，片状碳化物比较稳定。但是，在高温和应力的长期作用下，原子活动能力增强，扩散速度也增大，碳化物从片状向球状的转变便成为可能。20钢及15CrMo、12Cr1MoV等低合金耐热钢制造的锅炉管道，经长期运行后，就会出现碳化物的球化现象。

球化过程包括碳化物从片状转变为球状和球状粒子长大两个过程。由于晶界上的原子扩散速度大，所以球状碳化物优先在晶界上析出。温度越高或高温下运行时间越长，晶界上的球状碳化物也越多。而且，珠光体区域中所形成的球状碳化物也有向晶界聚集的倾向。球化现象严重时，珠光体的区域形态完全消失，球状的碳化物聚集在铁素体晶界上称为链状组织。

钢中的碳化物球化后，钢的蠕变强度和持久强化会下降。球化现象越严重，高温性能就越差。实验证明，12Cr1MoV钢完全球化后，持久强度降低约三分之一。钢的持久强度下降后，其承载能力就相应地减少。在火电厂中，锅炉钢管严重球化极易引发爆管事故。

② 石墨化

在高温和应力的长期作用下，碳钢和合金耐热钢组织中的渗碳体易分解为铁和石墨，这个分解过程称为石墨化。

$$Fe_3C \longrightarrow 3Fe + C(石墨)$$

上式中的C以游离状态聚集于钢中。由于石墨的强度和塑性几乎等于零，可将钢中的石墨认为是孔洞和裂纹，造成钢材内部应力集中，显著降低钢材的强度和塑性，并由此引起事故。如国内某热电厂采用碳钢制造过热器管子，规定的工作温度是450℃，但超温至500℃运行不到200h，就因石墨化而发生爆管。

钢材的化学成分对石墨化的影响很大。铝和硅可以促进石墨化；铬、钛、铌、钒等碳化物形成元素可以有效地抑制石墨化，其中铬元素效果最好。

③ 固溶体中合金元素的贫化

在高温和应力的长期作用下，耐热钢由于原子扩散能力增强，将导致合金元素在固溶体和碳化物之间的重新分配。合金元素重新分配的特点是：固溶体中合金元素逐渐减少，而碳化物中合金元素逐渐增加，于是出现了固溶体中合金元素贫化的现象。固溶体中合金元素贫化后，钢的蠕变强度和持久强度将要降低。

固溶体中合金元素的贫化和原子的扩散过程有关。若钢中加入能延缓扩散过程的合金元素，就能提高固溶体的稳定性，减少固溶体合金元素贫化的程度。钢中如加入强碳化物形成元素，如W、V、Nb、Ti等，就能起到稳定固溶体，阻碍合金元素从固溶体向碳化物迁移作用。

(3) 耐热钢的强化原理

耐热钢的高温强度主要取决于固溶体的强度、晶界强度和碳化物的强度。钢中加入合金元素就是为了使这三者强化。

① 固溶体强化

低合金耐热钢的组织以固溶体为基体。提高固溶体的强度，增加固溶体的组织稳定性，能有效提高耐热钢的高温性能。

加入合金元素，增加原子之间的结合力，可使固溶体强化。此外，外来原子溶入固溶体使晶格畸变，也能提高强度。某些元素可以提高再结晶温度，延缓再结晶过程的进行，从而增加了组织稳定性，也可以提高强度。

② 晶界强化

晶界强度在高温时降低的速度很快，使得晶界成为薄弱部分，易于在此产生裂纹导致断裂。所以，增加晶界强度，可以提高耐热钢高温强度。

耐热钢中加入微量的硼、锆或稀土元素后，可以提高晶界强度。这些元素易于在晶界偏聚，能填充晶界上的空位，使原子排列较为致密，减缓晶界处的扩散过程。在冶炼时，这些元素还能起到除去气体和硫、磷等有害杂质，净化晶界而提高钢的高温性能作用。

③ 碳化物的弥散硬化

碳化物弥散硬化的强化效果非常显著，是提高钢高温性能有效的手段。碳化物相沉淀在位错上，能钉扎位错，抑制位错的攀移，进而显著地提高钢的强度和硬度。

碳化物的弥散硬化，主要取决于碳化物的硬度、稳定性、形状、颗粒大小和分布状况等。钒、铌、钛元素的碳化物，在钢中呈细小颗粒的弥散分布，这些碳化物硬度高、稳定性好，高温不易聚集长大，具有较好的弥散硬化效果。

(4) 合金元素的作用

a. C。碳对钢的力学性能影响很大。随着含碳量的增加，钢的室温强度提高，塑性下降，碳对钢的高温性能影响比较复杂。随着含碳量的增加，钢的抗蠕变性能会减低，而且，在高温下长期使用，其蠕变速度要加快。因为含碳量多，高温下从固溶体中析出的碳化物增加，会使固溶体中的合金元素贫化，降低热强性。但是含碳量不宜过低，否则强度就太低了。

b. Cr。铬的氧化物 Cr_2O_3 较为致密，可有效阻止钢进一步的氧化。钢中含铬量越高，钢的抗氧化性就越好。同时，铬固溶于铁素体中，可以增加铁素体强度，提高组织稳定性。

c. Mo。钼是耐热钢中强化固溶体的主要元素。钼溶入铁素体中可使原子间结合力增大，导致晶格畸变，因而提高钢的强度。钼的熔点为 2625℃，溶入钢中可以提高钢的再结晶温度，进一步提高钢的高温强度。

d. V。钒是强碳化物形成元素，在钢中可形成细小、均匀、高度弥散分布的碳化物和氮化物颗粒。这些化合物在 550~600℃ 之间比较稳定，可以有效地提高钢的持久强度和抗蠕变能力。

e. Ti 和 Nb。均是强碳化物形成元素，其碳化物的强度和稳定性比 VC 高。钛和铌与碳的亲和力较大，可有效防止或减少固溶体中钼和铬的贫化，也可以防止不锈钢的晶界腐蚀。钛和铌通常与钼和铬元素一起复合加入钢中。

f. B 和稀土元素。硼和稀土元素都可以提高晶界强度，但如果加入量过多，会严重降低钢的热加工工艺性能。

g. Al 和 Si。均能显著提高钢的抗氧化性，但也能促进石墨化，加入量要予以控制。

h. Ni。可以增加钢的淬透性，扩大奥氏体区。

金属的抗氧化性指标是以单位时间内单位面积上质量增加或减少的数值表示。在钢中加热足够的 Cr、Al 等元素，可在表面生成高熔点氧化膜，避免高温下的继续腐蚀。如钢中含 15%Cr，抗氧化温度可达 900℃。

金属的蠕变抗力越大，则高温强度越高。蠕变极限 $\sigma_{1/300}^{700}$ 表示 700℃下，经过 300h，产生 1% 变形量的应力。对于不考虑变形量大小而只要求一定应力下具有一定寿命的零件（锅炉钢管等），则采用持久强度，如 $\sigma_{10^5}^{500}$ 表示 500℃下，经 100000h 发生断裂的应力。在钢中加入 Mo、W、V 等合金元素，可以减缓在高温下的软化过程，增强抗蠕变能力。

(5) 耐热钢的分类

根据小截面样品正火后的金相组织，耐热钢有以下种类。

① 珠光体耐热钢

珠光体耐热钢中所加入的合金元素主要有 Cr、Mo、V，其重量一般控制在 5%以下，也称为低合金耐热钢，组织为铁素体和珠光体。如正火时冷速较快，或合金元素含量较高，合金种类较多，其组织为铁素体和贝氏体。

Cr-Mo、Cr-Mo-V 系珠光体耐热钢，在火电厂热力设备中应力较为广泛。较常用的钢种有 12CrMo、15CrMo、12CrMoV、12Cr1MoV 等。合金元素含量较低的 Cr-No 钢可用于 500~510℃ 以下的蒸汽管道、联箱等部件及 540~550℃ 以下的锅炉受热面管子；合金元素含量较高的 Cr-Mo、Cr-Mo-V 钢可用于 550℃ 以下的汽轮机主轴、叶轮、汽缸、隔板及高温紧固件等。若温度过高，超过上述范围，则材料的组织不稳定加剧，高温氧化速度增加，持久强度显著下降。为进一步提高使用温度，可在上述钢基础上提高铬含量并添加钛、硼等多种合金元素，如 12Cr3MoVSiTiB、12Cr2MoWVB，其使用温度可达 600～620℃。

② 马氏体耐热钢

钢中加入较多的合金元素，使得等温转变曲线强烈右移，在空冷时获得马氏体组织，即为马氏体耐热钢。应用最高的马氏体耐热钢为 Cr13，既有较高的热强性，又具有较好的耐腐蚀性能。为提高 Cr13 型耐热钢热强性，可添加 Mo、W、V、B 等合金元素，如 1Cr12MoWV、1Cr12WMoNbVB 等，可作汽轮机末级叶片。

③ 铁素体耐热钢

钢中加入较多的 Cr、Al、Si 等缩小奥氏体区的合金元素，使钢具有单相的铁素体组织，即为铁素体耐热钢，常用的有 1Cr25Si2、1Cr25Ti，这类钢在表面可生成致密的氧化薄膜，起到抗高温氧化作用，但热强性较差，脆性大。因此，铁素体耐热钢不宜制作受冲击载荷的零件，可用于受力不大的构件，如锅炉吹灰器、过热器吊架、热交换器等。

④ 珠光体-马氏体型耐热钢

这类钢含有 Cr、Mo、Si 等，在加热及冷却时，发生 $\gamma \leftrightarrow \alpha$ 相变。在正火状态下，组织为马氏体+珠光体。这类钢膨胀系数小，制造和使用中变形小，工艺性能比奥氏体钢好，同时通过热处理可在较大范围内调控性能。

根据含铬量多少，可分为低铬、中铬和高铬钢。

低铬钢含有较少量的铬、钼、钨、钒等来改善热强性，一般在正火（淬火）+高温回火状态下使用。

中铬钢是含碳较高（0.35%～0.5%）的铬硅钢，具有较高强度、耐磨性和高温强度，通常在淬火+高温回火状态下使用。

高铬钢是 Cr13 基础上加入少量的 Mo、Ni、V、W、Nb 等元素形成的耐热钢。Mo、W 可以提高基体再结晶温度，改善蠕变抗力，同时可形成稳定合金碳化物，强化基体，使钢在 500℃ 下具有良好的蠕变抗力。一般在淬火+高温回火态下使用。

⑤ 奥氏体耐热钢

钢中加入的合金元素，既使得等温曲线右移，又使 M_s 线至室温以下，正火后得到奥氏体组织，即为奥氏体钢。奥氏体晶格致密度高，原子间结合力大，合金元素扩散缓慢，因此奥氏体耐热钢热强性高，还有一定的韧性和良好焊接性能，其单相奥氏体组织，又有良好的耐腐蚀性能。

奥氏体耐热钢一般利用弥散分布、高温下不易聚集长大的碳化物或金属间化合物来强化钢材，它的高温强度比珠光体-马氏体耐热钢要高，工作温度可达 650～700℃。由于含铬量高，钢的抗氧化性能好。同时，它还具有良好的塑性变形能力和焊接性能，但切削加工性能不好。

18-8 型不锈钢，如 1Cr18Ni9Ti，是一种应用较为广泛的奥氏体耐热钢，其具有良好的高温抗氧化性，抗氧化温度可达 700～900℃，在 600℃ 具有足够的热强性，可用于制造 600℃ 以下的锅炉过热器管道、主蒸汽管，汽轮机导管，阀体等构件。4Cr14Ni14W2Mo 钢具有更高的热强性和组织稳定性，常用于 650℃ 以下锅炉、汽轮机的过热器管、主蒸汽管及其他重要零件。

一般而言，在 300℃ 以下以普通结构钢的强度最高；在 300～600℃ 范围内以珠光体-马氏体型耐热钢较合适；在 600～800℃ 之间，须选用奥氏体型耐热钢；在 800～1000℃ 之间，应选用镍基合金；如果温度更高，则只有钼基合金和金属陶瓷材料才能满足要求。

5.5.4 耐磨钢

磨损是机器零部件在工作中难以避免的一种损坏现象，也是零件失效的主要原因之一。磨损是指两物体做相对运动时，物体表面物质不断损耗或发生塑性变形的现象。零件磨损后，往往改变原来的尺寸或形状，失去精密度，严重磨损的零件将无法继续使用。因此，分析磨损失效的原因，探求防止磨损的方法，开发具有一定的耐磨性、强度和韧性，可在冲击负荷下工作的耐磨材料，是一项重要的工作。

(1) 高锰钢

1882 年，英国 Hadfield 研制出高碳高锰奥氏体耐磨钢，并在 1892 年应用于电车轨道道岔，耐磨钢经过长达百年的使用，其成分基本未变。耐磨钢主要指在冲击载荷下发生加工硬化的高锰钢，可用于承受强烈冲击和严重磨损的零件，如坦克履带、铁路分道道岔等。

① 化学成分

高锰钢含碳量为 1.0%～1.3%，含锰量为 11%～14%（Mn/C=10～12），其牌号为 ZGMn13。锰是扩大奥氏体区的元素，高锰钢在室温下为奥氏体组织。由于高锰钢的奥氏体组织在变形过程中会通过相变转变为马氏体，因此高锰钢具有优良的耐磨性。但也导致其机械加工困难，一般采用铸造成型。表 5-17 为《奥氏体锰钢铸件》GB/T 5680—2010 中含 Mn13%的铸造高锰钢牌号及化学成分。

表 5-17 含 Mn13%奥氏体锰钢铸件的牌号及化学成分（摘自 GB/T 5680—2010）

牌号	化学成分质量分数/%								
	C	Si	Mn	P	S	Cr	Mo	Ni	W
ZG110Mn13Mo1	0.72～1.35	0.3～0.9	11～14	≤0.060	≤0.040	—	0.9～1.2	—	—
ZG100Mn13	0.90～1.05	0.3～0.9	11～14	≤0.060	≤0.040	—	—	—	—
ZG120Mn13	1.05～1.35	0.3～0.9	11～14	≤0.060	≤0.040	—	—	—	—
ZG120Mn13Cr2	1.05～1.35	0.3～0.9	11～14	≤0.060	≤0.040	1.5～2.5	—	—	—
ZG120Mn13W1	1.05～1.35	0.3～0.9	11～14	≤0.060	≤0.040	—	—	—	0.5～1.2
ZG120Mn13Ni3	1.05～1.35	0.3～0.9	11～14	≤0.060	≤0.040	—	—	3～4	—

注：允许加入微量 V、Ti、Nb、B 和 RE 等元素。

② 热处理

高锰钢只有在全部获得奥氏体组织时才呈现出良好的韧性和耐磨性，并充分发挥较强加工硬化的特性。为此，高锰钢一般采用水韧处理，即将高锰钢加热到 1000～1100℃，保温一定时间，使得碳化物完全溶入奥氏体中，然后迅速在水中冷却。由于冷却快，碳化物来不及析出，得到均匀单相奥氏体组织。此时钢的硬度很低，HB 在 180～220 之间，而韧性很高。高锰钢水韧处理后不可回火，否则碳化物会沿奥氏体晶界析出，使钢变脆。为了防止淬火裂纹，应把铸件壁厚设计得比较均匀。

在使用高锰钢制件中，如果其受到的冲击力不大时，其耐磨性并不比硬度相同的其他钢种好。如喷砂机的喷嘴，选用高锰钢或碳钢制造，其使用寿命没有明显差别，因为喷砂机的喷嘴所通过的小砂粒并不能引起高锰钢的加工硬化。因此，喷砂机喷嘴就不用选择高锰钢。

为了进一步提高高锰钢的耐磨性，在高锰钢中添加了 Cr、Mo、V、Ti 等元素，既可以强化奥氏体基体，还能得到弥散分布的碳化物硬质点，这样既提高了钢的强度和硬度，也提高了钢的加工硬化能力及抗疲劳破坏能力，增加钢的耐磨性，同时还可以降低含锰量至 6%左右，做成中锰钢。由于锰含量减少，降低了奥氏体的稳定性，提高了在低冲击负荷条件下的加工硬化能力，因此，在一些非强烈冲击载荷情况下，选用中锰钢更为合适，如用中锰钢制作的衬板，寿命比高锰钢提高约 50%，且成本因低锰量而有所降低。

(2) 低合金耐磨钢

高锰钢是传统的耐磨材料，但其耐磨性取决于工况，在冲击严重、应力较大的条件下，高锰钢是极好的耐磨材料。但在冲击不大、应力较小的工作条件下，高锰钢的优越性体现不出，耐磨性并不高，可用低合金耐磨钢替代高锰钢耐磨损的零部件。基体组织对钢的耐磨性起着重要的作用，其抗磨损能力按铁素体、珠光体、贝氏体和马氏体的顺序递增，而合金元素及碳化物也强烈影响着钢的耐磨性能。

低合金耐磨钢的含碳量视工作条件而定，对耐磨性要求高而韧性要求不太高的，含碳量可高些；若对韧性要求高的，含碳量可降低一些。

加入的合金元素可增加淬透性、强化基体、细化晶粒，有些则形成弥散分布的碳化物，常用的元素有 Cr、Mn、Si、Mo、Ti、B、RE 等。合金元素对耐磨行为的影响可大致归纳如下。

① 形成固溶体的合金元素可以强化基体，提高耐磨性。

② 形成碳化物的合金元素对耐磨性的影响取决于碳化物的晶格类型、硬度及体积分数，如表 5-18 所示。

表 5-18 耐磨钢常用碳化物晶体结构及硬度

碳化物类型	晶体结构	硬度（HV）
Fe_3C	斜方	1150～1340
M_3C	斜方	1150～1170
M_3C_3	密排六方	1800～2800
$M_{23}C_6$	六方	1000～1800
M_2C	密排六方	1800～3050
M_6C	立方	1600～2300
WC	密排六方	2400～2740
W_2C	密排六方	3000
VC	立方	2500～2800
TiC	立方	3200

③ 在基体组织一定、硬度水平相当条件下，钢的耐磨性随碳化物颗粒尺寸增加而提高。

45Mn2、45Mn2B、40CrMnSiMoRe、60Cr2MnSiRe 等钢种，可用于煤粉制备系统中的易磨损件。表 5-19 给出了常见低合金耐磨钢特性及用途。

表 5-19 常见低合金耐磨钢特性及用途

钢号	特性	热处理	用途举例
65Mn	较高强度、硬度，耐磨性好，淬透性高	淬火+回火	农业机械中的耐磨件，如耙片、锄草机刀、旋耕刀等
40Mn2 45Mn2 50Mn2	综合力学性能较好，淬透性高，有过热倾向及回火脆性	淬火+回火	制造轴、齿轮零件，拖拉机的支重轮、导向轮，钻探机械的锁结头等
42SiMn 50SiMn	综合力学性能较好，淬透性高，耐磨性好，有过热倾向及回火脆性	淬火+回火	制造截面较大的齿轮、轴，如拖拉机的驱动轮、导向轮，矿山机械的齿轮
55SiMnRE 65SiMnRE	较高强度、耐磨性，良好抗氧化脱碳能力，淬透性高，回火稳定性好	淬火+回火	犁铧

续表

钢号	特性	热处理	用途举例
20CrMo	较高强度，淬透性好，无回火脆性，焊接性好，可切削及冷成形	渗碳、淬火	泥浆泵活塞杆、推土机销套等
40SiMn2	较高综合力学性能，淬透性和耐磨性好，有回火脆性	调质	拖拉机、推土机履带板
41Mn2SiRE	韧性高，耐磨性好，热处理工艺性好	淬火+回火	大型履带式拖拉机履带板
31Si2CrMoB	良好强韧性，耐磨性好	淬火+回火	推土机刀刃
25Cr5Cu	良好耐磨耐蚀性		水轮机叶片等
36CuPCr 55PV	良好耐磨耐蚀性		煤矿井、冶金矿山铁道轻轨

5.6 超高强韧钢

超高强韧钢的屈服强度一般超过1.3GPa，抗拉强度大于1.5GPa，是为了适应构件小型化、轻量化和高功能化的要求而开发的钢种。由于其高强、高韧、高疲劳强度和良好耐摩擦磨损能力，广泛应用于冶金、矿山、电力、造船、航空航天等各工业领域的关键承力构件中。目前超高强度钢在战斗机中的用量约占飞机总质量的5%～8%，大多用在关键部位，如飞机起落架、直升机旋翼轴等，是航空制造业必不可少的材料。

5.6.1 传统超高强韧合金钢

按照化学成分及组织性能的不同，传统超高强合金钢可划分为：低合金超高强度钢，中高合金二次硬化超高强度钢，超低碳马氏体时效超高强度钢及沉淀硬化超高强度不锈钢。

(1) 低合金超高强度钢

低合金超高强度钢是在调质钢基础上发展起来的合金钢，合金含量低于5%，经济性好，强度高，热加工工艺简单，但屈强比和韧性较低，可应用于飞机起落架、发动机轴、高强度螺栓、固体火箭发动机壳体和化工高压容器等领域。

低合金超高强度钢的碳含量为0.25%～0.60%，低于0.25%时，韧性较高，强度达不到要求；而高于0.60%后，强度很高，但韧性很低，焊接性能也差，难以广泛应用。钢中加入的合金元素主要有Ni、Cr、Mo、Si、V等，其作用是保证钢拥有高的淬透性，增加回火稳定性和细化晶粒改善力学性能。低合金超高强度钢的热处理制度为淬火加低温回火，或等温淬火工艺，得到的组织为回火马氏体加上弥散分布的碳化物组织。

美国的AISI4130、AISI4140和AISI4340系列合金钢是早期低合金超高强度钢的代表。AISI4130是最早研发的超高强度合金钢，热处理为调质处理，屈服强度和抗拉强度分别为880MPa和980MPa。为了进一步提高强度，在4130钢的基础上增加C含量至0.4%，同时加入少量的Ni、Mo，形成了4340钢。以后，大多数低合金超高强度钢都是在4130和4340基础上不断改进的。由于低合金碳钢含碳量较高，淬火后的强度很高，但韧性差，需进行低温回火处理。当含碳量低于0.5%，回火马氏体基体上分布着弥散的第二相颗粒，韧性好；而当含碳量大于0.5%，易于在原始奥氏体晶界发生脆性沿晶断裂。因此，低合金超高强度钢的含碳量低于0.5%。

研究发现Si对于低合金超高强度钢可以进一步提高低合金超高强度钢的韧性，为300M钢的研发奠定了基础。1952 年，美国在 4340 钢的基础上添加 1.5%～2.0%的 Si 并略微调整 V 含量，开发出 300M 钢。300M 钢可在较宽的温度区间进行回火而不降低强度，扩大了回火温度范围，抑制了马氏体回火脆性。300M 的抗拉强度达 2GPa，并具备适当的塑性和一定程度上的耐蚀性能，被广泛应用于制作飞机起落架构件和压力容器。300M 的组织形态由淬火温度决定，包含板条马氏体、下贝氏体、残余奥氏体、残余奥氏体和少量孪晶马氏体。

我国从 20 世纪 50 年代开始了低合金超高强度钢的研发，创造性开发出一系列的低合金超高强度钢种，覆盖低端到高端，其中，40CrMnSiMoVA 是我国开发的一种典型低合金超高强度钢，经低温等温淬火后的组织主要有板条马氏体、少量孪晶马氏体和球状 ε-碳化物，板条间多分布有残余奥氏体。而在 M_s 点温度附近等温时产生较多的残余奥氏体，其形态强烈影响合金的强韧性。块状残余奥氏体不稳定，在变形过程中分解为未退火马氏体，降低强度和韧性；而当残余奥氏体以薄膜形态存在于马氏体、贝氏体层片间时，可作为韧性相，使得板条间易于相对滑移，缓解裂纹尖端应力集中，对强韧性有利。

(2) 高合金超高强度钢

中高合金超高强度钢为二次硬化钢，含有 Cr、Mo、V、Ti、Nb 等碳化物，淬火后在 500～600℃之间回火，硬度不降低反而升高。由于中合金超高强度钢与低合金超高强度钢有类似缺点，及韧性和抗应力腐蚀能力差，不能完全满足航空航天和高压容器的要求，应用较少，这里不再介绍。

高合金超高合金钢的合金元素含量大于 10%，含有较多的 Ni 和 Co 元素，可以显著提高强度和韧性。Ni-Co 系二次硬化型超高强度钢有 AF1410 钢和 AerMet100 钢。AF1410 钢经 510℃时效后屈服强度达到 1.6GPa，断裂韧性超过 $150MPa·m^{1/2}$。该钢主要用于制造飞机的关键受力构件，如起落架和着陆钩等。随后，在 AF1410 钢基础上开发了由 C、Cr、Mo 通过析出与基体共格的 M_2C 析出物以实现强化的 AerMet100 钢。其中，C 是碳化物形成元素，可显著提升强度，但降低韧性和工艺性能；Mo 和 Cr 可以具有强烈的碳化物形成倾向，在回火过程中是形成二次碳化物的主要元素。AerMet100 钢的抗拉强度不低于 1.9GPa，断裂韧性大于 $110MPa·m^{1/2}$，在航空装备中得到广泛应用。用 AerMet 100 钢代替 300M 钢制造飞机起落架，可以克服 300M 钢的低断裂韧性和对应力腐蚀开裂敏感等缺点。

二次硬化超高强度钢的高强度源自合金马氏体在高温回火时回火碳化物的脱溶与残余奥氏体的二次淬火。合金碳化物在析出时的组成是不确定的，其点阵常数随合金成分而改变并影响碳化物与基体的共格关系。当二次硬化达到最大时，钢的韧性最差；过时效可以提高钢的韧性但降低强度。通过合理调整合金成分及热处理工艺，可以获得较好的强化和韧性，如 Co 可以提高 Fe-Ni-Mo-C 钢 M_2C 的形核率，细化 M_2C。

(3) 马氏体时效超高强度钢

马氏体时效超高强度合金钢以无碳（或微碳）马氏体为基体，时效产生金属间化合物强化的合金钢。马氏体时效钢以 Fe-Ni 为基础，同时加入 Co、Mo、Ti，碳含量极低。碳对于该钢材的强度没有任何贡献，而是依靠时效过程在基体上析出金属间化合物（Ni_3Mo）强化合金。大量的合金元素减缓了奥氏体分解，也可降低马氏体相变开始点（Ni），合金空冷即可获得细小的板条马氏体。相较于传统的含碳马氏体，该合金马氏体软而韧，硬度为 30～32HRC。但随后的时效处理导致金属间化合物的析出，达到硬化作用，硬度可到 50HRC 以上。这种低碳、高镍成分保证了马氏体时效钢的良好韧性，但其刚性不足，尤为重要的是，其化学成分的微小变化将引起力学性能的显著波动，不利于其工业应用。常用的 18Ni 马氏体时效超高强度钢中含有 9%的 Co 元素，而我国 Co 资源缺乏，因此，我国在 18Ni 基础上，取消 Co 元素，提高了 Ni、Ti 含量，开发出 T250

马氏体时效钢,其屈服强度为1655MPa,抗拉强度为1760MPa,断裂韧性大于80MPa·m$^{1/2}$,成为制造固体发动机壳体的新一代材料。

(4) 沉淀硬化超高强度不锈钢

为了提高超高强度钢的耐蚀性能,在马氏体时效超高强度钢的基础上开发了含Cr大于12%的沉淀硬化(precipitation hardening, PH)超高强度不锈钢。它们含有较多的Cr、Ni及一定量的Mo、Co、Ti、Ni、Al等合金元素,含碳量极低。沉淀硬化超高强度不锈钢的高强度和良好韧性源于马氏体基体上均匀、细小弥散分布的金属间化合物(NiAl、Ni$_3$Ti、Laves相)析出颗粒。热处理工艺为高温淬火+中温时效,时效温度为400~600℃。

第一代沉淀硬化不锈钢(PH 7-4、PH15-5)的强度一般为1300MPa,主要用于制造耐蚀的高强度部件,如喷气发动机压气机机闸,大型汽轮机末级叶片等。在此基础上,通过提高Ni、Al的含量,开发出第二代沉淀硬化不锈钢(Custom465)。虽然该合金的耐蚀性能得到提高,但大量使用的Ni、Cr合金元素导致其成本过高。为了降低成本,新一代的沉淀硬化超高强度不锈钢Ferrium S53将Cr、Ni含量分别降低10%和5.5%,适度提高C、Co的含量,达到了与300M钢的强度,同时又具备优良的耐腐蚀性能。我国也在沉淀超高强度不锈钢领域取得了突出的成果,如13Cr-8Ni-7Co-3Mo-2Ti的强度达到1920MPa,断裂韧性为80MPa·m$^{1/2}$,耐蚀性能优于PH15-5钢。

低合金超高强度钢经济适用,工艺简单,但韧性和耐蚀性能不足,应用过程中易于发生脆性失效。同时,其为中碳钢,热处理过程中存在脱碳问题,并恶化钢板焊接性能。高合金二次硬化钢、马氏体时效钢和沉淀硬化超高强度不锈钢具有很高的强度、韧性、抗疲劳能力和良好的耐蚀性,但大量的合金元素大幅度提高了钢材成本,易于引起偏析,因此,需要开发新型超高强度合金钢。

5.6.2 新型超高强度合金钢

(1) 新型马氏体时效超高强度钢

传统马氏体时效钢中的析出相主要为六方晶系的η-Ni$_3$Ti和正交晶系δ-Ni$_3$Mo,这两种析出相与马氏体基体为半共格或非共格,由于它们在形核过程中需要的界面能较高,一般趋向于在晶体缺陷处形核,如晶界、位错或层错。析出相与基体之间较大的差异可以提高强度,但也易于造成应力集中,诱发裂纹萌生,严重恶化材料的韧性。同时,析出相与基体结构上过大的差异导致析出过程中存在很高的形核势垒,使得析出相的密度降低,无法进一步提高强度。

新一代马氏体时效超高强度钢利用高密度和最小晶格错配度的Ni(Al, Fe)共格纳米粒子强化,抗拉强度达2.2GPa,延伸率为8%。该钢种最大限度地减小了析出相与基体的错配度,降低了析出相的形核势垒,促使高密度的析出相均匀弥散分布,提高了强度;同时,共格界面有效缓解了析出相周围的弹性畸变,改善了塑性。

(2) 纳米贝氏体超高强度钢

贝氏体钢具有较高强度和良好韧性,纳米贝氏体钢利用Si对碳化物析出的抑制作用,可以获得优异的强韧性。纳米贝氏体铁素体板条间析出的不是碳化物,而是残余奥氏体薄膜,其抗拉强度为1.77~2.20GPa,屈服强度为1.5GPa,断裂韧性为40MPa·m$^{1/2}$。纳米贝氏体钢在低温贝氏体区间220℃长时间等温32h,可获得20~100nm的铁素体板条和板条间富C的残余奥氏体。强化来源于纳米尺寸的铁素体板条引起的细晶强化,固溶大量C引起的固溶强化,铁素体中大量位错密度导致的位错强化;而残余奥氏体保证了良好的塑性。但是,纳米贝氏体钢低温贝氏体转变时间过长,大幅度提高了成本,难以大规模应用。

(3) 高位错密度诱发大塑性变形-配分钢

根据 Taylor 强化模型,金属材料的强度随位错密度单调增加,但塑性反而降低。如果存在高密度的可动位错,情况将有所不同。目前开发的 10Mn-0.47C-2Al-0.7V 中锰超级钢,不含 Cr、Ni、Mo 等昂贵合金。中锰钢经热轧、温轧、两相区退火、冷轧加低温回火工艺后,形成亚稳奥氏体板条镶嵌在高位错密度马氏体基体中,马氏体中的位错密度高达 $10^{16}m^{-2}$ 量级,比传统淬火马氏体中的位错密度高出约 2 个数量级。变形时,高密度的位错保证材料获得高达 2.2GPa 的强度;同时由于大量可动位错的滑移及残余奥氏体的相变诱导塑性和孪晶诱导塑性保证材料的延伸率达 16%。

(4) 复合析出纳米相超高强韧钢

钢中析出相粒子对位错的钉扎作用主要有两种机制:切过与绕过。当析出相细小,与基体保持共格关系时,位错切过析出相;当析出相长大时,与基体脱离共格关系,位错绕过析出相。传统的超高强度钢中的析出相多为合金碳化物、单相半共格或非共格的金属间化合物,这些析出相可以提供高的第二相强化,但与基体弱的共格性会导致钢的韧性较差。可以通过控制合金的种类和配比减少析出相与基体的错配度,进而实现强度与韧性的同时提高。但要获得高共格度的析出相,需要对成分和加工工艺提出严苛的要求。此时采用 2 种及以上析出相的复合强化,就成为一个可行的方案。相对于单一类型纳米析出相,复合析出可以将具有不同成分、晶体结构和微观力学特征的多种析出相协同结合,产生显著的强韧化作用。

复合析出纳米粒子强韧钢要求精确控制各种纳米析出相的尺寸、数量和空间分布。目前,有两组纳米析出相粒子的晶体结构与铁基体有很高的共格性:一为 bcc 结构或 bcc 结构的派生结构,如 bcc-Cu、B2-NiAl、Ni_2AlMn;二为 hcp 结构,如 Ni_3Ti、Mo_2C。第一组的共格性是通过纳米析出相与 bcc-Fe 基体在立方体平面上的近似重合实现的,第二组的共格性是通过纳米析出相的密排方向和 bcc-Fe 基体的立方体方向近似重合实现的。相反的,非共格析出相,如 Fe_3C、FeCr、Fe_2Mo、Fe_2W_6,通常析出尺寸很大,没有有效强化作用,甚至可能因在晶界析出引起材料脆断,所以超高强度合金钢应尽可能避免这种析出相。目前,已开发多种复合析出纳米共格粒子的超高强度合金钢。如 Al-Co-Cr-Ni-Mo 基超高强度马氏体时效钢,通过复合析出纳米尺寸的金属间化合物 Laves 相和 β-NiAl 析出相强化,得到室温屈服强度大于 1.8GPa,抗拉强度大于 2GPa,延伸率 8%和 700MPa 下蠕变断裂时间大于 2000h 的优良机械性能,可作为喷气发动机中的低压涡轮轴材料。

目前对复合析出共格纳米粒子强化超高强度钢中,共格析出的复合纳米粒子多为同一种强化类型,即位错剪切机制,因为这种机制较容易在马氏体回火中实现。但是结合剪切机制和绕过机制的粒子析出对于提高钢的强韧性有更大的潜力。如中锰钢通过析出细小 NiAl 相(切过机制)和粗大富 Cu 相(绕过机制),其耦合析出强化贡献高达 500MPa,明显高于单一 NiAl 相的析出贡献(390MPa)。所以,结合切过机制和绕过机制的复合共格纳米粒子强化钢具有很大的工程应用潜力。

(5) 多相复合纤维组织超高强韧钢

传统超高强韧钢是通过单相马氏体组织为基体和时效形成纳米析出相获得超高强度,但强韧性一般难以同时提高,这意味着通过单相马氏体基体组织难以获得超高强度和优良韧性的匹配。在马氏体基体组织上引入足量的其他辅助相,形成复合组织,通过马氏体组织保证超高强度,而辅助相抑制裂纹萌生和扩展,提高钢的塑韧性。

通过合适的合金设计,可以获得马氏体与奥氏体的双相组织。如 Fe-0.5C-1.2Mn-1.2Si-1Ni-0.2Nb 钢,基于 Q&P 工艺采用了新的淬火-配分-回火(Q-P-T)工艺,钢的拉伸强度大于 2GPa,延伸率大于 10 %。其高强度源于硬相马氏体与软相奥氏体复合存在的双峰结构,并伴有细小的含铌碳化物。室温下稳定存在的残余奥氏体和马氏体的软化提高钢的延伸率。

通过调整热处理工艺，不仅可以得到板条马氏体和残余奥氏体组成的双相显微组织，还可以得到贝氏体、马氏体和残余奥氏体组成的三相微观组织。如将 Q&P 或者 Q-P-T 过程与贝氏体转变相结合，开发出新的贝氏体淬火加配分工艺，可将其应用于中碳 Mn-Si-Cr 合金钢中。在 Q&P 或 Q-P-T 过程的最初淬火阶段形成的无碳化物贝氏体和马氏体，分割奥氏体晶粒并减小未转化块状奥氏体尺寸。随后的配分过程中，马氏体中的碳向周围的奥氏体扩散，最终形成板条贝氏体铁素体、马氏体和薄膜奥氏体组成的三相复合组织。该组织可以获得抗拉强度 1688MPa，延伸率 25%，–40℃冲击韧性 48J/cm²。

与传统超高强度钢相比，新型超高强度钢虽然具有高强高韧等优点，但在制备和研发过程中仍然存在各种问题。如纳米贝氏体钢需要在低温下进行长达数天的贝氏体转变，在实际生产中效率较低。如果要加快贝氏体转变，需要在钢中加入 Cr、Co、Ni 等昂贵合金元素，引起生产成本的增加；另外，贝氏体相变要求的温度工艺窗口较窄，操作比较困难，尤其是对于大尺寸工件难以适用。高密度可动位错变形-配分钢中，正确控制每一步变形和热处理参数是得到高密度可动位错的关键因素，因此需要采用难度较高的大载荷下轧制和对形变过程的严格设计。多相组织钢和复合析出纳米粒子钢的化学成分的微小变化都会引起合金钢显微组织和复合粒子成分与析出顺序的不同。而且多相组织与复合纳米粒子之间的交互作用异常复杂，对其理解也并不清楚透彻。只有在解决上述问题后，新型超高强度钢才会获得大规模工业应用。

思考题

1. 高、中、低合金钢如何区分？
2. 分别说明 60Si2Mn、GCr15、1Cr13 牌号的意义？
3. 硫、磷在易切削钢中有什么作用？
4. 渗碳钢渗碳处理后，为什么还要淬火处理？
5. 为了保证量具的精度，一般采用何种热处理？
6. 铬为什么是不锈钢中的重要元素？
7. 什么是 Cr 当量，什么是 Ni 当量，有什么意义？
8. 说明奥氏体不锈钢晶界腐蚀机理及预防措施。
9. Cu 为什么可以有效提高钢材耐大气腐蚀性能？
10. 磷在钢材耐大气腐蚀中有什么作用？
11. 什么是等温强度？
12. 什么是水韧处理？
13. 说明高锰钢的耐磨机理。
14. 海洋结构腐蚀带包含哪些？
15. 说明钢材的石墨化过程及危害。

第6章 铸铁

铸铁是含碳量大于2.11%的铁基合金，并含有较多硅、锰、硫、磷等元素。其生产工艺简单，成本低廉，性能优良，被广泛应用于机械制造、冶金、矿山、交通运输、建筑和国防等工业部门，是应用最广泛的一类铸造金属材料。

根据碳在铸铁中的存在形态，通常可将铸铁分为白口铸铁，灰铸铁，球墨铸铁和可锻铸铁。其中白口铸铁的碳多以碳化物形式存在，断口呈银白色。白口铸铁硬而脆，难以加工，在工程中应用有限，多用在抗磨领域，如球磨机的衬板和磨球，喷丸机的叶片等。而当铸铁中的碳以石墨形态存在时，断口呈灰色，称为灰口铸铁。灰口铸铁中大约含有 12%～14%（体积）石墨，石墨按形态分类，有片状、蠕虫状、球状和团絮状等。灰口铸铁在工程中得到广泛应用，是本章主要讲述部分。而当石墨和碳化物共存于铸铁中时，断口呈灰白相间的麻点，称为麻口铸铁，性能不好，应用范围极小。

6.1 铸铁中的石墨化过程

（1）铁碳合金双重相图

碳在铸铁中一般有三种存在形式。

a. 固溶于金属基体。碳可以以间隙原子方式固溶于δ铁素体、奥氏体和α铁素体中，碳在这些基体中的固溶度分别为 0.09%、2.11%和 0.0218%。

b. 快速凝固条件下，大部分碳可以与碳结合成 Fe_3C。

c. 在缓慢冷却条件下，碳有足够的时间聚集成石墨。

可以看出，碳可以形成 Fe_3C，也可以形成石墨。从热力学角度看，在一定条件下 Fe_3C 可以分解成 G（石墨），因此，石墨比 Fe_3C 更稳定；从动力学角度看，渗碳体是间隙型金属间化合物，并不要求铁原子从晶核中扩散出去，形成较为容易。由此可见，从热力学观点看，Fe-G 相图比 Fe-Fe_3C 相图稳定；从动力学观点看，Fe-Fe_3C 相图也是可能存在的。考虑到上述两种情况，铁碳合金存在两种相图，如图 6-1 所示，其中实线部分为亚稳定 Fe-Fe_3C 相图，虚线部分为稳定的 Fe-G 相图，即铁-碳双重相图。

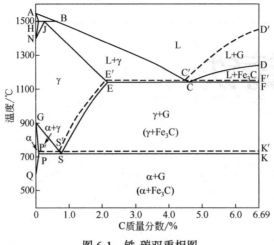

图 6-1 铁-碳双重相图

Fe-G 相图和 Fe-Fe₃C 相图的主要不同之处如下：
a. 稳定平衡的共晶点 C'的成分和温度与 C 点不同。

$$L_{C'}(4.26\% C) \xrightarrow{1154℃} \gamma_{E'}(2.08\%C) + G \tag{6-1}$$

$$L_{C'}(4.30\% C) \xrightarrow{1148℃} \gamma_{E}(2.11\%C) + Fe_3C \tag{6-2}$$

b. 稳定平衡的共析点 S' 的成分与温度与 S 点不同。

$$\gamma_{S'}(0.68\% C) \xrightarrow{738℃} \alpha_{P'} + G \tag{6-3}$$

$$\gamma_S(0.77\% C) \xrightarrow{727℃} \alpha_P + Fe_3C \tag{6-4}$$

(2) 影响铸铁中石墨化的因素

铸铁中石墨化程度直接决定了铸铁的组织的性能。影响铸铁中石墨化的因素主要有化学成分和冷却速度。

① 化学成分

能够削弱铁碳原子间的结合力，或增强铁原子自扩散能力的元素，都能促进石墨化；反之则阻碍石墨化。通常将铸铁中常见的一些元素，按照对石墨化影响的不同，分为促进石墨化和阻碍石墨化两类。

<———促进石墨化　0　阻碍石墨化———>

Al C Si Ti Ni Cu P Co Zr Nb W Mn Mo S Cr V Fe Mg

其中，Nb 是中性元素，它的左侧和右侧分别是促进石墨化和阻碍石墨化的元素，距离越远，作用越强。

铸铁一般可视为 Fe-C-Si 合金，碳和硅是铸铁中最主要的元素。碳是石墨的组成元素，含碳量越高，铁液中碳的浓度越高，促进了石墨核心的形成，但石墨也比较粗大，故不宜过高地增大碳量。硅使得铸铁的共晶点和共析点向左上方移动，降低了碳在铸铁液和固溶体中的溶解度，使得石墨容易析出；同时硅可以削弱铁碳的结合力，促使渗碳体分解。通常含碳量控制在 2.5%~4.0%，含硅量控制在 1%~2.5%。

硫强烈阻碍石墨化，还降低铸铁的机械性能和流动性，故要限制含硫量，一般小于 0.1%~0.15%。铸铁中的锰与硫有很强的化合能力，因此锰优先与硫化合成 MnS，MnS 在铁液中上浮排出，消除了硫阻碍石墨化的影响，间接起到了促进石墨化的作用；但是当锰量过高，清除了硫元素后，剩下的锰可以溶解在渗碳体中形成 (Fe·Mn)₃C 合金渗碳体，增加了铁碳结合力，起到了阻碍石墨化的作用。通常含锰量控制在 0.5%～1.4%。

② 冷却速度

铸件的冷却速度是影响石墨化的重要因素。冷却越慢，越有利于原子扩散，有利于石墨化，而快冷则阻碍石墨化。生产中冷却速度的影响常通过铸件壁厚、铸型条件和浇注温度体现出来。铸件壁厚越小，冷却速度增加，石墨变得细小，石墨化程度降低。在工艺设计中可以采用铸件模数 M 表现铸件的散热能力，$M = V/A$（V 为铸件体积，A 为铸件表面积）。浇注温度高，铁液可以把型腔加热到较高温度，降低了型壁散热能力，延缓了铸件的冷却速度。不同铸型材料有不同的导热能力，导致了不同的冷却速度。干砂型导热慢，湿砂型导热较快，金属型更快，石墨型最快。有时可以用不同导热能力的材料来调整铸件各处的冷却速度，如用冷铁加快厚壁部位的冷却速度，用热导率低的材料延缓薄壁部位的冷却速度。

(3) 铸铁中石墨的作用

石墨属于六方晶系，如图 6-2 所示，基面为 (0001) 面，柱面为 ($10\bar{1}0$) 面。基面内的原子以共价键结合，结合能为 293.1～334.9kJ/mol，大于金刚石的结合能 267.9kJ/mol。基面之间的碳原子以范德瓦耳斯力结合，结合能仅为 16.7kJ/mol。由于结合能的显著不同，石墨结构表现出很大的各项异性。一般把垂直于基面的方向称为 c 轴方向，平行于基面而垂直于柱面的方向称为 a 轴方向。

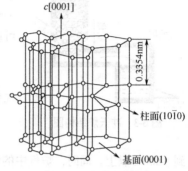

图 6-2 石墨的晶体结构

石墨结构的各项异性对性能和结晶方式影响很大。

a. 层间受到切向力作用容易滑移，因此石墨有较好的润滑作用。

b. a 轴方向存在不饱和共价键，因此平行于基面的 a 向是石墨优先生长方向，容易导致工业铁水中的石墨长成片状。

c. 在纯净铁水中，基面的界面能为 56.2J/cm^2，比柱面的界面能 433.0J/cm^2 低得多，基面强烈的表面活性使得它具有比柱面更大的生长速度，导致石墨倾向于长成球状。

铸铁中的石墨属于非金属夹杂物，强度很低，不仅减少了金属基体的承载面积，更重要的是在石墨尖端引起应力集中，显著降低灰口铸铁的抗拉强度、塑性和韧性。如果能够控制石墨形态由片状变成团絮状或球状，可以显著减轻石墨对金属基体的切割程度，使机械性能有一定程度的提高。而且，当铸铁承受压缩载荷时，石墨的不利影响较小，仅减少承载面积，应力集中较小，故表现出较高的抗压强度，适宜于制造承受压缩载荷的零件。

石墨的存在虽然降低了铸铁的机械性能，但也给铸铁带来一系列良好的其他性能。

a. 优良的铸造性能。铸铁在凝固过程中析出密度较小的石墨，造成了反常的石墨化膨胀，从而减小了铸铁的收缩率，不容易出现缩松、缩孔等缺陷。同时，铸铁熔点低，流动性好，故铸铁具有优良的铸造性能。

b. 良好的切削性能。铸铁中石墨使切屑容易脆断，同时石墨本身有润滑作用，可以减轻刀具的磨损，延长刀具寿命。

c. 较好的耐磨性和减震性。石墨具有润滑作用，而且当铸铁表面的石墨剥落后形成的孔洞可以用于储存润滑油，因此提高了铸铁的耐磨性。石墨组织较为松软，能吸收震动，同时石墨破坏了金属基体的联系性，不利于震动能量的传递，由此提高了铸铁的减震性。

d. 较低的缺口敏感性。石墨本身就相当于在金属基体中形成了许多微细的裂纹，故铸铁对其他形式的缺口不敏感，降低机械性能的幅度不大。

6.2 铸铁的熔炼

冲天炉熔炼是铸铁熔炼的主要方法之一。对冲天炉熔炼的基本要求是优质、低耗、长寿和操作便利。冲天炉的基本结构如图 6-3 所示，主要包括炉体与前炉、烟囱与除尘装置、风机及送风系统等。

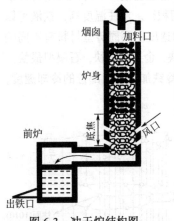

图 6-3 冲天炉结构图

冲天炉熔炼的热源来源于焦炭燃烧放出的热量。焦炭由两部分组成，一为底焦，炉底以上 1～2m 厚的焦炭层；二为层焦，它与金属炉料及熔剂分批分层加入炉内。开始送风后，空气经送风口进入炉内只与底焦层的焦炭发生燃烧反应，而层焦中的焦炭处于预热、干燥及挥发物排出阶段，不会发生燃烧。等到层焦下降进入底焦层，可以补充底焦，并开始发生燃烧反应。

在底焦层内，根据燃烧方式的不同可分为氧化带和还原带。

氧化带为风口平面至入炉空气中的氧消耗到 1%的区间。当空气由风口进入时，与焦炭发生完全燃烧反应：

$$C + O_2 = CO_2 + Q \qquad (6-5)$$

燃烧反应放出大量的热量，可使得焦块和炉气的温度急剧升高到 1800℃以上。同时，炉气中的氧含量急剧降低，CO_2 含量逐步增加。炉气带着大量的热量向上运动，进入还原带。

还原带为氧化带顶面至 CO_2 含量降低基本停止的区间。在还原带内，由于炉气温度高，CO_2 可与焦炭发生还原反应：

$$CO_2 + C = 2CO - Q \qquad (6-6)$$

该还原反应是吸热反应，导致炉气温度降低，当炉气温度降低至 1200℃左右时，还原反应基本结束。

氧化带可以提供高温，对于冲天炉熔炼是有利的，但对金属炉料有氧化作用；而还原带虽然降低炉温，但可以适当还原一部分氧化物，提高金属回收率，因此要权衡氧化带和还原带范围大小。

6.3 灰铸铁

灰铸铁的石墨呈片状，其产量占铸铁总量的 80%以上。灰铸铁的成分为：2.5%～4.0%C，1.0%～3.0%Si，0.25%～1.0%Mn，0.05%～0.5%P，0.02%～0.2%S。由于片状石墨降低了基体材料的承载面积，并在基体导致应力集中，故灰铸铁抗拉强度和弹性模量较低，但抗压强度较高，所以灰铸铁一般制作承压构件；片状石墨可以以热的形式消耗振动，具有良好的减振性能；同时由于石墨优良的润滑功能，因此，灰铸铁广泛应用于机床床身，各种壳体、缸体等。

灰铸铁牌号为 HT+最低抗拉强度。

6.3.1 组织

灰铸铁中的片状石墨是在铁液缓慢冷却时通过石墨化过程形成的，基体组织有铁素体、珠光体和铁素体+珠光体三种。为了抑制碳化物出现，并细化石墨片，需对金属液进行孕育处理，常见的孕育剂为硅铁合金。表 6-1 给出了常见灰铸铁牌号与对应的机械性能。

表 6-1 灰铸铁的牌号、力学性能及用途（GB/T 9439—2010）

牌号	铸铁类型	铸件壁厚/mm	最小抗拉强度/MPa	使用范围
HT100	铁素体	5～40	100	低载荷和不重要零件，如盖外罩、手轮、支架、重锤等
HT150	珠光体+铁素体		150	承受中等应力（抗弯应力小于 100MPa）的零件，如支柱、底座、齿轮箱、工作台、刀架、阀体、管路附件及一般无工作条件要求的零件
HT200	珠光体	5～300	200	承受较大应力（抗弯强度小于 300MPa）和较重要零件，如气缸体、齿轮、机座、飞轮、床身、缸套、活塞、刹车轮、联轴器、齿轮箱、轴承座、液压缸等
HT225			225	
HT250			250	
HT275	孕育铸铁		275	承受高弯曲应力（抗弯强度小于 500MPa）及抗拉应力的重要零件，如齿轮、凸轮、车床卡盘、剪床和压力机的机身、床身、高压液压缸、滑阀壳体等
HT300			300	
HT350			350	

灰铸铁的机械性能与铸件壁厚有关。同样牌号的铁水浇注到薄壁铸件中，冷速快，析出的石墨细小，强度较高；而浇注到厚壁铸件中，则强度有所降低。同时，灰铸铁牌号越高，虽然强度增加，但铸造性能降低，形成缩孔和裂纹倾向增加。因此，选择灰铸铁牌号时，应从生产实际出发，既考虑铸件足够的机械性能，又降低废品率。

HT300 和 HT350 为变质铸铁（又称孕育铸铁），经过变质处理，细化石墨片，降低铸铁对冷却速度的敏感性，获得均匀一致的铸件组织，故常用于机械性能要求高、截面尺寸变化较大的大型铸件。

6.3.2 热处理

灰铸铁的热处理只能改变基体组织，无法改变石墨的形态和分布。由于灰铸铁中的片状石墨切割基体，导致应力集中，因此热处理对提高灰铸铁强度非常有限。常有的热处理有以下几种。

① 消除内应力退火（人工时效）

该工艺是为了缓解铸件在凝固冷却过程中产生的内应力，预防变形和开裂，主要用于形状复杂的铸件。工艺为：加热至 500～550℃，保温一定时间，炉冷至 150～220℃后空冷。

② 消除白口组织退火

在铸件表层及薄壁处，由于冷却速度快而易形成白口组织，使铸件的硬度和脆性增加，不易进行切削加工。为了降低硬度，改善切削性能，可采用高温退火工艺：加热至 850～900℃，保温 2～5h，使 Fe_3C 分解；若随后空冷，得到珠光体基体，若炉冷至 250～400℃后再空冷，则获得铁素体基体。

③ 表面淬火

对于一些需要表面高硬度高耐磨性的铸件，如机床导轨面和内燃机气缸套内壁，可采用表面淬火+低温回火，得到的组织为回火马氏体+片状石墨。淬火方法可采用火焰淬火或高、中频淬火法，机床导轨还可采用电接触淬火。

6.4 可锻铸铁

可锻铸铁的石墨呈团絮状，一般由白口铸铁经高温石墨化退火而得。可锻铸铁的团絮状石墨对基体的割裂程度小于片状石墨，引起的应力集中也较弱，因此其强度、塑性和韧性均优于灰铸铁，接近于铸钢，也称其为韧性铸铁。"可锻"仅仅表明它比灰铸铁有较好的塑性，但其并不能锻造。

可锻铸铁的化学成分是决定白口化、退火周期、铸造性能及力学性能的关键因素。为了保证白口化和力学性能，铁水中的 C 和 Si 含量适当低一些，以避免形成石墨，一旦有石墨形成，随后的退火过程中，从渗碳体分解出来的石墨沿着原来存在的石墨结晶，得不到团絮状石墨，但 C 和 Si 含量也不能过低，否则会延长退火时间；为了缩短退火周期，Mn 含量不易过高，尤其要严格控制强碳化物形成元素，如 Cr 等。可锻铸铁的化学成分一般为：2.4%～2.7%C，1.4%～1.8%Si，0.5%～0.7%Mn，P 含量<0.08%，S 含量<0.25%，Cr 含量<0.06%。为了缩短石墨化退火周期，可向铸铁中加入 B、Al、Bi 等孕育剂。

根据生产工艺和组织的不同，可锻铸铁又可分为黑心可锻铸铁、珠光体可锻铸铁和白心可锻铸铁三种。

6.4.1 黑心可锻铸铁

当白口铸铁在中性气氛下在共析温度附近进行充分的石墨化退火，使渗碳体分解为团絮状石墨和铁素体，由于表层脱碳，使得心部石墨多于表面，断口心部呈灰黑色，表层为灰白色，即为黑心可锻铸铁。

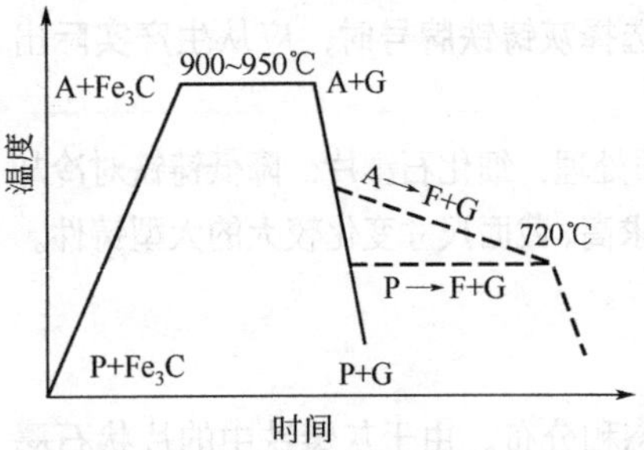

黑心可锻铸铁的石墨化退火工艺如图 6-4 所示，首先将白口铸铁加热至 900～950℃，经过长时间保温（10～12h），使共晶渗碳体分解为奥氏体+团絮状石墨，完成第一阶段石墨化；随炉冷却至 770℃，从奥氏体中析出二次石墨，完成第二阶段石墨化；随后以 3～5℃/h 的冷却速度通过共析转变区间 720～750℃，奥氏体转变为铁素体+石墨，完成第三阶段石墨化。当然也可以冷却到略低于共析温度作长时间保温，使珠光体转变为铁素体和团絮状石墨。完成第三阶段石墨化以后，铸件可出炉冷却至室温。

图 6-4 可锻铸铁石墨化退火工艺

6.4.2 珠光体可锻铸铁

珠光体可锻铸铁与黑心可锻铸铁一样，也是白口铸铁在中性气氛中进行石墨化退火，不同之处在于珠光体可锻铸铁不进行共析转变温度范围内的石墨化退火，得到的组织是珠光体+团絮状石墨。具体的生产方法有两种：一是将白口铸铁经 900～950℃第一阶段石墨化退火和第二阶段石墨化以后以较快的冷却速度（直接空冷）通过共析转变温度范围，不进行第三阶段，得到了珠光体+团絮状石墨，即为珠光体可锻铸铁，如图 6-4 所示。二是把黑心可锻铸铁重新加热至共析转变温度，保温后以较快冷却速度通过共析转变温度范围，使奥氏体转变为珠光体。在实际生产中，为了稳定珠光体，可以适当提高铸件的含锰量，减少碳、硅含量，也可以加入 Sn、Cr、V、Mo 等合金元素。

6.4.3 白心可锻铸铁

白心可锻铸铁是白口铸铁在氧化性气氛中进行石墨化退火，而获得的几乎全部脱碳的可锻铸铁。由于各断面脱碳程度不同而显微组织存在一定差异。表面层完全脱碳获得铁素体组织，中间层为铁素体和团絮状石墨,而心部区为珠光体+团絮状石墨。此时的断口呈白亮色,故称为白口可锻铸铁。但由于其性能较差,应用很少,我国已基本不再生产。

可锻铸铁牌号由 KTH(或 KTZ、KTB)和两组数值组成,其中 KT、H、Z、B 分别表示可锻铸铁、黑心、珠光体、白心、第一组数值表示最低抗拉强度,第二组数值表示最低伸长率。

可锻铸铁具有较高的强度和塑性,铸造性能好,具有较好的冲击韧性和耐蚀性,适于制造形状复杂、承受冲击的薄壁铸铁,如汽车和拖拉机的后桥壳、转向机构、各种管接头、低压阀门等,壁厚一般不超过 25mm,否则会造成退火时间过长,无法保证铸件质量。珠光体可锻铸铁的强度和耐磨性较好,可用于制造曲轴、连杆、凸轮、活塞和摇臂等零件。表 6-2 给出了部分可锻铸铁的牌号、力学性能和用途。由于可锻铸铁生产周期长、工艺复杂,能耗高,它的应用受到了限制,在某些领域也逐渐被球墨铸铁所代替。

表 6-2 部分可锻铸铁的牌号、力学性能和用途

分类	牌号	铸件壁厚/mm	试棒直径/mm	抗拉强度/MPa	延伸率/%	硬度/HB	应用举例
铁素体可锻铸铁	KTH300-6	>12	16	300	6	120~163	弯头、三通等管件
	KTH330-8	>12	16	330	8	120~163	螺丝、扳手等,犁刀、犁柱、车轮壳等
	KTH350-10	>12	16	350	10	120~163	汽车、拖拉机前后轮壳、减速器壳、转向节壳、制动器等
	KTH370-12	>12	16	370	12	120~163	
珠光体可锻铸铁	KTZ450-5		16	450	5	152~219	曲轴、凸轮轴、连杆、齿轮、活塞环、轴套、万向接头、棘轮、扳手、传动链条
	KTZ500-4		16	500	4	179~241	
	KTZ600-3		16	600	3	201~269	
	KTZ700-2		16	700	2	240~270	

6.5 球墨铸铁

我国在汉代就已对生铁进行柔韧化处理,得到的石墨呈等轴多边形,具有球状石墨的特征,是冶铸史上光辉的一页。1947 年,英国学者 H.Morrogh 成功控制石墨呈球状,开始了球墨铸铁的工业应用。近些年来,球铁性能不断提高,在某些领域成为代替碳钢甚至合金钢的优良工程材料。

球墨铸铁以含有球状石墨而得名。在光学显微镜下,大部分球状石墨的外廓呈不很规整的近似圆形,如图 6-5 所示。同时也有小部分球状石墨的外形呈不规则的团块状等形态。球状石墨是在浇注前在铁水中加入球化剂进行球化处理而实现的。常用的球化剂为稀土镁,但球化处理易于引起白口,故球化处理后紧跟孕育处理。球墨铸铁的成分为:3.8%~4.0%C,2.0%~2.8%Si,0.6%~0.8%Mn,P 含量<0.1%,S 含量<0.04%,Cr 含量<0.06%。其 C、Si 量较高,这有利于石墨球化。

球状石墨对基体的切割作用非常小,基体强度的利用率可达 70%~90%,能最大限度地发挥基体强度。可部分代替碳素钢制造强韧性要求高的零件,如曲轴、涡轮、蜗杆、轧辊等。其牌号由 QT 和两组数字组成,第一组数字表示最低抗拉强度,第二组数字表示最低延长率。

球墨铸铁在汽车、机械制造、电力工业中都有广泛应用。如汽

图 6-5 石墨球形态

车和拖拉机的轮毂、壳体、汽缸体、减速机箱体、活塞环；各种阀门、轴瓦；车床的主轴、曲轴、齿轮、凸轮等。在电力工业中，可制造油泵体、阀体、汽轮机中温汽缸隔板、后汽缸、后几级隔板等，可在370℃工作温度下长期使用。

6.5.1 组织

球墨铸铁由基体+石墨球组成，基体组织有铁素体、铁素体+珠光体和珠光体三种。铁素体一般具有明显晶界的等轴晶粒，当其数量较少时，优先出现在球状石墨周围，形成铁素体环；当铁素体量增多时，环逐渐加厚，并相互连接；对于铁素体球墨铸铁，铁素体连成一片，并具有清晰的晶界。铁素体基球墨铸铁强度较低、塑形较高。

球墨铸铁中的珠光体一般是片状珠光体。快速冷却时可产生层片间距小的细珠光体，而缓慢冷却产生的珠光体较粗大。球铁中加入钼、铜等元素可以细化珠光体。珠光体常以珠光体团的形式存在，团内的铁素体和渗碳体的结晶取向大致相同。珠光体基球墨铸铁的强度高、耐磨性好，但塑性较低。

在化学成分不合适或铸件冷却速率过高时，组织中会出现游离渗碳体。当过冷度大时，共晶渗碳体呈蜂窝状或鱼骨状时，形体较大，对铸件的塑性和韧性有很大影响，一般不允许存在这种组织。在冷却速率低、稳定碳化物元素（锰、铬等）偏析于晶界区时，共晶渗碳体可能在晶界析出，称为晶间碳化物。固态转变时，奥氏体析出的碳原子扩散到晶界，形成网状或粒状二次渗碳体。在共析温度范围内，铁素体晶界上还可能出现细丝状三次渗碳体，不过数量少，一般难以辨认。

球墨铸铁中还存在磷共晶组织。磷一般由炉料带入。球铁在凝固时，磷偏析于晶界。在共晶反应中，与铁化合成磷化铁。磷化铁与奥氏体可形成二元磷共晶，呈多角形。磷化铁、奥氏体与渗碳体还可以形成三元磷共晶，也呈多角形，但边缘更为凹陷。磷共晶使球墨铸铁变脆，降低机械性能。

球墨铸铁的机械性能除了与基体组织类型有关外，还决定于球状石墨的形状、大小和分布。一般而言，石墨球越圆、直径越小、分布越均匀，则球墨铸铁机械性能越高。经过合金化或者热处理后，球墨铸铁还可具有贝氏体、奥氏体或者马氏体组织，以满足不同铸件的使用要求。

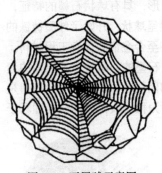

图 6-6 石墨球示意图

球墨铸铁中的石墨在低倍观察时，近似球形，而在高的放大倍率下，呈多边形轮廓，外形不规则，内部为放射状，如图 6-6 所示。球状石墨为多晶体，由球心向外辐射状生长，石墨球中心一般是由镁、钙、硅、氧、硫等元素形成的异质核心。石墨球的生长方向平行于 c 轴，其外表面由 (0001) 基面覆盖。每个辐射角由相互平行的石墨基面堆积而成，石墨球就是由这些锥体状石墨单晶体构成。石墨球内部较为致密，而外部比较疏松。不规则的球形外貌是由于某些原因，如球化元素残留量不足，稀土加入过多，强过共晶成分等，球状石墨中的某些单晶体的辐射生长速率高于其他晶体。除了球状石墨，还存在变态石墨，这些石墨基本保持着沿 c 轴生长的模式，但在形态上，已不能保持球形。变态石墨有开花形、雪花形、碎块形、球片形和蟹形等。

6.5.2 热处理

球状石墨对基体组织的割裂程度非常低，与灰铸铁相比，球铁对改变材料性能的有效性更高。

钢热处理的一些原理和工艺，可以部分运用到球铁以强化基体组织。

球铁中的石墨在组织中起着"碳储存库"的作用，改变着固态相变产物组分。高碳钢完全退火，易于得到珠光体组织。而球铁退火后，基体中的碳在退火温度下，能够通过扩散而聚集于石墨球表面，导致铁素体基体的出现。铁素体球铁在加热时，石墨中的碳向周围基体组织扩散，影响着相变速率，并使奥氏体及其转变产物的含碳量在很大范围内变化。石墨球越多，碳的扩散距离越短，碳库的作用发挥越充分。

球铁中的硅量较高，硅的存在使共析转变发生在一个很宽的温度范围，形成了铁素体、奥氏体和石墨的三相共析区。随着含硅量的增加，温度范围加宽，奥氏体相区缩小。当球铁加热到三相共存区的不同温度时，奥氏体量是不同的，温度越高，α→γ的转变越完全。由于碳库和三相共存区的存在，可通过调节加热温度、保温时间和冷却速度以获得不同形态和不同比例的铁素体和珠光体组织或其他奥氏体转变产物。

(1) 组织变化

① 加热时的组织变化

球铁加热至接近共析区温度（非奥氏体化温度），铁素体不变化，片状共析渗碳体粒状化，或分解为铁素体和石墨。具体的转变与温度、保温时间和成分有关。加热温度越接近共析区，片状渗碳体转变为粒状的速度越快，而保温时间越长，转变量越多，当保温时间足够时，渗碳体可以分解为铁素体和石墨。石墨以固态扩散方式沉积在石墨球表面。石墨球越多，则石墨间距越小，碳原子扩散距离短，有助于沉积的发生。稳定渗碳体的元素，如磷、锰、铬等，可以抑制渗碳体的分解，有利于粒状碳化物的形成；而石墨化元素，如硅，可以促进渗碳体的分解。

当球铁加热温度进入三相共存区，即部分奥氏体化温度，基体中的珠光体转变成奥氏体。石墨溶解而产生的碳也进入奥氏体。奥氏体在晶界形核，并迅速向铁素体晶粒内生长，导致铁素体组织被奥氏体分割，呈现碎块状。加热温度越高，保温时间越长，奥氏体量越大。

当加热温度进入完全奥氏体化区时，奥氏体中将溶入较多的碳。这部分碳源于游离渗碳体的分解及石墨的溶解。由于减少，甚至消除了游离渗碳体，球铁的冲击韧性和切削性能得到改善。球铁中游离渗碳体的分解温度一般在 900~950℃，温度越高，分解速率越快，所需的保温时间就短。另外，分解速率还与硅量有关。硅促进渗碳体分解，含量越高，所需时间越短。但加热温度不宜过高，过高的温度导致过多的碳溶入奥氏体，此时奥氏体比较稳定，淬火将导致较多的残留奥氏体；同时，高温也导致晶粒粗大，恶化机械性能。

② 冷却时的转变

加热到三相共存区温度的球铁，经过足够的保温时间，可以完成共析组织的分解。随后的冷却速率对组织几乎没有什么影响。

当加热到完全奥氏体化温度时，只要有足够的保温时间，碳能充分溶入奥氏体中，降温时，奥氏体中的碳溶解度随温度降低而减少，根据冷却条件，充分析出或部分析出。在缓慢冷却条件下，碳有足够的时间通过扩散在球形石墨表面沉积。当冷却到共析区上临界温度，奥氏体变得不稳定，出现γ→α的转变。铁素体优先在石墨周围或晶界出现。随着温度下降，晶界上的铁素体逐渐成为断续网状；石墨周围的铁素体加厚并形成晕轮，称为牛眼状铁素体。如果在共析区下临界温度缓慢冷却，奥氏体可能全部转变为铁素体。如果冷却速率较高，奥氏体将在共析区内部分或全部进行共析转变，获得珠光体组织。珠光体含量主要取决于铸件通过共析区的冷却速率以及化学成分。如果在完全奥氏体区温度范围内采用更快的冷速，同时铸件中含有较多的碳化物稳定元素，奥氏体中可能沿晶界析出二次渗碳体，严重降低球铁的塑性、韧性和切削性能。为了避免二次渗碳体的出现，需使奥氏体过冷到共析区，在共析区转变为珠光体，这时需要进一步提高共析区以上的冷却速率，使二次碳化物来不及析出。

③ 过冷奥氏体的转变

球铁亚稳过冷奥氏体的转变与钢中过冷奥氏体转变类似，存在珠光体转变、马氏体转变和贝氏体转变。

球铁的 C 曲线一般有两个孕育期最短的不稳定区，即 C 曲线的鼻子。第一个鼻子在 600~650℃。在 500~700℃范围内，过冷奥氏体进行珠光体转变，当达到转变终了线，转变产物将全部为珠光体。等温温度越高，形成的珠光体片层越厚。随片层的细化，析出产物分别称为珠光体、索氏体和屈氏体。层片越细，球铁硬度越高，综合机械性能越好。

C 曲线的另一个鼻子温度在 250~500℃，奥氏体等温转变为贝氏体组织。贝氏体在晶内和晶界处都可以形成铁素体核心，形核后以切变方式长大，铁素体与奥氏体保持共格。奥氏体中过饱和的碳不断扩散，沉淀析出碳化物，形成了铁素体与碳化物的混合组织。

球铁在 350~500℃等温转变，碳可以在奥氏体中扩散，沉淀析出碳化物，形成上贝氏体组织。上贝氏体由平行的片状铁素体和中间断续分布的平行于铁素体的长条状渗碳体组成，形成羽毛状组织。当球体在 M_s~350℃之间时，由于温度较低，碳原子只能在过饱和铁素体中作短距离扩散，并沉淀析出碳化物。此时，铁素体呈针状或薄片状，在铁素体片内一定晶面上，分布着细小ε-碳化物。

球铁中的奥氏体过冷到 M_s 点以下，发生马氏体转变。马氏体优先在石墨球与奥氏体相界或奥氏体晶界上形核，然后往奥氏体晶内生长。

球铁中的化学元素强烈影响着过冷奥氏体的转变。碳可以稳定奥氏体组织，降低 M_s 点，使残余奥氏体量增大；锰也可以稳定奥氏体组织，降低 M_s 点温度，当锰达一定量时，奥氏体组织可保留至室温；硅固溶于奥氏体中，降低了碳在奥氏体的溶解度，促使奥氏体分解析出铁素体；而合金元素，如 Mo、W、Cr、Ni 等，一般都稳定奥氏体，延长转变的孕育期，并使得 C 曲线右移，这样，可以以较低的冷却速率获得贝氏体或马氏体，有助于缓解铸件变形或开裂。

(2) 常用的热处理

① 退火

退火分为两种，一为去应力退火，二为石墨化退火。铸件在凝固和冷却过程中，各个断面温度不同，导致凝固和相变的时间先后不一，以及冷却时收缩可能受到阻碍，形成了残余内应力，且由于球墨铸铁的弹性模量比灰铸铁高，铸造后的残余内应力倾向较大。除此以外，采用喷丸清理铸件及机械加工也会在铸件中产生附加的内应力。残余内应力会导致铸件尺寸的变化，使零件不能保持已有的加工精度，甚至失去使用价值。因此，球铁精密零件需进行去应力退火。去应力退火温度一般在 550~600℃之间，铁素体球墨铸铁取上限温度，上限温度不能使球铁发生固态相变，珠光体球墨铸铁取下限温度。保温时间由铸件大小和形状而定，一般为 2~5h。具体的热处理规范为：在不超过 200℃温度装炉，将工件加热至退火温度并保温一段时间，然后炉冷至 200℃左右，空冷至室温。这种工艺可以消除 90%的内应力，若要全部消除内应力，需延长保温时间，在经济上没有必要。而对于切削量大、精度要求高的箱体一类铸件，去应力退火可安排在粗加工和精加工之间，这样可以消除粗加工带来的附件内应力。合金元素一般提高共析转变开始温度，所以合金球铁可以选用较高的加热温度。

石墨化退火是为了消除组织中的渗碳体，获得铁素体组织，提高铸件的塑性和冲击韧性。如果球墨铸铁白口倾向大，铸造组织中含有游离渗碳体，则需要高温石墨化退火，即加热至完全奥氏体区温度，经过充分保温，使碳化物充分分解以消除残余渗碳体，然后降温至共析组织分解温度并保温使共析渗碳体分解，再冷却至室温。高温石墨化退火温度一般选在 920~980℃，保温 1~4h，具体保温时间与铸件厚度有关。如果球铁组织中没有游离渗碳体，则进行低温石墨化退火即可。将球铁加热至共析区温度并保温，使珠光体分解后，缓冷至室温。大部分共析渗碳体可消除，获得铁素体、球状石墨和残余珠光体组织。低温石墨化退火温度一般选在 720~740℃。保温后随炉冷却至 600~650℃后出炉空冷以避免回火脆性。

② 正火

正火的目的是获得珠光体，细化组织，提高球墨铸铁强度和耐磨性。如 QT700-2 可用于曲轴，为了提高珠光体含量和细化珠光体，须进行高温正火处理，其工艺为将球铁加热至完全奥氏体区温度（880~950℃），保温 1~3h 使基体组织充分奥氏体化，然后出炉冷却（风冷或喷雾冷却），冷速越高，珠光体量增加且更分散，有利于提高强度和硬度，基体组织为珠光体+少量铁素体。正火后需回火处理，以消除正火快速冷却在铸件中造成的内应力，工艺为加热至 550~600℃，保温 2~6h，出炉空冷。

为了获得较高塑性和一定强度，也可采用低温正火处理，其工艺为加热球铁至共析区温度（840~860℃），实现部分奥氏体化，保温 1~3h，出炉空冷，组织为珠光体+碎块状铁素体。珠光体含量与奥氏体化程度有关，一般占 75%~90%。复杂铸件在低温回火后，也需进行回火处理以消除内应力。

③ 淬火+回火

对于要求综合力学性能高的球墨铸铁，如连杆、曲轴等，可采用调质处理，获得回火索氏体基体。调质处理可使球铁获得 800~1000MPa 的抗拉强度，3%以下的延伸率，硬度在 250~320HB 左右；其韧-脆转变温度大幅度降低；厚壁零件的心部与表面的机械性能差异也明显降低。

调质处理工艺为淬火+高温回火。淬火工艺为将铸件加热至稍高于共析区上临界温度，一般为 840~900℃，保温 20~60min，油淬。奥氏体化温度过高，溶入奥氏体的碳量增多，奥氏体较稳定，淬火后残余奥氏体量较多，且晶粒也较粗大；温度过低，存在未转变的铁素体组织，得不到应有的淬火组织。球铁的淬透性对于调质效果有重要作用，影响淬透性的主要因素有：

a. 合金元素。硅能减少碳在奥氏体中的溶解度，降低了奥氏体稳定性，但同时妨碍碳的扩散，降低碳的扩散速度，延长了奥氏体转变时间，增加了奥氏体稳定性。实验表明，球铁含硅量小于 2.5%时，提高淬透性。锰有利于提高淬透性，但降低了 M_s 点，增大残余奥氏体含量。能提高奥氏体稳定性的元素，如 Mo、W、Ni、Cu，都能使 C 曲线右移，增加淬透性。

b. 基体组织。珠光体球铁比铁素体球铁具有更高的淬透性，这主要是珠光体组织具有更多的奥氏体形核位置。为使铁素体球铁具有良好的淬透性，最好先进行正火处理以获得珠光体组织。

球铁淬火后，需重新加热至 550~600℃高温回火，保温 1~3h。马氏体转变为索氏体组织。碳的析出量较大，球铁周围有较多的二次石墨沉积，降低了强度和硬度，但塑性和韧性大大提高，保证了球铁良好的综合机械性能。

对于要求一定弹性、耐磨性及一定热稳定性零件，如废气涡轮的密封环，可采用淬火+中温回火（300~500℃），获得回火屈氏体基体，回火温度越低，渗碳体越弥散，组织越细密。碳充分析出，相变应力基本消除，球铁的韧性和强度均有提高。

对于要求高硬度/耐磨性球墨铸铁件，如滚动轴承套圈，可采用淬火+低温回火（140~250℃），获得回火马氏体基体。高弥散的碳化物质点沉积于马氏体片上。此时，马氏体组织本身的碳量有所减少，过冷奥氏体转变造成的相变应力有所缓解，但塑性和塑性提高不大，硬度仍然很高。

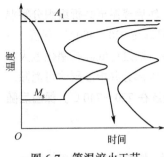

图 6-7 等温淬火工艺

④ 等温淬火

等温淬火是发挥球墨铸铁潜力非常有效的一种热处理工艺，其目的是获得下贝氏体基体。等温淬火工艺为将铸件加热至 850～900℃，保温 20～60min，使基体完全转变为奥氏体，然后将铸件淬入 250～300℃的盐浴中，保温 60～90min，使得奥氏体等温转变为下贝氏体组织，取出空冷，如图 6-7 所示。由于存在少量残余奥氏体，可加上低温回火工艺，消除残余应力，并将残余奥氏体进一步转变为回火贝氏体。球墨铸铁经过等温淬火，可以获得高的综合机械性能。对于形状复杂铸件，等温淬火可有效防止变形和开裂。由于等温盐浴冷却能力有限，一般仅用于截面面积不大的零件。

如果在 320℃以上温度等温处理，适当控制等温时间，奥氏体充分析出无碳铁素体，但却未达到碳化物析出时间，大量的碳固溶于奥氏体，大大加强了奥氏体的稳定性，这样将获得大量的未转变的奥氏体和无碳铁素体（贝氏体铁素体）。此时的奥氏体呈条状，与铁素体组织相间交错排列，构成奥贝球铁的基体组织。奥贝组织中的奥氏体固溶较高含量的碳，起到了固溶强化的作用，并且奥氏体可以阻碍裂纹的发展，同时无碳化物的存在，也保证了材料强度和韧性。奥贝球铁自从 1977 年在芬兰研制成功，就因其优良的综合机械性能而受到各国普遍重视。该球铁的冲击韧性与铁素体球铁相当，而弯曲疲劳强度接近合金钢，为球铁代替锻钢开拓了广阔的前景。但奥贝球铁的等温时间窗口过于狭小，约为 10min 左右，若超出该等温时间，过饱和的奥氏体将析出碳化物，恶化韧性。因此，如何通过工艺手段延长等温时间工艺窗口，具有重要的工程应用价值。目前，一般是借助合金元素的作用。钼可以延长奥氏体等温转变时间，钼和铜的配合效果更佳。如球铁含 0.25%Mo、1.4%Cu 可以延长等温处理时间至 3h。

⑤ 表面淬火

某些球铁零件，如绞车齿轮、泥浆泵缸套等，需要表面具有高硬度、高耐磨性，而整个零件具有良好韧性，这样的零件可以采用表面淬火。表面淬火以快速加热方式，使铸件表层一定深度内的材料被加热至完全奥氏体化温度，随后快速冷却。其表层组织为马氏体+残余奥氏体+球状石墨。

由于表面加热速率快，奥氏体化时碳来不及充分扩散，如果基体组织含有较多铁素体，将导致奥氏体含碳量偏低，淬火后马氏体硬度也偏低，达不到表面要求的硬度。因此，淬火前一般要求铸件具有珠光体基体，如含有铁素体基体，可预先通过正火得到珠光体。

铸件采用感应加热表面淬火后，通常回火以降低表层脆性和减少淬火应力，可在炉中或油浴中回火。对于淬火机床上的加热和冷却依次进行时，可以通过控制喷冷时间，先让表层冷透，内部仍保持较高温度，然后，内部温度使表层温度回升至回火温度，取得回火效果，称为自回火。也可以在淬火后再用感应电流将表面层加热到回火温度，并保持一定时间。

6.5.3 力学性能

（1）静载荷强度

正火态珠光体球墨铸铁的弹性模量大约为 170～180GPa，小于正火态 45 钢的弹性模量 210GPa。这主要是由于石墨球的存在。球铁中的石墨球可视为孔洞。并且石墨量越多，材料的弹性模量越低。

从表 6-3 可以看出，球墨铸铁的抗拉强度与碳钢相比并不逊色。经过正火的珠光体球墨铸铁，其抗拉强度值可达 800MPa，强于正火 45 碳钢 690MPa，还有一定的塑性。而且球墨铸铁的屈强比很高，$\sigma_{0.2}/\sigma_b$ 约为 0.79，远高于 45 碳钢的 0.59。高的屈强比意味着球墨铸铁的强度利用率高，这是球墨铸铁在静载强度的一个优良性质。

表 6-3 正火态珠光体球墨铸铁和 45 碳钢的拉伸性能

性能	45（正火）	珠光体基（正火）	性能	45（正火）	珠光体基（正火）
抗拉强度/MPa	690	818	弹性模量/GPa	210	170~180
屈服强度/MPa	410	640	屈强比	0.59	0.785
延伸率/%	25	3			

球墨铸铁中的石墨强度很低，仅约 20MPa，对金属基体的连续性有破坏作用，同时，受力时石墨球的边缘有一定的应力集中效应，似乎基体组织与钢相近的球铁强度应该比钢低，而实际上二者的强度不相上下，甚至球铁的强度反倒高于钢，如表 6-3 所示。这个矛盾可从球墨铸铁基体受到强化着手。由于凝固过程中的石墨化膨胀，如果铸型的刚度足够大，石墨化膨胀引起的膨胀力将作用于球墨铸铁基体，增大了位错密度，起到强化基体作用。曾有学者发现随着施加于球墨铸铁基体膨胀力的增大，基体中的位错密度增加，位错组态由自由状态变为缠结状态，甚至出现了亚结构。

（2）疲劳性能

球墨铸铁对交变应力的作用是敏感的，疲劳断裂是球铁件失效的主要原因之一。各类球墨铸铁疲劳性能的典型数据如表 6-4 所示。对于铁素体基体，光滑试样的疲劳极限值约为 215MPa，比缺口试样疲劳极限 148MPa 高，这表明疲劳极限对缺口是敏感的。缺口试样与光滑试样疲劳极限值之比，称为缺口敏感性因子。

表 6-4 典型球铁疲劳性能数据

球铁类型	抗拉强度/MPa	光滑试样		44° V-缺口试样		缺口敏感性因子
		疲劳极限/MPa	疲劳极限比	疲劳极限/MPa	疲劳极限比	
铁素体球铁	500	215	0.43	148	0.30	1.4
铁素体-珠光体球铁	630	282	0.44	169	0.27	1.7
高强度球铁	950	345	0.38	211	0.22	1.6

石墨强烈影响球铁的疲劳极限。石墨球越小，疲劳极限越高；球化率越高，疲劳极限也提高。同时，铸铁件的表面状况对疲劳极限有重要影响，如粗糙度、硬度、表面残余应力等。零件表面的细微切削刀纹、划痕在交变应力条件下常常成为裂纹的萌生位置，降低疲劳寿命；而表面的残余压应力有助于抑制裂纹的萌生和扩展，有利于材料疲劳寿命的提高。目前，工业上一般采用喷丸表面强化、表面淬火或渗层、表面滚压强化等工艺手段来提高疲劳极限。这些工艺措施使得表面层在外力下产生局部塑性变形，提高了强度，并形成了残余压应力。尤其是表面滚压工艺，不仅在表面引入残余压应力，还可以消除切削刀痕，提高了零件表面光洁度。如制造球铁曲轴时，切削加工后，一般会对曲轴轴颈表面内圆角进行滚压工艺处理。

6.5.4 物理性质

（1）热导率

热导率对于承受热冲击的铸件，如钢锭，有散热要求的铸件的使用性能及热处理工艺、铸造工艺都有影响。铸铁材料中含有大量热导率大于基体组织的石墨，因此，铸铁的热导率比铸钢要高得多。

除了显微组织外，温度也影响着灰口铸铁的热导率。温度上升，球铁的热导率下降，但下降程度不如灰铸铁明显。

合金元素也影响着球铁热导率。硅、镍、铝显著降低球铁热导率；磷、锰、铬、钒等元素促进碳化物形成，降低热导率；铜含量小于2%时，降低热导率，超过此含量则稍能提高热导率。

表 6-5 给出了铸铁不同组织在不同温度范围的热导率。石墨沿 a 向的热导率最高，因此灰铸铁的热导率高于球墨铸铁；基体组织中的铁素体热导率最高，约是渗碳体热导率的 10 倍。

表 6-5　显微组织的热导率

显微组织	热导率		
	0~100℃	500℃	1000℃
石墨（沿 c 轴方向）	0.84	—	—
石墨（沿 a 轴方向）	2.93~4.19	0.84~1.26	0.42~0.63
铁素体	0.71~0.80	0.42	—
珠光体	0.50	0.42	—
渗碳体	0.071	—	—

(2) 热膨胀系数

金属温度升高，原子间距增大，宏观上表现为体积膨胀，常以反映长度变化量的线膨胀系数 $\alpha = \frac{1}{L} \times \frac{dL}{dt}$ 表示材料的热膨胀性能。α 随温度的变化而变化，一般取某一温度范围内线膨胀系数的平均值。平均线膨胀系数不适用于相变处的尺寸突然变化。

基体组织影响着球铁的线膨胀系数。奥氏体线膨胀系数最大，铁素体和马氏体基体次之，珠光体最小。表 6-6 给出了各种球铁基体组织在 700℃ 以下的热膨胀系数，其中奥氏体球铁的热膨胀系数变化范围很大，这是因为镍对奥氏体铸铁的热膨胀系数有很大影响。

表 6-6　球铁基体组织对球铁线膨胀系数的影响

温度范围/℃	热膨胀系数平均值(℃$^{-1}$)×10^{-6}		
	铁素体球铁	珠光体球铁	奥氏体球铁
20~100	11.5	11.5	—
20~200	11.7~11.8	11.8~12.6	4~19
20~300	—	12.6	—
20~400	—	13.2	—
20~500	—	13.4	—
20~600	13.5	13.5	—
20~700	—	13.8	—

硅、铝、铜能稍增加珠光体球铁和铁素体球体的热膨胀系数。

温度越高，铸铁和钢的热膨胀系数也增加。在所测量的温度范围内，球铁的热膨胀系数比灰铸铁的大，但比碳钢的小。

较小的热膨胀系数对于在高温保持高尺寸精度的铸件是非常重要的。在铸造和热处理过程中，线膨胀系数也强烈影响内应力的大小，较大的热膨胀系数有可能引起铸件的变形甚至开裂。

(3) 电阻率

球铁可用于制造交变磁场下工作的电器零件或电阻加热元件，因此，研究其电阻率有实际意义。

石墨的比电阻高于基体中的各种组织。如石墨的电阻率（150μΩ·cm）约为铁素体电阻率的14倍。因此，铸铁中的石墨越粗大、数量越多，电阻率越高。每增加1%石墨，电阻率约增加10%~20%。在碳当量相同条件下，薄壁铸件石墨少，尺寸细，电阻率较低。

珠光体或渗碳体的电阻率比铁素体高。铸态组织中有珠光体或渗碳体的球铁，经过完全退火后，获得铁素体组织，导电能力得到提升。珠光体层间距越小，球铁电阻率越低。马氏体组织的电阻率介于奥氏体与珠光体之间。

温度对球铁电阻率有显著影响。提高温度，电阻加大。球铁与灰铸铁有相似的电阻温度系数。基体组织对电阻温度系数的影响较小。

化学成分也影响着球铁的电阻率。当碳和硅含量增加时，石墨量增加，球铁电阻率升高。铝、锰、镍的含量在0.5%~1.0%时，电阻率降低，当含量增加时，则提高电阻率。高铝耐热球铁电阻率高达200~240μΩ·cm，可用于生产电加热器的电阻片。

6.5.5 加工性能

(1) 切削性

多数球铁件要经过切削加工才能制成零件。对材料进行切削加工的难易程度，称为材料的切削加工性能。切削性能的好坏一般用在一定切削速度下刀具寿命和精加工时获得的表面粗糙度的难易程度和切削抗力（切削功率）三个指标来衡量。金属切削影响着零件制造成本和质量，尤其是数控机床自动化切削作用的普及，对金属材料的切削性能提出了更高的要求。

刀具寿命指两次磨刀之间，刀具实际的切削时间或切下的金属体积。基体组织是影响刀具寿命的基本因素。当材料过硬，强度过高时，需要的切削力过大，切削温度高，刀具磨损快；而塑性过高的材料，切削时变形大，与刀面摩擦力大，发热量高，也影响刀具寿命，同时不易断屑，影响生产效率和表面粗糙度。因此，在相同切削速度下，切削铁素体球铁时，刀具寿命最长；珠光体组织越细小，刀具寿命越低；回火马氏体比相同硬度的珠光体组织的切削性好，仅次于铁素体；高镍球铁具有奥氏体组织，切削性与铁素体相当，但某些含铬的奥氏体组织中含有高硬度的碳化铬，显著降低刀具寿命；游离渗碳体恶化切削性能。石墨可延长刀具寿命。切屑与刀具之间存在很薄的石墨层，起到润滑和散热作用，降低刀具温度，减少切削阻力。但是切削过程中石墨的剥落会在切削面上留下孔洞，影响表面光洁度。

一般而言，低碳钢的切削抗力大于铁素体及铁素体-珠光体球铁。而球铁的切削功率大于具有相同基体组织的灰铸。

(2) 焊接性能

球铁属于具有可焊性的铸造合金，可与钢、特种合金等牢固结合。

焊条与母材在高温下熔合而形成焊缝。由于焊缝冷却速率很高，焊缝中将出现大量碳化物和马氏体。而对于热影响区，其温度常超过奥氏体临界转变温度，快速冷却将导致马氏体组织的产生，即使对于铁素体基体，虽然没有足够的碳使马氏体形成，但焊接高温导致石墨碳扩散到基体中，使马氏体生长倾向大大提高。

焊接过程中，焊缝附近母材迅速加入、膨胀，而整个铸件限制了这种膨胀；同样的，冷却时，收缩也受到限制，由此在铸件内产生内应力。焊缝的凝固收缩也促进内应力的产生。当内应力使得材料变形，达到强度极限时，还会产生裂纹。球铁比灰铸铁具有更好的抗冷、抗热裂性能。

球铁件焊接前应预热，可以减少焊接区与铸件其他部位的温差，降低焊缝及热影响区的冷却速率，有助于降低焊缝内应力，减少变形、裂纹。

(3) 热变形

球铁可在适宜的温度下进行轧制和锻造。经过热变形，球铁的屈服强度、抗拉强度、冲击韧性和延伸率得到提高。

但目前球铁主要以铸造态使用，其热变形能力并未得到充分利用。主要原因有：一、球铁铸造性能良好，可成形状复杂零件，且通过合金化和热处理，可有效改善球铁各种性能，因此对热变形需求不高；二、在变形过程中，如轧制，石墨球沿轧制方向延伸成微细的丝状或条状，导致球铁出现显著的各向异性。

6.5.6 应用

球铁自问世以来，由于其对各种机械零件有广泛的适应性和优良的工艺性能，迅速发展成一种应用范围十分广泛的机械工程材料。为了了解球铁在工业领域的应用情况，需要掌握各种工程材料的性能，然后结合经济性和生产实用性确定球铁的优势，本文主要对球铁、铸钢、灰铸铁和可锻铸铁做出比较。

(1) 球铁与灰铸铁的比较

球状石墨相对于片状石墨，对金属基体的切割作用大幅降低，导致了在机械性能方面，球铁远优于灰铸铁，如表 6-7 所示。但灰铸铁的优点是缺口敏感性低，对表面质量要求不严格。

表 6-7 灰铸铁与球铁机械性能的比较

项目	灰铸铁	铁素体球铁	珠光体球铁
抗拉强度 σ_b/MPa	100～400	400～500	600～800
屈服强度 $\sigma_{0.2}$/MPa	—	250～350	420～500
延伸率 δ/%	<0.6	5～20	>2
弹性模量 E/GPa	约 165	65～175	150～180
疲劳极限 σ_1/MPa	80～200	约 210	约 260
硬度/HB	143～269	121～207	229～321
冲击值 α_k/(N·m/cm²)	1～11	>20	>15

相对于球铁，灰铸铁有较好的减震性和切削性能。石墨是铸铁振幅衰减率高的决定性因素，而石墨的形态、尺寸和数量，又影响衰减率的大小。球铁的减震性介于灰铸铁和铸钢之间。表 6-8 比较了钢和各种铸铁的减震性能。

表 6-8 钢与各种铸铁的减震性能

材料	每一循环振幅的相对衰减	材料	每一循环振幅的相对衰减
碳钢	1.0～2.0	灰铸铁（σ_b 350MPa）	4.0～9.0
可锻铸铁	3.3～6.3	灰铸铁（σ_b 280MPa）	8.5～12.0
球墨铸铁	3.0～9.4	灰铸铁（σ_b 210MPa）	20.0～60.0

铸铁中的石墨是有效的润滑剂，其剥离后留下的孔洞可以存储润滑介质，且石墨有利于提高材料的抗咬合磨损能力。球铁含碳量及石墨量较高，抗磨能力优于灰铸铁，适于制造运动速度较快、负荷较大的摩擦零件。

球铁的铸造性能比灰铸铁差，铸造工艺复杂，工艺出品率低，生产过程技术控制难度大，产生各种铸造缺陷的内、外因素较多，造成铸造废品率较高。且球铁的炉料费用较高，清理费用高，因此，球铁件的生产成本比灰铸铁高。但考虑到零件强化和可靠性、铸件重量相对减轻和其他性能的改善等因素后，采用球铁仍能取得较好的经济效益。

(2) 球铁与碳钢的比较

球铁的机械性能与基体组织息息相关，其在某些机械性能方面与铸钢相近。一些经过合金化的球铁，也与相应的合金钢性能相似，因此，球铁可以部分取代一些碳钢零件。

表6-9给出了球铁与45钢机械性能的比较，45钢的各项指标均较好。事实上，球铁的塑性和冲击韧性都低于具有相应抗拉强度的铸钢材料。铁素体球铁的冲击值为 $6\sim20J/cm^2$，而ZG35的冲击值则为 $35J/cm^2$，但这是一次冲击韧性值，对于工程材料，小能量多次冲击更能代表材料实际使用中的冲击负荷情况。在塑性相同情况下，增加珠光体含量或强化基体组织，可以提高球铁多冲抗力。贝氏体球铁和奥-贝球铁的多冲抗力高于珠光体球铁。

表6-9 球铁与45钢机械性能比较

材料	热处理	机械性能				断裂韧性 K_{IC} /(N·mm$^{-3/2}$)
		σ_b/MPa	$\sigma_{0.2}$/MPa	α_K/(J/cm^2)	HRC	
45钢	840℃盐水淬火14s，油冷350℃回火28min	—	约1550	26~30	45~47	2100~2400
球铁	920℃硝盐淬火，380℃回火12min	约1330	—	约13	47~49	710~730

球铁的铸造性能远优于铸钢。它的流动性好，充型能力强，易于铸出轮廓清晰、表面光洁的铸件。由于石墨化膨胀的作用，球铁的补缩系统比铸钢小得多，在一些大型厚壁铸件上，甚至可以采用无冒口铸造。球铁工艺出品率比铸钢高10%~25%。球铁浇注温度低，对型砂、芯砂及其他造型材料的耐火度要求低，可用较为便宜的 SiO_2 含量低的硅砂铸造，型砂复用率也高。球铁熔炼费用也低于钢水的熔炼费用，因此，球铁件成本比碳钢铸件低30%~50%。正是因为球铁生产费用低，而其机械性能又接近碳钢，球铁件大有取代铸钢件的趋势。

表6-10给出了球墨铸铁的牌号、力学性能及主要用途。

表6-10 球墨铸铁的牌号、力学性能及主要用途（GB/T 1348—2019）

牌号	力学性能				基体组织	用途举例
	R_m/MPa	$R_{p0.2}$/MPa	A/%	HBS		
QT350-22L	350	220	22	≤160	铁素体	承受冲击、振动的零件，如汽车、拖拉机轮毂、差速器壳、拨叉、农机具零件、中低压阀门、上下水及输气管道、压缩机高低压汽缸、电动机壳、齿轮箱、飞轮壳等
QT350-22R	350	220	22	≤160		
QT350-22	350	220	22	≤160		
QT400-18L	400	240	18	120~175		
QT400-18R	400	250	18	120~175		
QT400-18	400	250	18	120~175		
QT400-15	400	250	15	120~180		
QT450-10	450	310	10	160~210		
QT500-7	500	320	7	170~230	铁素体+珠光体	机器座架、传动轴飞轮、电动机架、内燃机的机油泵齿轮、铁路机车车轴瓦等
QT550-5	550	350	5	180~250		
QT600-3	600	370	3	190~270	珠光体+铁素体	

续表

牌号	力学性能				基体组织	用途举例
	R_m /MPa	$R_{p0.2}$ /MPa	A /%	HBS		
QT700-2	700	420	2	225～305	珠光体	载荷大、受力复杂的零件，如汽车、拖拉机、曲轴、连杆、凸轮轴，部分磨床、铣床、车床的主轴、机床蜗杆、涡轮、轧钢机轧辊、大齿轮、汽缸体、桥式起重机大小滚轮等
QT800-2	800	480	2	245～335	珠光体或回火组织	
QT900-2	900	600	2	280～360	贝氏体或回火马氏体	高强度齿轮，如汽车后桥螺旋锥齿轮，大减速器齿轮、内燃机曲轴、凸轮轴等

铸铁对清水、污水、海水、大气和土壤等的抗蚀能力优于碳钢，因此广泛采用铸铁水管，如法国凡尔赛于 1664 年安装的一道铸铁水管，迄今可用。球铁比灰铸铁具有更为优越的耐蚀性能、强度和韧性，可承受较高的输水压力。埋于地下，可承受较大的土壤压力及地面载荷，使用安全可靠。而且长期埋入地下，内外表面经一定腐蚀后，球铁管的耐压强度下降率远低于灰铸铁管，使用寿命大幅度延长。由于铸管往往承受冲击碰撞，埋入土中又受到土壤压力，在保证强度的前提下，铸管的韧性非常重要。另外，用于排污的管道，还受到含酸废水的腐蚀，因此，铁素体球铁比珠光体球铁更适于生产管道。

（3）球铁在汽车工业上的应用

汽车制造业是球铁较大的应用领域。汽车工业大量采用球铁的主要原因是：球铁件成本低，可以减少毛坯费用。如卡车轮毂材料由铸钢改为球铁后，成本降低 35%；曲轴由锻钢改为球铁后，成本下降 80%。球铁的切削性优于钢，可提高切削速度和机械加工生产率。

汽车使用条件较为严格，要求能在低温、激烈震动、充满灰尘的环境中安全行驶。球铁零件耐用，其使用寿命不弱于钢，如球铁曲轴的服役里程可达 80 万公里，而且球铁有较好的减震能力。

6.6 蠕墨铸铁

蠕墨铸铁是 20 世纪 70 年代出现的一种新型工程材料。蠕墨铸铁的诞生源自球化不良的球墨铸铁，当时将其作为不合格品处理。但随后发现其具有独特的综合性能，使得其成为一种独立的铸铁材料。蠕墨铸铁的石墨呈蠕虫状，是金属液体经蠕化处理和孕育处理后凝固形成。可锻铸铁的成分为：3.5%～3.9%C，2.2%～2.8%Si，0.4%～0.8%Mn，<0.1%P，<0.1%S。

蠕虫状石墨的形态介于球状石墨与片状石墨之间，因此蠕墨铸铁的强度、塑性和抗疲劳性能介于灰铸铁和球墨铸铁之间，常用于制造承受热循环载荷的零件，如钢锭模、柴油机气缸、排气阀等。

6.6.1 组织

蠕虫状石墨是液态铁经蠕化处理而得，石墨形态处于片状石墨和球状石墨之间的一种过渡状态。与片状石磨相比，蠕虫状石墨头部较圆，减轻了对基体的割裂作用；同时其形态短而厚（长度与厚度之比 l/d 一般为 2～10，片状石墨的 l/d>50）。立体观察结果表明，蠕墨铸铁的石墨不像球墨铸铁中的球状石墨那样独立存在，而是在一个共晶团内部如灰铸铁中的片状石墨一样有分支，内部互连。

成功蠕化处理的蠕墨铸铁中总是伴随着一定量的球状石墨，因此，为了对蠕墨铸铁中石墨的蠕化程度做出定量分析，研究人员提出了一些评价石墨形态的参数。

① 蠕化率

蠕化率是评定石墨是否受到良好蠕化的指标。在有代表性的显微视场内分别确定铸铁组织中的蠕虫状石墨个数与球状石墨个数，则蠕化率可定义为：

$$蠕化率 = \frac{蠕墨数}{蠕墨数+球墨数} \times 100\% \tag{6-7}$$

② 形状系数

蠕化率并不能精确地反映石墨的形状。为了正确评定石墨的形状特征及蠕化程度，可以采用形状系数 K 来表示。通过测定石墨的面积 S 和周长 L，则形状系数 K 定义为：

$$K = 4\pi S / L^2 \tag{6-8}$$

当 $K<0.15$ 时，石墨为片状；当 $0.15<K<0.8$ 时，石墨为蠕虫状；当 $K>0.8$ 时，石墨为球状。

蠕墨铸铁的基体组织有铁素体和珠光体。铸态条件下，基体含有较多的铁素体，为了获得较多的珠光体含量，一靠合金化，二靠热处理。

(1) 化学元素影响

① 碳当量

碳和硅都促进铸铁的石墨化，故碳当量增加，基体中的珠光体含量减少。

② 硅和锰

硅是强烈石墨化元素，硅含量的增加必然增加铁素体含量。锰在一定程度上抑制石墨化，故可以促进珠光体的形成。图 6-8 给出了硅锰比对基体珠光体含量的影响，可见，要想获得 80% 以上的珠光体基体，硅锰比必须小于 1。考虑到硅在蠕墨铸铁中的含量，锰的量大约为 2.5% 才能获得以珠光体为基的组织。

(2) 热处理

正火处理是获得珠光体组织的有效途径。正火温度的合理选择是关键因素之一。图 6-9 为正火温度和保温时间对蠕墨铸铁珠光体量的影响，可以看出，正火温度的提高及一定范围内保温时间的延长均可以显著提高珠光体含量。当正火温度低于 900℃ 时，无论怎样延长保温时间，都很难得到珠光体含量大于 80% 的基体组织。因此，对于蠕墨铸铁，合理的正火温度应选择在 950℃ 以上。

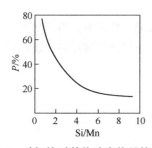

图 6-8 硅锰比对基体珠光体量的影响

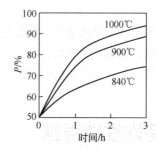

图 6-9 正火温度、保温时间对蠕墨铸铁珠光体量的影响

除了化学成分和热处理可以影响蠕墨铸铁基体外，铸件壁厚也在一定程度上影响着铸铁基体。厚壁将减缓铸件冷却速度，使得固态石墨化进行得更加充分，因而基体组织中的铁素体量增加而

珠光体量减少。

6.6.2 性能

(1) 强度

蠕墨铸铁的拉伸强度介于高强度灰铸铁和球墨铸铁之间，并具有一定的延伸率。蠕墨铸铁的抗压强度显著高于抗拉强度，如表 6-11 所示，其抗压强度可达抗拉强度的 3 倍以上。

表 6-11 蠕墨铸铁抗压与抗拉强度

项目	$\sigma_{0.1}$	$\sigma_{0.2}$	断裂时
压缩强度/MPa	321	347	1212
拉伸强度/MPa	246	272	380

蠕墨铸铁的弹性模量约为 138～165GPa，高于灰铸铁而低于球墨铸铁。随着蠕化率的降低，弹性模量增加。同时，碳当量的增加，铸件壁厚的增加，都会使得基体中的铁素体量增加，使弹性模量有所减少。

从材料实际使用时要求的强度性能出发，屈强比（$\sigma_{0.2}/\sigma_b$）也具有重要意义。屈强比越高，材料潜力发挥越充分，利用率越高。蠕墨铸铁的屈强比在铸造材料中最高，如表 6-12 所示。

表 6-12 蠕墨铸铁、球墨铸铁和铸钢的屈强比

项目	蠕墨铸铁	球墨铸铁	铸钢
$\sigma_{0.2}/\sigma_b$	0.72～0.80	0.65～0.70	0.50～0.55

碳当量是影响蠕墨铸铁强度的重要因素。随着蠕墨铸铁碳当量的增加，其抗拉强度有所降低，但这种影响的敏感程度远远低于灰铸铁。因此，在较宽的碳当量范围内，蠕墨铸铁具有较高的强度，即使碳当量高达 4.4%，其强度也高于低碳当量的高强度灰铸铁。

在基体组织大致相同的条件下，硅的固溶强化在一定程度上使得蠕墨铸铁的强度增加。由于硅促进石墨化，增加了基体中的铁素体含量，对于塑性的提高也有一定益处。

(2) 塑韧性

蠕墨铸铁的冲击韧性及延伸率均高于灰铸铁而低于球墨铸铁，具体数值随石墨的蠕化率、基体组织而不同。蠕化率低或者铁素体含量高的蠕墨铸铁的韧性和延伸率高。当温度降低时，蠕墨铸铁也存在韧脆转变温度。

(3) 导热性

在基体组织基本相同的情况下，蠕墨铸铁的导热性主要取决于蠕化率。当蠕化率高时，其导热性接近灰铸铁；当蠕化率低时，其导热性接近于球墨铸铁。正是由于蠕墨铸铁良好的导热性及适当的强度，其成为重载卡车发动机优良的材料。

6.7 特殊性能铸铁

为了扩展铸铁适用范围，满足工业生产需求，可以通过在铸铁基础上加入某些合金元素，使之具有某种特殊性能，如耐磨性、耐热性、耐蚀性等，从而形成一种具有特殊性能的合金铸铁。

与合金钢相比，合金铸铁熔炼简单，成本低，具有较高的性价比。

6.7.1 耐磨铸铁

耐磨铸铁按其工况可分为两种，一为在润滑条件下工作，如机床导轨、汽缸套、活塞环和轴承等，一般要求铸铁材料摩擦系数小，磨损少，抗咬合能力强，称为减磨铸铁；另一种为在无润滑的干摩擦条件下工作，如碎煤机中的零件、钢轨与车轮、冷轧机轧辊等，这种工况下工作的铸铁也称为抗磨铸铁。

(1) 减磨铸铁

石墨是六方晶格的片层状晶体结构，基面的碳原子由共价键连接，基面之间由很弱的极性键连结。在外力作用下，石墨很容易沿着基面解理，在铸铁中起到良好的润滑作用。铸铁中的石墨要发挥润滑功能，需要石墨从基体中析出形成连续的薄膜。铸铁中石墨的润滑能力，与金属基体、石墨形态、尺寸和分布，以及摩擦面承载大小有关。金属基体越硬，摩擦面表面层金属塑性变形区越小，不利于石墨的挤出，不利于石墨成膜。在轻载情况下，片状石墨容易形成连续的石墨膜；而在重载情况下，球状石墨变形成片状，与片状石墨的成膜能力相当。在没有形成连续石墨膜的情况下，片状石墨尖端在基体中造成较为严重的应力集中，容易形成裂纹源，加快磨屑形成，因此片状石墨铸铁的磨损比球铁大。

金属基体是决定铸铁耐磨性的重要因素。一般情况下，金属基体越硬，磨损越小，但不利于石墨成膜，降低了润滑能力。经过综合衡量，一般认为珠光体是合适的基体组织。珠光体数量越多，片间距越小，铸铁的摩擦磨损性能越好。在轻微磨损条件下，如果基体硬度大致相同(HV310)，耐磨性按照贝氏体、回火马氏体、珠光体的顺序降低；而在严重磨损阶段，三种组织相差不大。当存在硬质相时，如硬质相与基体结合牢固，则在基体中起到支承和骨架作用，对保持润滑、减少磨损有利；当硬质相从基体中剥落下来，成为磨粒参与磨损，反而加快铸铁的磨损。石墨剥离后，在摩擦面上留上的孔洞又能存储润滑介质。实验表明，无润滑条件下，作为轴套材料，球铁比低碳钢耐磨，珠光体球铁的耐磨性高出钢的1~2倍。无论有无润滑，球铁的摩擦系数比青铜或黄铜都高，因此其减磨性能比铜合金差。

在润滑条件下工作的耐磨铸铁，其组织为软基体上分布着硬相组成物，磨合后使得软基体有所磨损，形成沟槽，可贮存润滑剂，形成油膜。主要有以下几种耐磨铸铁。

① 磷铸铁

当灰铸铁中磷含量超过0.3%时，在组织中出现硬而脆的磷共晶，硬度为600~800HV，磷共晶一般沿晶界分布形成连续网状，起到支撑骨架的作用，提高了铸铁的耐磨性。但其弱点是熔点低，在高速摩擦时，磷共晶可能会因摩擦温升而熔化，造成咬合；同时磷共晶呈网状分布，不仅降低了铸铁强度，而且磷共晶容易剥落下来形成硬的磨粒，反倒增加了磨损量。因此，不能简单地增加磷共晶量来提高铸铁的耐磨性，可采用加入合金的方法。

由于普通高磷铸铁的强度和韧性较差，可加入B、Mn、Cr、Mo、W、Cu、Ti、V等元素，形成合金高磷铸铁，强化基体、增加碳化物数量、细化组织，增加材料硬度以进一步提高耐磨性。如B可以提高铸铁的抗咬合能力，加Mn可形成含锰渗碳体，其强度可达1100~1300HV。Cr和Mo的加入有助于细化组织，提高铸铁的硬度和耐磨性，改善强度和韧性，因此高磷铬钼铸铁广泛应用于柴油机汽缸。在高磷铬钼铸铁的基础上再加入铜，则可以用来制作活塞环。

热处理可以提高铸铁的耐磨性。如对球铁采用等温淬火或表面淬火，获得高强度和硬度的基体组织（马氏体、贝氏体等），能较好地抗咬合。

② 中锰球墨铸铁

中锰球墨铸铁的锰量范围较宽，一般为 5%～10%。该铸铁具有一定的强度和韧性，较高的硬度和耐磨性，当用于冲击载荷较小的磨损件时，其耐磨性优于高锰钢和其他一些常见的耐磨材料。目前，中锰球墨铸铁主要用于制作农机上的耙片、魔球，选煤机上的旋流器，破碎机颚板等。

③ 钒钛系铸铁

钒是强碳化物形成元素（如形成的 VC，硬度为 2800HV），促使珠光体形成，且能细化石墨；钛也能形成碳化物，与碳、氮亲和力强（如形成的 TiC，硬度为 3200HV）。钒、钛的细小碳化物质点分布在基体组织中，极大地提高了铸铁的耐磨性。铸态钒钛球铁的耐磨性与淬火 45 钢相近，等温淬火剂正火处理的钒钛球铁的耐磨性优于淬火 45 钢。我国的钒、钛原料储量丰富，熔炼方便，铁水流动性好，但铸件缩松倾向较大。

④ 铬钼铜系铸铁

铬是强碳化物形成元素，可形成 Fe-Cr-C 复杂化合物。铬常与钼、铜并用，铜可以阻碍凝固过程中的石墨化，细化珠光体；钼能形成固溶体，并使共析碳含量增加。

⑤ 硼系铸铁

硼是强碳化物形成元素，强化珠光体，减少铁素体含量。硼使球铁出现显微硬度高（>HV1100）的含硼渗碳体，其数量随含硼量增加而增加。当硼含量较低（>0.017%）时，硼碳化物析出，呈细小块状均匀分布在晶界，对球铁的韧性和脆性影响较小，是比较理想的抗磨相；当含硼量在 0.04%～0.05%时，出现了较大块状或鱼骨状含硼渗碳体和珠光体共晶；当硼量进一步增加，液体中直接析出方向性很强的初生针状渗碳体。硼与钒、钼、铬等共同添加时，能进一步提高合金铸铁的硬度。

干摩擦下工作的零件应具有均匀的高硬度组织。白口铸铁是较好的耐磨铸铁，但脆性大，不能承受冲击载荷。因此，生产中常采用冷硬铸铁，即铁水表面受到激冷作用而得到白口组织，心部仍为灰口组织，保证了耐磨和较好冲击韧性。冷硬铸铁常用于制造轧辊等。为了进一步提高铸铁的耐磨能力，可通过在铸铁中添加磷、钒、钛、铬、钼等元素，在组织中形成硬化相。

(2) 抗磨铸铁

抗磨铸铁多工作于干摩擦和冲击摩擦工况下，条件恶劣，失效形式主要包括破裂和磨耗两方面。优异的抗磨材料应该具有强韧性良好结合的基体和分布于基体上的足够多的硬质相颗粒。

具有强韧性良好结合的金属基体是抵抗破裂的关键。马氏体、奥氏体和贝氏体均是优良的抗磨铸铁基体，而铁素体和珠光体偏软，不适用于抗磨领域。同时，足够多的硬质相颗粒可以有效地抵御磨损。一般情况下，硬度高一些，材料的抗磨性能会提高，因此，可以通过硬度来选择基体和硬质相。

表 6-13 给出了常见金属基体的显微硬度，可以看出，基体以马氏体、奥氏体和贝氏体为宜；表 6-14 给出了常见硬化相颗粒的硬度，一般以 W、B、Cr、Ti、V 的复杂碳化物为宜，由这两类组织构成的材料才可能具有良好的抗磨性能。由于石墨颗粒偏软，难以满足抗磨需求，所以抗磨铸铁一般都是白口铸铁。

表 6-13 常见金属基体的显微硬度

项目	铁素体	珠光体	贝氏体	奥氏体	马氏体
显微硬度/HV	70～200	300～460	320～360	300～600	520～1000

挑选合适的基体和硬化相组织是获得良好抗磨材料的物质基础，通过进一步地细化组织，可以有效地发挥材料的抗磨性能。如采用金属型铸造高铬铜白口铸铁叶片，由于晶粒细化，其耐磨

性比砂型铸造的高一倍左右。

碳化物的形态及分布也强烈影响着抗磨铸铁的性能。连续网状碳化物显著降低铸铁韧性，通过稀土变质处理可以将连续网状变为断续网状或孤立状，可以大幅度改善韧性。

表 6-14 常见硬化相的显微硬度

硬化相	显微硬度 HV	硬化相	显微硬度 HV
二元磷共晶	420～740	WC	1820～2470
三元磷共晶	720～835	WC_2	3000～3400
M_3C	840～1100	VC V_4C_3 TiC	900～1840
M_7C_3	1200～1800	$\alpha+Fe_3P+(Fe \cdot V)_3C$ 共晶体	502～1206
$(Fe \cdot Cr)_3C(<10\%Cr)$	830～1370	$\alpha+Fe_3P+Fe_{23}(B \cdot C)_6$ 共晶体	
$(Fe \cdot Cr)_7C_3(>13\%Cr)$	1227～1800		

普通白口铸铁的抗磨性能一般，难以满足严苛工况的要求，为了进一步提高其抗磨性能，合金化是关键，其中铬是经常使用的合金元素。

① 镍铬白口铸铁

镍铬白口铸铁是工业界最早应用的抗磨材料之一，也称为镍硬铸铁。主要成分为2.5%～3.6%C，3.3%～5.0%Ni，1.4%～3.0%Cr。镍是主要合金元素，起到稳定奥氏体，抑制珠光体，促进马氏体的作用。铬用于形成强碳化物，并平衡镍的石墨化作用，确保得到白口组织。碳化物和马氏体组织可以有效地抵抗中等应力的冲击磨损。镍铬铸铁常用于一些泵的泵体、叶片及球磨机的衬板等。

表6-15 第Ⅰ组给出了美国 ASTM A532 镍铬白口铸铁的化学成分，其中A、B、C三种规格属于低铬白口铸铁，碳化物为M3C型，一般呈连续网状分布，韧性较弱；D型铸铁的铬、镍含量较高，碳化物为M7C3型，呈点状分散分布，韧性较好，有良好的抗冲击性能。

表 6-15 铬系抗磨铸铁的化学成分（ASTM A532）

组	类别	化学成分/%						硬度 HBW
		C	Mn	Si	Ni	Cr	Mo	
Ⅰ	A	3.0～3.6	≤1.3	≤0.8	3.3～5.0	1.4～4.0	≤1.0	550
	B	2.5～3.0	≤1.3	≤0.8	3.3～5.0	1.4～4.0	≤1.0	550
	C	2.9～3.7	≤1.3	≤0.8	2.7～4.0	1.1～1.5	≤1.0	550
	D	2.5～3.6	≤1.3	1.0～2.2	5.0～7.0	7.0～11.0	≤1.0	550
Ⅱ	A	2.4～2.8	0.5～1.5	≤1.0	≤0.5	11.0～14.0	0.5～1.0	550
	B	2.4～2.8	0.5～1.5	≤1.0	≤0.5	14.0～18.0	1.0～3.0	450
	C	2.8～3.6	0.5～1.5	≤1.0	≤0.5	14.0～18.0	2.3～3.5	550
	D	2.0～2.6	0.5～1.5	≤1.0	≤0.5	18.0～23.0	≤1.5	450
	E	2.6～3.0	0.5～1.5	≤1.0	≤1.5	18.0～23.0	1.0～2.0	450
Ⅲ	A	2.3～3.0	0.5～1.5	≤1.0	≤1.5	23.0～28.0	≤1.5	450
	B	2.75	0.7	0.7	—	27.0	0.5	650
	C	2.5～2.9	0.33～0.65	0.6～0.8	—	28.0～33.0	—	350～450

镍硬铸铁经正火处理后铸态奥氏体基体变为马氏体，硬度由HBW550提高到HBW600～800。正火规范视铸件复杂程度而定，简单件取750℃/8h，复杂件取550℃/4h；正火后再经回火处理(450℃/16h)可完全消除内应力，获得的铸件强度为520～550MPa，如进行200～300℃/4h低温回火，则强度、

韧性会提高50%～80%。

② 铬钼白口铸铁

表6-15第Ⅱ组为铬钼白口铸铁，其成分为：11%～23%Cr，0.5%～3.5%Mo。高的铬含量提高了铸铁的耐磨性和抗氧化性，高的钼含量提高了淬透性，保证铸件在正常凝固条件下得到马氏体或奥氏体。为了进一步增加淬透性，可以加入1%的镍或铜。由于该类铸铁合金含量较高，其铸态基体一般为奥氏体，可以通过热处理调控其组织和性能。在950～1060℃下M_7C_3析出，碳量减少导致过饱和奥氏体变得不稳定，提高了淬透性；经油/空冷，奥氏体转变为马氏体；随后的回火可以减少内应力，进一步提高韧性。

15Cr3Mo是典型铬钼白口铸铁，具有良好的耐磨性和高温抗氧化性，可作高炉料钟、料斗等高温下磨损的零件。15Cr3Mo需在950℃进行完全奥氏体化正火及400℃回火消除内应力。

③ 高铬白口铸铁

表6-15第Ⅲ组为高铬白口铸铁，其含铬量达到25%～30%，碳化物为$(Fe\cdot Cr)_7C_3$，显微硬度HV1200～1800，可作泥浆泵的泵体和叶片等零件。

只含23%～28%Cr的白口铸铁的铸态组织为珠光体，经980～1040℃淬火后得到马氏体，但是淬透性不高，限制了其工业应用。可以适当加入合金元素提高淬透性。如27Cr-Mo白口铸铁，铸态组织为奥氏体-马氏体，经奥氏体化正火后，大部分奥氏体转变为马氏体。

30Cr白口铸铁没有其他合金元素，但在2.8%～2.9%C和非平衡条件下，奥氏体有较大稳定性，室温下得到奥氏体+$(Fe\cdot Cr)_7C_3$，其中奥氏体在冲击作用下转变为马氏体，提高了耐磨性。所以30Cr合金适用于冲击磨损工况，如破碎机用的衬板。

高铬白口铸铁的抗磨性与工况密切相关。当承受滑动接触的磨料磨损条件下，高铬铸铁表现出很好的耐磨性，但在高角度冲蚀磨损条件下，耐磨性大大降低，甚至还不如低碳钢。

④ 其他抗磨铸铁

除了铬系铸铁，我国根据自身资源情况发展出了锰系合金铸铁，如锰钨白口铸铁、锰钼白口铸铁和中锰球磨铸铁，如表6-16所示。锰扩大了奥氏体相区，增加了奥氏体的稳定性和淬透性，当锰量为5%～7%时，铸铁基体为马氏体；锰量为7%～9%时，基体为奥氏体。当锰量超过固溶度时，还可以形成M_3C、$M_{23}C_6$复杂碳化物，提高了硬度和耐磨性。马氏体中锰球磨铸铁主要用于球磨机的磨球，耐磨性比锻钢高1.5倍以上。

表6-16 其他抗磨铸铁

名称	成分/%				性能	
	C	Si	Mn	其他	α_K/(J/cm²)	HRC
锰钨白口铸铁	2.7～3.0	1.2～1.5	1.3～1.6	1.6～1.8W		38～45
	3.0～3.3	0.8～1.2	5.5～6.0	2.5～3.5W		55～60
锰钼白口铸铁	2.7～3.0	1.2～1.6	1.0～1.2	0.7～1.2Mo 0.1～0.15V		38～40
	3.5～3.8	1.3～1.5	4.5～5.0	1.5～2.0Mo 0.6～0.8Cu 0.3～0.35V		66～62
中锰球墨铸铁	3.3～3.8	4.0～5.0	8.0～9.5	0.025～0.06Mg 0.025～0.06RE	14.7～29.4	38～47
	3.3～3.8	3.3～4.0	5.0～7.0	0.025～0.06Mg 0.025～0.06RE	7.85～14.7	48～56

6.7.2 耐热铸铁

耐热铸铁是指在高温条件下具有一定的抗氧化和抗热生长的能力,并能承受一定载荷的铸铁。因此,可以从铸铁的抗氧化性和抗热生长两方面考虑。

(1) 铸铁的高温氧化

铁和氧在高温下反应生成三种产物,即 FeO、Fe_3O_4、Fe_2O_3。低于 570℃时,Fe_3O_4 紧邻基体,外表面为 Fe_2O_3;而高于 570℃,FeO 紧邻基体,中间层为 Fe_3O_4,外表面为 Fe_2O_3,如图 6-10 所示。

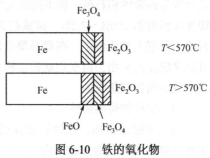

图 6-10 铁的氧化物

铁在高温下的氧化过程可分为三个步骤。a.氧原子在铁表面形成化学吸附,厚度约为 2nm;b.吸附的氧与铁迅速反应,生成致密的 FeO 膜,厚度约为 100~500nm,此时的氧化速度由化学反应速率控制;c.当 FeO 膜厚度足够大时,隔绝了氧与铁的直接接触,减缓了氧化过程,此时的氧化源于铁离子扩散通过 FeO 膜在表面与氧反应,或氧离子扩散通过 FeO 膜至基体与铁反应,或二者均有之,此时的氧化速度由离子扩散速度控制。

铁氧化形成的氧化膜达到一定厚度,会影响氧化速度,从而对金属产生作用,因而氧化膜是否完整将决定着氧化是否继续进行。

为了表征氧化膜的完整性,Pilling–Bedworth 提出了 PB 比的概念,即氧化形成的金属氧化膜体积(V_{MO})与生成这些氧化膜所消耗的金属基体体积(V_M)之比。

$$PB = \frac{V_{MO}}{V_M} = \frac{M_{MO}\rho_M}{nM_M\rho_{MO}} \tag{6-9}$$

式中,M 为分子质量;n 为氧化物分子式中的金属原子数量;ρ 为密度。

当 PB<1 时,氧化物不足以覆盖金属,如图 6-11 所示,典型金属为镁。

当 PB>2.3 时,氧化物体积膨胀剧烈,将出现剥离,典型金属为铁。

当 1<PB<2.3 时,氧化物可以包覆住金属,一般认为可以保护住金属,典型金属为铝。

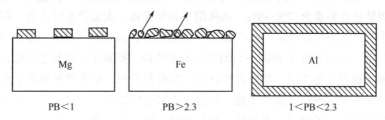

图 6-11 PB 比对金属表面氧化膜完整性的影响

PB 比准则比较简单,能描述大多数金属材料的抗氧化性能,但 PB 比是一个唯象模型,缺乏物理背景,有少量金属并不符合 PB 准则,如 Ag、Ti 的 PB 比位于 1~2.3,但其氧化膜并不能保护金属。

氧化膜的包覆性是决定金属氧化的一个方向,而氧化膜的电导性是决定金属氧化的另外一个方面。当氧化膜覆盖金属后,进一步氧化就需要金属离子和氧离子在氧化膜中的扩散。当氧化膜电导率高时,离子扩散运动就剧烈,氧化越严重。FeO 虽然能在铁基上形成致命的氧化膜,但 FeO 电导率高,其保护性很低。

(2) 铸铁的热生长

一些金属材料在长时间高温或反复加热-冷却环境中,产生不可逆体积膨胀,铸件尺寸相应变化，称为热生长。造成灰铸铁热生长的原因有：碳化物分解、铸件氧化和微细裂纹、孔洞的产生。热生长不仅使铸件尺寸变化，还导致铸件变形、扭曲，在低应力下出现裂纹而失效。

灰口铸铁组织中共析组织在400℃以下是稳定的；在400～600℃范围内珠光体逐渐球化并随之分解为铁素体和石墨，析出的碳将依附于已有的石墨，造成体积膨胀。渗碳体每析出1%的碳，铸件体积增加2.0%～2.2%；铸铁在共析转变温度范围上下工作，当升温时铁素体转变为奥氏体，石墨不断溶入奥氏体中，在原石墨处留下微观孔洞；而在冷却时，奥氏体析出石墨，但石墨不会沿原来的孔洞析出，再次造成石墨析出膨胀；当温度很高，高于相变温度，此时氧化严重，氧化膜造成逐渐体积膨胀。

(3) 常用的耐热铸铁

由上述描述可知，灰铸铁在高温下不仅渗碳体分解成石墨，同时高温下表面也会氧化，氧化性气体还可沿石墨片渗入内部，造成内部氧化，形成热生长。在550～600℃温度下，氧化由金属表面开始，首先形成以氧化铁及硅酸铁（Fe_2SiO_4）为主要成分的氧化膜。如果这种氧化膜与基体结合牢固，膜体致密不易破裂，则将阻止铸铁的进一步氧化，有利于提高材料的耐热性。但对于一般的非合金铸铁材料，表面氧化膜在温度继续升高时，并不能阻止氧离子的渗透，使得铸件内部继续氧化。氧化严重破坏了表面基体，恶化机械性能。由于石墨在高温下可发生燃烧，给氧提供了进入材料内部的通道，导致了球铁的耐热能力强于灰铸铁。灰铸铁中片状石墨纵横交叉，提供的渗透通道多，为氧的渗入提供了良好的条件。而球铁的石墨球是孤立的，氧离子难以渗入。

为了提高铸铁耐热性，可采用合金化手段，即向铸铁中加入铝、硅、铬等元素，在表面形成一层致密的SiO_2、Al_2O_3、Cr_2O_3等氧化膜，能明显提高高温下铸铁的抗氧化能力。此外，这些元素还提高铸铁临界点，使得铸铁在使用温度范围内不发生固态相变，减少因体积变化导致的裂纹。

① 铝系耐热铸铁

含铝灰铸铁表面可形成坚固、致密的Al_2O_3保护膜，即使在900～1100℃也能有效地保护金属组织，抑制氧化作用。根据含铝量不同，铝系耐热铸铁可分为低铝、中铝和高铝三类。低铝铸铁的含铝量为2%～3%，基体组织为铁素体+珠光体，碳以石墨形式析出，少量用于玻璃模、内燃机排气管等；中铝铸铁含铝量为7%～9%，基体组织为铁素体，大量渗碳体出现，在高温下渗碳体分解，加大热生长，用于制造750～900℃温度下的耐热件；高铝铸铁的含铝量为20%～24%，铁水中析出细小石墨，可用于制造1000～1100℃下的耐热件，抗氧化、抗热生长能力强，但在高温下抗蠕变能力差，在温度急变时，耐热性能降低，铸件易开裂。铝系铸铁容易形成铝氧化膜，浇注时应注意排除夹杂物，使铁液流动平稳；同时，大量铝的加入，使得铸件抗温度急变性大大降低，室温脆裂倾向加大。通过多元合金化，如铝与硅、铝与铬合用，则抗氧化性能更好，也能提高抗温度急变性。

② 硅系耐热铸铁

硅改善铸铁在650℃以上的耐热性，主要原因有两方面：一是含硅高的铸铁表面氧化膜中硅酸铁量增加，氧化膜致密，与金属基体结合牢固，能抑制氧离子的扩散；二是硅提高了铁素体转变为奥氏体的临界温度（含硅量每增加1%，奥氏体相变点升高50～60℃，含硅量为5.5%，其相变点约为900℃），相变引起的体积变化会产生应力，导致铸件变形或开裂，降低氧化层的附着力及氧化膜的破裂，降低其保护作用。随着硅含量的增加，铸铁中铁素体量增多，强度下降，伸长率上升；但当含硅量增加到一定量后，铁素体脆化，强度和伸长率均下降。因此，硅的含量一般控制在3.5%～6%，适宜温度范围为600～950℃，此时具有稳定的铁素体组织，有较强的抗氧化、抗热生长能力。同时，还可加入铝和钼，进一步提高抗氧化能力和高温强度。

③ 铬系耐热铸铁

与同类的铝、硅系耐热铸铁相比，铬系耐热铸铁强度和使用温度都高。低铬铸铁（0.5%～2%）组织为片状石墨+珠光体，随铬含量增加，有自由渗透体出现。当铬含量为12%～15%时，因碳当量及冷速不同，存在珠光体或马氏体+残余奥氏体基体；当铬含量为25%～30%时，形成稳定的铁素体组织，此时不存在珠光体中渗碳体分解成石墨的问题，对耐热件有利。如若在高铬铸铁中加入Ni元素，可以形成更加稳定的奥氏体组织。

6.7.3 耐蚀铸铁

金属材料受环境介质的腐蚀是一个严重的问题。飞机、轮船及其他金属构件，由于受到各种不同的腐蚀，强度降低，提早失效，造成巨大的浪费，甚至是严重事故。因此，了解金属的腐蚀规律，研究提高其耐蚀性能是非常重要的。

金属材料的腐蚀，按腐蚀机理可分为化学腐蚀和电化学腐蚀。金属在海水、酸碱盐中的腐蚀一般都属于电化学腐蚀，是最普遍的一种腐蚀。

不同金属放在电解质溶液中，用导线接通后，由于金属的电极电位不同，构成原电池。低电位金属M首先失去电子成为正离子而溶解，构成电池的阳极：

$$M \longrightarrow M^{n+} + ne \tag{6-10}$$

阳极产生的电子，流至阴极，被与阴极接触的溶液中能吸收电子的物质吸收：

$$2H^+ + 2e \longrightarrow H_2\uparrow \tag{6-11}$$

$$O_2 + 2H_2O + 4e \longrightarrow 4OH^- \tag{6-12}$$

阴阳两极的反应不断进行，作为阳极的金属不断被溶解腐蚀掉。若阴极无法接受电子，流至阴极的电子将不能被引走，停留在阴极，使阴极电位降低，直至与阳极电位相等，电子流中断，阳极金属的腐蚀即停止。阳极与阴极间的电位差值的减小称为极化。提高阳极电位以减少差值称为阳极极化，相应地，降低阴极电位以减少差值称为阴极极化。能接受电子的物质（如 H^+、O_2）称为去极化剂，其中以 H^+ 为去极化剂的腐蚀称为析氢腐蚀。

按金属标准电极电位的大小顺序排列即获得了金属电动序，它与金属的活动顺序基本一致。一种金属添加到另一种金属中构成的合金的电极电位要发生变化。电位高的金属加到低电位金属中形成的固溶体，其电位升高；形成两相合金时，电位一般不随成分而变化；形成化合物时，化合物的电位可能比两组元高，也可能介于两组元之间。阳极金属表面如果形成钝化膜，则电位升高，阳极反应受到阻碍，金属的耐蚀性提高。

金属的电化学腐蚀大多是由于材料中存在成分、组织和力学等方面的不均匀性而引起的，不均匀性越大，腐蚀越剧烈。

① 成分、组织、结构不均匀引起的电化学腐蚀

两相合金中，由于第二相和基体相的成分不同，电极电位将不同，当它们与电解液接触构成原电池，其中阳极金属被腐蚀，两相之间的电位差越大，腐蚀越快。

单相固溶体的耐蚀性比多相合金要好，但如果存在成分偏析（如铸态固溶体合金中的树枝状组织、合金元素的偏聚等），则浓度不同的各显微区域电极电位不同，阳极金属被腐蚀。固溶体经过充分地均匀化处理，树枝状偏析消除，耐蚀性提高。

热处理如果导致高电位的第二相质点沿晶界析出，降低了晶界附近的固溶体电位，在原电池

中成为阳极，使得腐蚀沿晶界进行，即晶界腐蚀。该腐蚀破坏晶粒间的结合，严重降低合金的机械性能。

电化学腐蚀是由于两种不同金属的接触而产生，因此，为了降低电化学腐蚀，要避免电极电位差别大的金属直接接触，否则低电位金属将很快腐蚀。

② 应力不均匀引起的电化学腐蚀

合金的残余张应力也可以造成腐蚀损伤。由于应力能降低合金电位，应力高的部位电位降低成为阳极而被腐蚀，因此，金属中被碰伤部分会加速腐蚀。如枪支的钢印编号即使被磨损掉，但通过腐蚀，仍然可以被显现出来，用于刑侦。

引起应力腐蚀所需应力值很小，因此，克服应力腐蚀的有效方法是对金属构件消除应力退火，或喷丸、滚压等机械处理，在金属表面造成压应力。

③ 保护层破损引起的电化学腐蚀

为了保护金属免受腐蚀，常在金属表面涂敷一层保护层，该保护层可以降低腐蚀速率。但当表面的保护层有孔隙或破损时，暴露出新鲜金属基体，此时，金属为阳极，氧化膜为阴极，由于阳极表面积远小于阴极面积，腐蚀将迅速发展。

提高合金耐蚀性的主要途径是合金化、热处理、钝化处理等。

合金化的目的是合金表面形成钝化膜，或者减缓阳/阴极反应过程，从而减缓电化学腐蚀。热处理可以增加合金成分、组织、内应力的均匀性。

钝化处理可以利用钝化膜将金属与环境隔离开，常用的有铝合金的阳极化、镁合金的化学氧化处理。铝合金的阳极处理是将铝制品置于电解槽的阳极进行电解，使铝表面形成 20~30μm 的致密氧化膜。

耐蚀铸铁是指在腐蚀性介质中工作时具有耐蚀能力的铸铁。铸铁暴露在潮湿空气中，通过吸附在表面形成薄薄的水膜，水电离成 H^+ 和 OH^-，材料表面就处于含 H^+ 和 OH^- 的溶液中，形成原电池。铸铁中的石墨、渗碳体、珠光体、铁素体的阳极性依次逐渐增强。石墨与基体紧密相连，使石墨-基体或基体-基体之间的电化学腐蚀不断进行。Fe^{2+} 进入水膜，多余的电子移向石墨。H^+ 在石墨上与电子结合析出氢气。水膜中的 Fe^{2+} 与 OH^- 结合成 $Fe(OH)_2$。$Fe(OH)_2$ 在空气中氧化为 $Fe(OH)_3$，红褐色的铁锈主要组成物 Fe_2O_3 就是 $Fe(OH)_3$ 的脱水产物。这就是铸铁中的电化学腐蚀过程。

铸铁中的石墨是腐蚀过程的重要因素。石墨与基体的接触面积越大，电化学腐蚀的速率越高。因此，球铁的电化学腐蚀倾向低于灰铸铁，表现出较高的耐蚀性。如球铁在水中的耐蚀性较强，是制作输水管道的适宜材料。珠光体是由电位不同的两相组成，两相之间形成原电池，促进电化学腐蚀，因此，铁素体或奥氏体单相基体的耐蚀性一般比珠光体的耐蚀性强。

为了提高铸铁耐蚀性，可采用合金化手段，即向铸铁中加入铝、硅、铬等元素，在表面形成一层致密的 Al_2O_3、SiO_2、Cr_2O_3 等氧化膜，能明显提高铸铁的耐腐蚀能力。

常用耐蚀铸铁：

① 高硅合金铸铁

硅是提高铸铁抗酸能力的元素。高硅铸铁中的硅除溶解于铁中外，还以 Fe_3Si_2 和 $FeSi$ 形式存在，提高了基体电位；并能在铸铁表面生成致密的含硅酸铁的保护膜，大大提高了耐蚀性。但这种保护膜可被氢氟酸溶解。

典型耐蚀铸铁的化学成分及使用范围如表 6-17 所示。

表 6-17 典型耐蚀铸铁的化学成分及性能

名称	化学成分/%				性能		用途
	C	Si	Mn	其他	强度/MPa	硬度	
高硅铸铁	0.5~0.85	14.0~15.0	0.3~0.8	—	59~78	HRC38~46	中等静载荷、无温度急变的耐酸件
抗氯铸铁	0.5~0.8	14.0~16.0	0.3~0.8	3~4Mo	59~78	HRC43~47	抗 HCl 腐蚀件
铝耐蚀铸铁	2.7~3.0	1.5~1.8	0.6~0.8	4~6Al	177~432	HRC≤20	碱性溶液耐蚀件
Cr28	0.5~1.0	0.5~1.3	0.5~0.8	26~30Cr	377~402	HBW220~270	耐 HCl、H_2SO_4、HNO_3、海水腐蚀
Cr38	1.5~2.2	1.3~1.7	0.5~0.8	32~36Cr	294~422	HBW250~300	

高硅球铁的抗碱蚀能力较差，甚至低于普通灰铸铁，但加入一定量的铝可以提高高硅合金铸铁的抗碱蚀能力。

高硅铸铁对于盐溶液有较好的耐蚀性，但对于能水解成碱性溶液的盐除外。

② 高镍合金铸铁

一种牌号为 Ni-Resist 的高镍合金铸铁有极好的耐蚀性，其含有 13.5~36%Ni、1.8~6.0%Cr。高镍使得铸铁获得奥氏体基体，镍、铬同加，使得材料在硝酸盐中非常稳定。在室温或一定高温下，可以有效地抵抗硫酸、盐酸、磷酸和其他有机酸（醋酸、油酸、硬脂酸）的腐蚀，是一种优良的耐酸蚀材料。

高镍球铁与高镍灰铸铁有相似的耐蚀性，但球铁具有较高的强韧性。

高镍铸铁可耐 NaOH 的腐蚀，具有较好的抗气蚀性，可制作水泵转子、小船螺旋桨，工作效率优于黄铜和 430 不锈钢。

③ 高铬合金铸铁

含 20%~35%Cr 的铸铁为体素体铸铁，比高硅铸铁有更好的力学性能，能承受冲击和加工，在浓硝酸中特别耐蚀，在盐酸和有机酸中也表现优异，但不耐受稀硝酸的腐蚀。

思考题

1. 说明灰口铸铁、白口铸铁和麻口铸铁的组织差异。
2. 铸铁有哪些突出的优点？
3. 目前灰口铸铁中的石墨有哪些形态？分别对应于哪种铸铁类型？
4. 灰铸铁的力学性能为何较差？
5. 球墨铸铁中的石磨球是单晶体吗？
6. 简要说明球墨铸铁的等温淬火工艺。
7. 球墨铸铁的力学性能可与铸钢比较的组织保障是什么？
8. 为什么铁素体球铁适于制作地下管道？
9. 蠕墨铸铁为何适于制作卡车发动机？
10. 灰口铸铁为何是优良的减摩材料？
11. 说明磷提高铸铁耐磨性的原因。
12. 铁的氧化产物有哪些？如何分布？
13. 什么是 PB 比，有什么工业应用？
14. 灰铸铁和球墨铸铁的抗氧化有什么差异？
15. 什么是铸铁的热生长？

第 7 章 有色金属

通常将钢铁、铬、锰及其合金称为黑色金属，其他金属及其合金统称为有色金属。有色金属的产量虽然不如黑色金属，但在金属材料领域占有重要地位。它们不仅提供了各种优质合金钢所必需的合金元素，而且由于许多有色金属合金具有优良的性能，如密度小、比强度、比模量高，耐热、耐蚀和良好的导电导热性能、弹性及一些特殊的物理性能等，成为现代工业尤其是国防工业中不可或缺的部分，其中铝、铜、镁、钛金属及其合金在卫星、飞机、汽车、船舶等领域获得了广泛应用，本章重点介绍这四种目前广泛使用的有色金属。

7.1 铝及铝合金

纯铝具有银白色金属光泽，密度小（$2.72g/cm^3$），熔点低（660.4℃），在地壳中储量丰富，仅次于氧和硅，比铁、镁和钛的总和还多。其导电导热性能优良，广泛用于导线、电缆及散热用机械零件；在大气中，其表面能迅速形成一层致密、结合牢固的 Al_2O_3 氧化膜，具有良好的抗大气腐蚀能力，但不耐碱、盐溶液及热的稀硝酸或稀硫酸的腐蚀；铝电位非常负，与正电性金属接触会发生电偶腐蚀，耐蚀性下降，尤其是与铜及铜合金接触；具有面心立方结构，材料塑性好，利于加工成型，可制成型材、线材、板材和铝箔，同时具有良好的低温塑性。无同素异构转变，无磁性。

纯铝中最常见的杂质是铁和硅，所含杂质越多，其导电性、导热性、抗蚀性及塑性就越低。纯度高于99.85%的铝称为高纯铝。我国高纯铝的牌号为LG+序号。LG 分别是汉字"铝"和"高"的首字母，序号表示纯度等级，序号越大，纯度越高。高纯铝主要用于科学研究、化学工业及制作电容器等一些特殊用途；纯度介于 99%～99.85%之间的铝称为工业纯铝，其牌号由 L+序号组成，有 L1、L2、…、L6。序号越大，纯度越低。工业纯铝用于配制铝合金，制造电线、电缆和日用器皿。

纯铝的强度低，抗拉强度约为 80～100MPa，不适于制作承力构件，且不能热处理强化，冷变形是提高其强度的唯一手段，但通过合金化制成铝合金，可改变组织结构，提高性能。常用的主加元素有 Cu、Mn、Si、Mg、Zn 等，辅加元素有 Cr、Ni、Ti、Zr 等。由于这些元素的强化作用，铝合金可以制造承受较大载荷的构件，成为工业生产中广泛应用的有色金属材料，尤其是要求重量轻的承载构件。

7.1.1 铝合金的分类及热处理

铝合金按其成分、组织、性能及生产工艺的不同，可分为两类：铸造铝合金和变形铝合金。图 7-1 给出了铝合金分类的示意图。合金元素的含量小于最大溶解点成分 B 时，加热时形成单相固溶体，其塑性好，适于压力加工，这种铝合金为变形铝合金。当合金元素的含量超过最大溶解点成分 B 时，铝合金组织中就有了低熔点共晶体，塑性差，不易压力加工，但液态合金流动性好，适于铸造成型，这种铝合金为铸造铝合金。图 7-2 给出了铝合金铸造的主要方法。

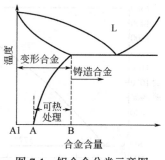

图 7-1　铝合金分类示意图

变形铝合金如果其合金元素含量位于 A、B 之间，相图存在溶解度曲线，在加热冷却过程中，固溶体的溶解度将发生变化，因此就可采用热处理强化铝合金，这种成分范围的铝合金即为可热处理强化合金。当合金元素的含量小于 A，在固态时始终为单一固溶体，即为不可热处理强化铝合金。

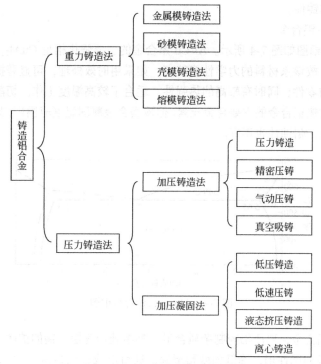

图 7-2　铝合金铸造的主要方法

7.1.2 常用铝合金

(1) 铸造铝合金

用于制作铸件的铝合金为铸造铝合金。铝合金铸造性能好，适宜各种铸造成形工艺，可以生产形状复杂的铸件。为了缓解铸件在凝固冷却过程中产生的内应力，预防变形和开裂，可采用的热处理工艺为：加热至 500~550℃，保温一定时间，炉冷至 150~220℃后空冷。铸造铝合金的牌号由 ZL+三位数字组成，第一位数字表示合金系列（1 为 Al-Si 系，2 为 Al-Cu 系，3 为 Al-Mg 系，4 为 Al-Zn 系），第二位和第三位数字表示合金顺序号。

① Al-Si 系铸造铝合金

Al-Si 二元合金属于共晶系，如图 7-3 所示，共晶成分为 11.7%Si，共晶温度 577℃，铸造合金一般位于共晶点处，又称为硅铝明。铝硅合金的铸造性能优良，主要是由于其具有较小的结晶温度区间，并且硅的结晶潜热很大。虽然硅在 α 固溶体中随温度下降有明显的固溶度变化，但热处理强化效果一般，主要是由于硅在铝晶体中扩散速度很快，导致其沉淀和聚集速度很快，甚至在淬火过程中都可能发生硅的析出，无法形成共格或半共格的过渡相，但可通过添加其他合金元素形成新的过渡相起到强化效果。

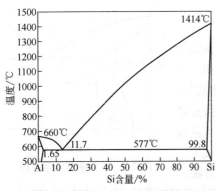

图 7-3 Al-Si 二元合金相图

在铸造条件下，组织为粗针状的硅晶体和 α 固溶体组成的共晶体。由于硅晶体切割基体，造成应力集中，严重地降低了强度和塑性。因此，工业上一般通过钠盐变质剂对其变质处理，细化共晶体，变针状形态为圆形或椭圆形，提高其性能。Al-Si 合金热脆性小，焊接性、耐蚀性优良，可用于薄壁和形状复杂的铸件。

② Al-Cu 系铸造铝合金

Al-Cu 二元合金相图如图 7-4 所示。Al-Cu 系合金的主要强化相是 $CuAl_2$，具有较强的时效硬化能力和热稳定性，故该系材料的力学性能较高，如采用时效处理，可显著提高其力学性能，可制造强度要求较高的零件；同时有较高的热强性，适合于较高温度工作。切削性能良好，因此，铜是高强铝合金和耐热铝合金的主要合金元素。但该类合金凝固温度范围广，易出现缩孔等缺陷，所以铸造工艺性较低，耐蚀性也不好。

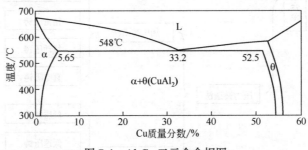

图 7-4 Al-Cu 二元合金相图

作为高强耐热铝合金，要严格控制杂质含量。其中硅加速锰、铜的扩散，降低固溶体浓度，并导致晶界形成过多的脆性相，降低强度和塑性；镁可形成三元共晶 [$\alpha+CuAl_2+S(Al_2CuMg)$]，其共晶温度低，增加热裂和过烧倾向；铁使得锰、铜贫化，并形成脆性相 AlCuMnFe，也降低铝合金机械性能。因此要严格控制这些元素含量。

③ Al-Mg 系铸造铝合金

该系合金的密度小，耐蚀性和切削性好，但耐热性低，铸造性能较差，主要是由于该系合金易氧化，导致熔液流动性不好，同时凝固温度范围广，补缩冒口的效果差，导致成品率也低。但镁在铝中的固溶强化效果较好，强度较高，在热加工过程中容易保持单相固溶体组织，具有较好的耐蚀性。主要用于制造外形简单，在腐蚀性介质下工作的零件。

④ Al-Zn 系铸造铝合金

该系合金铸造性能好，强度较高，具有自淬火效应，铸造成型后即可直接人工时效，省去了淬火工艺，铸件内应力大为降低，当然也可自然时效，适用于尺寸稳定性高的铸件。但密度大，耐蚀性差，耐热性也很低。

(2) 变形铝合金

通过塑性变形，铸造缺陷大幅消失，晶粒细小，变形铝合金力学性能得到显著提高。变形铝合金的牌号由 4 位数字组成，第一位数字表示主要合金系，第二位表示合金的改型，第三位和第四位表示合金的编号。按照合金中所含主要元素，铝合金可分为：工业纯铝（1×××系），Al-Cu 合金（2×××系），Al-Mn 合金（3×××系），Al-Si 合金（4×××系），Al-Mg 合金（5×××系），Al-Mg-Si 合金（6×××系），Al-Zn-Mg-Cu 合金（7×××系），Al-Li 合金（8×××系）及备用合金组（9×××系）。根据合金的特性，变形铝合金也可分为以下几类：

① 防锈铝合金

防锈铝合金主要为 Al-Mn 系、Al-Mg 系，锻造退火后为单相固溶体，不可热处理强化。该类合金耐蚀性、塑性和焊接性好，易于加工成型，有良好低温性能，但因不能热处理强化，故强度较低，只能通过冷变形强化。适于制作要求抗腐蚀及受力不大的零部件，如在火电厂中可用于热交换器、管子、容器、壳体及铆钉等。

防锈铝合金的牌号用 LF+数字序号表示，如 LF5、LF21 等，数字越大，表示含锰或镁越多。

② 硬铝合金

该类合金在航空工业应用广泛，属于 Al-Cu-Mg 系，可热处理强化，铜和镁在铝中可形成θ相(CuAl$_2$)、S 相（CuMgAl$_2$）等强化相。强化效果随强化相的增多而增大，但塑性降低。同时该系合金可加 Mn，降低铁的危害，提高耐蚀性。经过固溶时效后，该类合金强度可达 420MPa，比强度与高强钢接近，故称为硬铝。硬铝可制作铆钉、冲压件及发电机离心式风扇叶片等。硬铝以自然时效为主，可保证较低的晶间腐蚀倾向，工艺也较简单，一般淬火后室温放置 96h 以上，性能基本达到稳定。

硬铝的牌号由 LY+数字序号表示。

③ 超硬铝合金

该类合金属 Al-Cu-Mg-Zn 系合金，是室温强度最高的铝合金。合金中除了θ和 S 相外，还有η相（MgZn$_2$）、T 相（Mg$_3$Zn$_3$Al$_2$）。超硬铝经固溶时效后，抗拉强度达到 680MPa，但耐蚀性差，一般采用包铝法提高耐蚀性。包铝材料采用含 1%Zn 的铝合金。超硬铝合金主要用作承力大的重要结构件，如飞机大梁，加强框等。

硬铝的牌号由 LC+数字序号表示。超硬铝不采用自然时效，是因为其 GP 区形成速度缓慢，常需数月才能达到稳定阶段，因此以人工时效为宜，可充分发挥时效强化效果，且抗应力腐蚀性能较好。

④ 锻铝合金

该类合金为 Al-Cu-Mg-Si 系合金，加入的合金总量少，具有优良的热塑性，适于锻造。有良好的铸造性能和耐蚀性，力学性能与硬铝接近，主要用作航空领域形状复杂、比强度要求高的锻件，如各种叶轮、支杆等。

7.1.3 强化机理

为了提高铝合金的强度，可采用不同的强化手段，如合金化、热处理、形变等，各种强化因素对铝合金屈服强度的贡献可表示为：

$$\sigma_y = \sigma_0 + \sum \Delta \sigma_{SS} + \Delta \sigma_P + \Delta \sigma_D + \Delta \sigma_{gb} + \Delta \sigma_{sf} + \Delta \sigma_{mod} \tag{7-1}$$

式中，σ_0 为纯铝屈服强度；$\sum \sigma_{SS}$ 为各种固溶元素对合金屈服强度的贡献；$\Delta \sigma_P$ 为沉淀相对强度的影响；$\Delta \sigma_D$ 为位错强化的作用；$\Delta \sigma_{gb}$ 为晶界强化影响；$\Delta \sigma_{sf}$ 为堆垛层错的强化作用；$\Delta \sigma_{mod}$ 为

模量强化作用。下面将分别介绍各项强化作用。

(1) 派-纳力 (Peirls-Nabarro stress)

派-纳力 τ_0 是晶体点阵对位错运动的阻力。由于位错运动时滑移面上下两层原子要克服原子间吸引力而发生相对位移,因此,计算派-纳力涉及位错核心区的原子错排细节,目前精确计算派-纳力有一定困难,一般根据简化模型给出,即

$$\tau_0 = \frac{2G}{1-\nu} \exp\left[-\frac{2\pi a}{b(1-\nu)}\right] \tag{7-2}$$

式中,a 为滑移面间距;b 为滑移方向的点阵周期;ν 为泊松比;G 为剪切模量。

派-纳力也可以通过实验确定,即作出临界分切应力对温度的依赖曲线,并将曲线外推至 0K 得到派-纳力。

(2) 位错强化

位错强化可由长程位错交互及短程位错交互两部分组成,其中长程交互指平行位错产生应力场,当外应力超过此应力时位错才能滑移;除了平行位错(平行于运动位错滑移面的位错)外,还有与运动位错滑移面相交的位错,这些位错成为林位错,运动位错与林位错的交互构成了短程位错交互。各种位错因素对强度的贡献都可表示为:

$$\tau_\rho = \alpha G b \rho_0^{1/2} \tag{7-3}$$

式中,α 为常数;b 为 Burge 矢量;ρ_0 为初始位错密度。

(3) 固溶强化

由于固溶原子与基体原子的尺寸差异,导致晶格畸变形成应力场。位错在固溶体中运动必须克服溶质原子的应力场,使得基体材料强度提高,即为固溶强化。强化效果与固溶量及固溶元素有关,一般可表示为:

$$\Delta\sigma_{SS} = AC^n \tag{7-4}$$

式中,C 为溶质原子的质量分数;A 为常数,一般依赖于合金的切变模量和失配度;对于低固溶合金,$n=1/2$,对于高固溶合金,$n=2/3$。

固溶于基体金属中的原子可分为间隙式和置换式两种。置换式固溶体强化可归因于基体原子与固溶原子的模量变化和原子半径失配,其中模量变化占据主导。当固溶原子在基体晶格之上形成了有序分布,即形成了超晶格结构,此时的固溶强化源自位错运动形成的无序区域(反相畴界)。对于含堆垛层错的金属,固溶原子容易聚集于此形成了铃木气团(Suzuki atmosphere),降低堆垛层错能,阻碍原子运动,强化金属。

固溶原子也可以偏聚于位错线附近,形成柯氏气团(Cottrel atmosphere)。柯氏气团对位错有很强的钉扎作用,增加了位错运动的阻力,强化金属。这是含 C、N 等小原子间隙式固溶体重要的强化机制。

(4) 时效相强化

时效相强化是金属主要的强化手段之一,其强化效果与时效相颗粒大小及其空间分布有关。如图 7-5 所示,一根位错线向着颗粒运动,当颗粒对位错的反作用力 F 大于位错线张力 $2T$,位错将通过 Orowan 环越过颗粒,虽然基体发生塑性变形,但颗粒只发生弹性变形,可认为该颗粒为硬颗粒。如果 $2T\sin\theta$ 大于 F,位错可以切过颗粒,此时的颗粒为软颗粒。

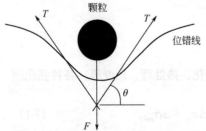

图 7-5 颗粒阻碍位错运动受力分析

因此，颗粒的强度决定了时效强化机制，但颗粒强度较难评估，而采用颗粒尺寸则较为简便。当颗粒较小时（欠时效），颗粒较软，位错切过颗粒；当颗粒较大时（过时效），颗粒较硬，位错留下 Orowan 环绕过颗粒。时效强化机制转变所对应的临界颗粒尺寸与颗粒刚度有关，颗粒刚度越大，临界颗粒尺寸越小。

① Orowan 强化

当颗粒周围已经存在 Orowan 环，一根位错要越过颗粒，既要克服颗粒对它的作用力，还要克服已有的 Orowan 环对它的作用力。对于球形颗粒，可以采用 Orowan-Ashby 公式描述：

$$\tau_{\text{orowan}} = 0.26\left(\frac{Gb}{r}\right)f^{1/2}\ln\left(\frac{r}{b}\right) \tag{7-5}$$

式中；G 为剪切模量；r 为颗粒平均直径；b 为 Burges 矢量；f 为颗粒体积分数。

当时效颗粒尺寸较小时，位错将切过颗粒，与 Orowan 机制相比，位错切割粒子的情况较为复杂。

② 共格强化

一般情况下，析出相与基体很难做到完全共格，由于晶格常数的不同会造成晶格畸变，引起应变场。此时，运动位错将与应变场产生交互作用，由此产生共格应变强化效果。当颗粒相对较小时，共格强化可表示为：

$$\Delta\tau_{\text{coh}} = 4.1G\varepsilon^{3/2}\left(\frac{fr}{b}\right)^{1/2} \tag{7-6}$$

当颗粒尺寸相对较大时，共格强化可表示为：

$$\Delta\tau_{\text{coh}} = 0.7Gf^{1/2}\varepsilon^{1/4}\left(\frac{b}{r}\right)^{3/4} \tag{7-7}$$

$$\varepsilon = \frac{\alpha_p - \alpha_m}{\alpha_m} \tag{7-8}$$

式中，ε 为失配应变；α_p 与 α_m 分别为第二相和基体的点阵常数。共格强化理论只考虑了刃型位错，忽略了螺型位错，尚需进一步发展以提高精度。

③ 模量强化

当第二相与基体的弹性模量不同时，在其中的位错线能量不同，由此造成强化，可表示为：

$$\Delta\tau_{\text{mod}} = \left(\frac{\Delta G}{4\pi^2}\right)\langle\frac{3\Delta G}{Gb}\rangle^{1/2}\left[0.8 - 0.143\ln\left(\frac{r}{b}\right)\right]^{2/3}r^{1/2}f^{1/2} \tag{7-9}$$

式中，ΔG 为基体与析出相的弹性模量差。

④ 化学强化

当位错切过软颗粒，会在颗粒与基体界面处形成表面台阶，增加了界面能，由此产生化学强化，可表示为：

$$\Delta\tau_{\text{chem}} = \left(\frac{\gamma^{1/2}}{b}\right)\left(\frac{4rf}{\pi T}\right)^{1/2} \tag{7-10}$$

式中，r 为颗粒半径；γ 为颗粒与基体间的界面能；T 是位错的线张力。

⑤ 层错强化

当析出相与基体的层错能不同时，会引起偏位错展宽的不同，导致了位错与颗粒的交互，此时需要增加外力驱使偏位错越过颗粒，形成层错强化，具体可描述为：

$$\Delta\tau_{\text{SF}} = 2\frac{\gamma_s^{3/2}}{b}(bLT)^{-1/2} \tag{7-11}$$

式中，L 为颗粒间距；γ_s 为堆垛层错能。

⑥ 有序化强化

位错扫过有序结构的粒子时，会形成反相畴界，反相畴界会阻碍位错的运动，导致有序化强化，可表示为：

$$\Delta \tau_{\text{order}} = \frac{\gamma_a^{3/2}}{b}\left(\frac{4rf}{\pi T}\right)^{1/2} \tag{7-12}$$

式中，γ_a 为反相畴界能。

7.1.4 铝合金热处理

铝合金的基本热处理为退火与淬火时效。退火属于软化处理，是为了获得稳定的组织或高的塑性；淬火时效为强化处理，借助于时效硬化以提高合金的强度。这里重点介绍时效沉淀模型。

1905 年德国科学家 A.Wilm 首次在 Al-3.5Cu-0.5Mg 合金中发现时效硬化，各国研究人员对铝合金的时效硬化模型进行了广泛深入的探讨，尤其是对 Al-4Cu 合金的淬火时效现象认识较为透彻。以下探讨 Al-4Cu 淬火时效过程。

(1) 硬度变化

图 7-6 为部分 Al-Cu 系相图，在 548℃发生共晶反应：L→ α+θ（CuAl₂）。Cu 在 α相中的极限溶解度为 5.65%，随着温度下降，固溶度急剧降低，并析出θ相。如将 Al-4Cu 合金加热至固溶度曲线以上，并淬入干冰中，则获得过饱和固溶体。如在干冰中保存，固溶体的机械性能没有明显变化。但若将合金置于室温下，则两小时后，出现硬化，随着时间的延长，强度和硬度增加，并在八天后达到最大值，以后机械性能不再变化，如图 7-7 所示。但合金在较高的温度下，如 50℃，经过两天即达到硬度最高值，其变化规律与室温相同。这种将过饱和固溶体置于室温或低于 100℃温度环境下，硬度和强度随时间的增加而增高的现象，称为自然时效。

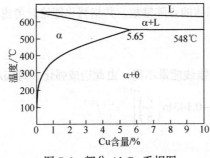

图 7-6 部分 Al-Cu 系相图

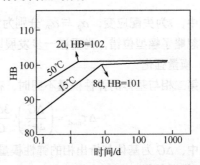

图 7-7 Al-4Cu 合金自然时效（室温）

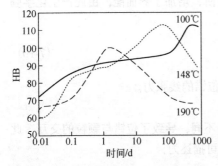

图 7-8 Al-4Cu 合金自然时效（100℃以上）

如将合金置于 100℃以上温度，硬度变化会比较复杂，如图 7-8 所示，在硬化曲线上出现一段平台；时效温度越高，达到峰值硬度所需时间越短，峰值硬度也越低。这种时效硬化称为人工时效。当硬度达到峰值时，如继续时效，则称为过时效，此时材料软化，并且时效温度越高，过时效出现越早。

(2) 过饱和固溶体的性质

固溶处理获得的过饱和固溶体，不仅对溶质原子是过饱和的，对空位也是过饱和的，即合金处于双重过饱和状态。空位是原子扩散的必备条件，而原子扩散决定了时效相的沉淀过程，因此，固溶体中空位的浓度及其与溶质原子的交互作用，必然对时效过程产生重要影响。

金属中空位的形成可由图 7-9 说明。当箭头原子向上跳动一个原子间距，在表面形成一个空位，然后下一个原子再向上跳动一个原子间距，将在晶体内部形成一个空位，如图 7-10(c) 所示。空位的运动也依靠原子的跳动实现。空位运动见图 7-10(a) 中箭头原子向上跳动一个原子间距后，空位位置如图 7-10(b) 所示。若相邻原子再向左跳动一个原子间距，空位运动至图 7-10(c) 位置。可见，空位的形成和运动都是依靠原子的跳动实现的。

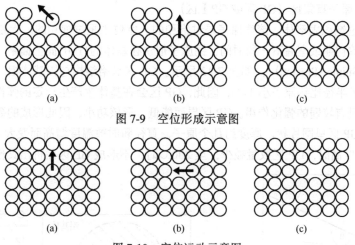

图 7-9 空位形成示意图

图 7-10 空位运动示意图

金属原子的每一次跳动，都需要挣脱周围原子对它的引力（能垒）而做功。假设每形成一个空位所做的功（即在金属中形成一个空位所增加的内能）为 q_f，q_f 越小，空位形成越容易。同理，温度越高，原子振动能增加，出现空位的概率也越大。晶体中的空位浓度 $c \approx e^{-q_f/(KT)}$，其中，T 为热力学温度，K 为 Boltzman 常数。纯铝的空位形成功约 0.75 电子伏特。当温度接近纯铝的熔点时，空位浓度为 10^{-3} 数量级，即每一千个原子中有一个空位。图 7-11 给出了铝中空位浓度与温度的关系曲线，可以看出，空位浓度曲线和溶质原子在溶剂中的溶解度曲线较为相似。

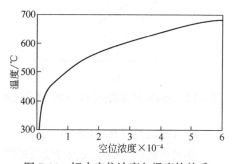

图 7-11 铝中空位浓度与温度的关系

空位形成需要形成功，同样地，空位运动也需要空位运动激活能 q_0，用以克服原子从一个位置跳到另一位置的能垒。因此，原子扩散包含空位形成和空位运动两个过程，相应地，原子扩散激活能包括 q_f、q_0 两部分，原子的扩散速度 $V \approx e^{-(q_f+q_0)/(KT)}$，铝合金通过固溶处理，获得了溶质原子和空位双重过饱和的固溶体，随后的时效过程中，由于金属中存在大量过剩空位，原子扩散激活能大幅度降低（此时不需要形成空位，$q_f \approx 0$），扩散速度显著增加。以 Al-Cu 合金为例，形成空位激活能约为 0.7 电子伏特，空位运动激活能约为 0.5 电子伏特，合计为 1.2 电子伏特。但淬火造成了大量空位，则时效过程中的扩散激活能只需要 0.5 电子伏特即可，而非 1.2 电子伏特。由此导致铜原子的扩散速度提高 10^{10} 倍，强烈影响到时效析出。

纯铝和铝合金淬火得到的过饱和空位是极不稳定的，容易向晶界和其他缺陷处迁移，或空位之间产生聚集，形成新的缺陷，如位错环等。但对于 Al-Cu 合金而言，铜原子与空位间存在一定结合能，使得空位与铜原子结合在一起，比较稳定地存在于固溶体中，而不至于往缺陷处迁移或消失。这种带空位铜原子在形成新相时扩散较为容易，淬火后将以很高速度聚集，即形成偏聚。

(3) 时效过程

从体积自由能角度考虑，Al-Cu 合金过饱和固溶体以直接析出平衡相 $CuAl_2$ 最有利，此时能量落差最大，如图 7-12 所示。但由于 $CuAl_2$ 相与基体在成分和晶体结构上差距较大，新相成核和长大需要克服较大的能垒，在较低的时效温度的情况下，这一过程比较困难。如果先形成某些过渡相，如 GP 区、θ'' 相和 θ' 相，则可以降低相变所需激活能，从动力学角度看，这样比较有利。

① 形成溶质原子富集区（GP 区或 GP Ⅰ 区）

淬火形成了过饱和固溶体，溶质原子是过饱和的，空位也是过饱和的。大量的空位促使铜原子的扩散，在时效初期或室温下一段时间，铜原子很快在基体的 {100} 面上偏聚，形成铜原子富集区，即 GP 区（Guinier-Preston），如图 7-13 所示。GP 区晶格结构与铝基体相同，与基体保持完全共格，但铜原子半径比铝原子小 11%，因此，GP 区会在基体中产生一定的弹性收缩，在共格界面处产生畸变，只有较弱的强化作用。GP 区界面能低，形核功小，因此形成的数目多，均匀弥散分布在基体中。GP 区呈圆片状，厚度约几个原子，直径随时效温度增高而变大，一般约为 500～1000nm。时效温度高时，GP 区数量减少，至 200℃时，不形成 GP 区而析出其他过渡相。

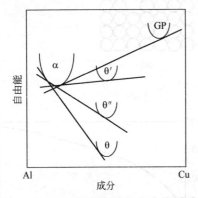

图 7-12 Al-Cu 沉淀相体积自由能-成分关系

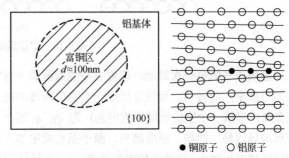

图 7-13 Al-Cu 合金中形成 GP 区示意图

② GP 区有序化（GP Ⅱ 区或 θ''）

随着时效时间的延长或时效温度的升高，GP 区将长大，而且铜原子和铝原子按一定顺序排列，形成有序化的正方晶格结构，如图 7-14 所示，即形成 GP Ⅱ 区或 θ'' 相，它是时效过程中脱溶出来的中间过渡相。GP Ⅱ 区尺寸较大，在基体的 {100} 面上形成圆片状组织，直径为 1500～4000nm，厚度为 80～200nm。θ'' 相可由 GP 区转化而来，也可以直接从基体形核并借 GP 区的溶解而长大。其与基体保持完全共格，但与基体的晶格常数有所不同，a、b 两轴与基体大致相同，c 轴的晶格常数约是基体的 2 倍，导致约 3.5% 的错配度，产生较大的弹性共格应变场（晶格畸变区），起到了强烈阻碍位错的运动，使合金的硬度和强度显著增加的作用。当 θ'' 相数量达到最大时，材料进入峰值时效。

③ 形成过渡相 θ'

继续增加时效时间或提高时效温度，如将 Al-4Cu 合金时效温度提高至 200℃，时效 12h，则 θ'' 相转变为 θ' 相。θ' 相的成分与稳定相 θ（$CuAl_2$）近似，一般沿基体的 {100} 面析出，具有正方晶格，如图 7-14 所示。θ' 相的晶体取向关系为：

$$(001)\,\theta'//(001)Al \quad [110]\,\theta'//[110]Al$$

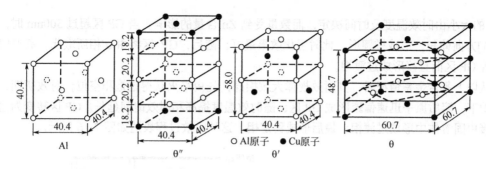

图 7-14 Al-Cu 合金中铝基体，过渡相 θ″、θ′ 与稳定相 θ 的晶格结构

由于在 c 轴方向与基体的错配度过大（约 30%），在（010）和（100）面上的共格关系遭到部分破坏，与基体无法保持完全共格界面，只能形成半共格，使得 θ′ 相界面处的应力场减少，即晶格畸变减小，合金的硬度和强度下降，开始进入过时效阶段。θ′ 相的直径为 1000~60000nm，厚度为 1000~1500nm，其大小取决于时效时间和温度。θ′ 相的分布不太均匀，易于沿位错线或亚晶界形核并生长。

④ 形成稳定相 θ

进一步延长时效时间或提高时效温度，θ′ 相过渡到稳定相 θ（$CuAl_2$），具有体心正方晶格，晶格常数与铝基体相差很大，完全失去了与基体的共格关系，有明显的界面，与基体分开，弹性应变区完全消失，合金的硬度和强度显著下降。θ 相的尺寸和间距随时效时间的延长会进一步加大，分布不均。

上述是 Al-4Cu 合金时效过程中的各个沉淀阶段，可概括为：

α 过饱和固溶体→GP 区→θ″ 过渡相→θ′ 过渡相→θ 稳定相

这四个阶段并非截然分开，而是不同阶段相互重叠，交叉进行，只是某一时间以某一脱溶相为主。例如 Al-4Cu 合金在 130℃ 下时效，以 GP 区为主，但也可能存在 θ″ 和 θ′ 过渡相。图 7-15 给出了 Al-4Cu 合金在不同温度时效过程中硬度的变化。可以看出，GP 区造成的硬度增长至一定程度达到饱和，随着 θ″ 过渡相的出现，使得硬度重新增长并达到峰值；当出现 θ′ 过渡相，合金进入过时效阶段，如形成 θ 稳定相，合金完全软化。因此，对于 Al-4Cu 合金，θ″ 相的强化效果最好，θ′ 相和 GP 区次之，到形成 θ 相，合金软化，进入过时效状态。

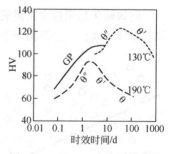

图 7-15 Al-4Cu 合金时效曲线

(4) 其他合金系的时效过程

其他合金系与 Al-4Cu 合金的时效过程大致相同，但由于其自身独特的化学成分，拥有自身的一些时效特点。

Al-Mg 合金，淬火后迅速在高能区域（晶界、位错等）形成 GP 区，过饱和空位以气团形式存在于高能区域周围，GP 区较小，直径约 100~150nm，产生的应变极小，没有明显的时效硬化。室温自然时效几年，GP 区也才长大至 1000nm。GP 区生成的临界高温为 47~67℃，高于该温度，则由合金直接形成 β′ 相。Al-Mg 合金的稳定相为 β（Mg_5Al_8）。

Al-Si 合金时效初期，GP 区在过饱和空位处偏聚形核，直径约 150~200nm；随后被片层沉淀物取代，新相与母相失去共格关系，因此强化效果有限。

Al-Zn 合金初始形成的 GP 区呈球形，直径为 100~300nm，在淬火空位凝聚的位错环上形核。

GP 区的大小由时效温度及时间决定，而数量受到 Zn 含量的影响。当 GP 区超过 300nm 时，其将沿[111]方向伸长，形成椭圆形，此时强化效果最好；随后，GP 区将由 α′相所取代。高温时效不会出现 GP 区而直接形成过渡相。

从以上各合金系情况看，其时效规律大致相同，先由淬火获得过饱和空位；时效初期，在空位协助下，溶质原子迅速偏聚形成 GP 区；随时效温度提高和时效时间延长，GP 区转变为过渡相或直接由固溶体中形成过渡相；最后形成稳定相。这种时效过程表达如图 7-16 所示。

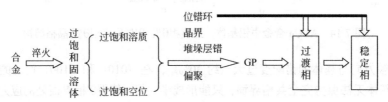

图 7-16　合金时效过程

沉淀相的形状和分布与合金成分及界面性质密切相关。对于 GP 区，其与基体完全共格，界面能低；且 GP 区尺寸很小，弹性能也很低，所以 GP 区的形核功很低，在基体内部实现均匀形核。GP 区的形状由溶质、溶剂原子直径差决定，当差值小于 3%时，GP 区一般为球形以降低表面能；当差值超过 5%，常呈薄片或针状以降低弹性能。对于半共格或不共格的过渡相或稳定相，此时沉淀相与基体界面能较高，弹性能也较大，使得形核功比较大，需要较大的能量起伏和成分起伏，故采用非均匀形核方式。优先形核位一般为位错、小/大角晶界、位错与空位聚合体等。掌握合金系的时效顺序和沉淀相的形状及分布对控制铝合金性能十分重要，针对具体需求，通过调整成分，选择合适的热处理工艺，取得预定的组织，这就是合金设计原则。

（5）时效强化机理

时效硬化是铝合金主要的强化手段。时效相的析出将引起两方面变化：一是新相的性能和结构与基体不同；二是新相产生了应力场。这两方面会增加位错运动阻力，实现强化。

对于刚淬火（固溶态），或经过轻微时效合金，其溶质原子或小的溶质原子集团是高度弥散的，这些原子与基体间的错配度引发的应力场也是高度弥散的，如图 7-17 所示。此时，位错以直线形式存在，有时穿过应力谷，有时穿过应力峰，导致作用在位错线上的应力大致相消，所以位错运动的阻力不大，合金此时较软。

当合金进一步时效时，溶质原子开始聚集，GP 区脱溶相析出长大，与基体共格但存在一定的错配度，将引起周围基体晶格畸变，形成弹性应变区，如图 7-18 所示。

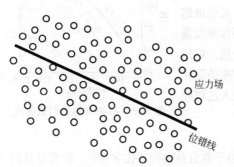

图 7-17　固溶合金的内应力强化

此时，应力场间距较大，可以使位错线绕应力场成弯曲状态以保证位错能量最低，弯曲位错全部通过应力场最小的地方，且每一段位错可独立通过内应力区，不需要其他段位错的协助。位错线通过此应变区时将受到较大阻碍，实现合金硬化。Cu-4Al 合金中的 θ″相比 GP 区有更强的内应力场，故其强化效果更好。θ′相为半共格，弹性应变区减弱，强化效果下降；而 θ 与基体完全不共格，弹性应变区消失，没有内应变强化。

内应变强化，时效相不必处在位错的滑移面上，只要应力场能达到位错通过的滑移面即可。当时效相在位错通过的滑移面上时，会发生以下情况。

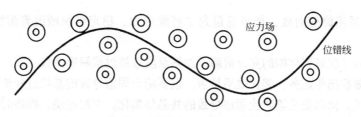

图 7-18　位错通过脱溶相应变区时受阻的示意图

① 位错切过时效相

当时效相尺寸较小，硬度较低，且与基体共格（或半共格，但晶体结构相似）时，位错线可以切过时效相粒子。对于铝合金在时效前期的析出相，如 GP 区、θ″相，位错多以切过方式通过时效相，如图 7-19 所示。此时位错阻力来自三个方面：粒子与基体错配引起的应力场；切割粒子产生两个新鲜表面，增加了表面能；改变了溶质-溶剂原子的近邻关系，引起化学强化。

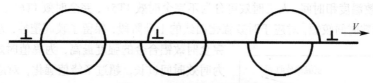

图 7-19　位错切过时效颗粒

② 位错绕过时效相

当时效相很硬，或者尺寸较大时，位错线可以以绕过粒子的方式通过它们，并在时效相周围留下一位错环，如图 7-20 所示。铝合金的过时效状态，位错一般采用绕过方式。位错通过这种方式所需应力可采用 Orowan 公式表达：

$$\sigma \approx \frac{2Gb}{l} \tag{7-13}$$

式中，l 为粒子间距。位错每次通过粒子，都会在粒子周围留下一圈位错环，故位错密度不断提高，粒子有效间距不断减小，造成硬化率增加。

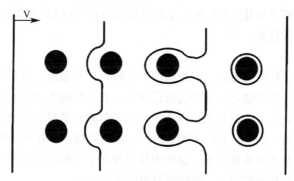

图 7-20　位错绕过时效颗粒

(6) 几种时效工艺

时效是提高铝合金强度最有效的手段，根据合金性质和使用要求，可采用几种不同的时效工艺。

① 单级时效

这是最简单也是应用最广泛的时效工艺。在固溶处理后进行一次时效处理。如考虑强度是主要因素，可采用峰值时效，如考虑是为了消除应力、稳定组织或改善耐蚀性，可采用过时效。

固溶处理是为了保证强化相的充分溶解，加热温度应超过溶解度曲线。固溶温度越高，溶解越快越充分，时效析出相越多，强化效果显著。但要防止固溶导致的晶粒过分长大，粗晶有可能削弱时效强化效果。同时更应该防止固溶导致的共晶体熔化，引起过烧。固溶时间取决于合金性质和状态。铸件加热时间较长，而变形件的组织细小，一般加热时间较短。

铝合金淬火介质一般用水，保证快速冷却，变形件的淬火水温一般低于 40℃，而铸件和大型锻件，为减少内应力和变形开裂倾向，一般选用热水淬火。淬火介质也可以选择油、液氮和有机合成溶液等。

淬火后可以选择自然时效，也可以选择人工时效。自然时效以 GP 区强化为主，人工时效以过渡相沉淀为主。自然时效铝合金的塑韧性高，屈强比较小，耐蚀性良好；人工时效铝合金的屈强比很大，表明对屈服强度的提升更为明显，但降低了塑韧性和耐蚀性。为了满足不同的使用需求，通过改变时效温度和时间，人工时效可分为不完全时效(T5)、完全时效(T6)、过时效(T7)。不完全时效的时效时间较短，对应于时效强化曲线的上升阶段，保留了较高塑性，为欠时效状态；完全时效铝合金的强度最高，为峰值时效状态；过时效为时效时间过长，超过了峰值强化，对应于时效强化曲线的下降阶段，虽然强度降低，但塑韧性较好，耐蚀性也较高，合金的组织稳定性较好，也称为稳定化回火。

在时效工艺中要注意铝合金的停放效应，即淬火后室温放置一段时间然后进行人工时效，将降低合金的时效强化效果，Al-Mg-Si 合金的停放效应很显著。如图 7-21 给出了 Al-1.75Mg-2Si 合金的停放效应，发现停放时间越长，硬度越低。一般认为 Mg 在 Al 中的溶解度远大于 Si，且 Si 在 Al 中的扩散速度大，在室温停放期间，过剩硅极易偏聚，而镁和硅原子的 GP 区在硅核上形成，随着停放时间的延长，合金中形成大量偏聚，大

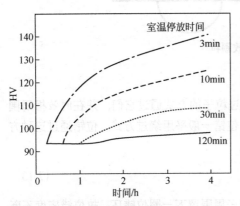

图 7-21 室温停放时间对 Al-1.75Mg2Si 合金在 160℃时效硬度的影响

幅度降低固溶体中溶质原子含量；随后的人工时效导致小尺寸的 GP 区溶解扩散至大尺寸 GP 区，形成了粗大过渡相，降低强度。

② 分级时效

虽然单级时效可以获得较高强度，但组织均匀性较差，在强度、疲劳和应力腐蚀抗力方面难以得到良好的匹配。而分级时效可以弥补这方面缺陷，在工程应用中得到重视。分级时效一般要在不同温度进行两次或以上的时效处理，具体可分为预时效和最终时效两个阶段。预时效的温度较低，目的是形成高密度 GP 区，GP 区作为随后过渡相的核心，故预处理也称为成核处理。GP 区一般是均匀成核，在基体中弥散分布，这样大幅度提高了组织的均匀性。最终时效是调控显微组织（时效相结构、尺寸和分布等），以得到需要的性能。

为了获得高的强度，时效组织应以过渡相为主。过渡相一般在 GP 区、缺陷和晶界处择优形核，形核位影响到过渡相的分布，进而影响到强度。如在 GP 区形核，由于 GP 区的均匀形核而在基体中均匀分布，在其基础上形成的过渡相也在基体中均匀分布，保障了组织的均匀性，是理想的颗粒分布方式，有助于强度的提高。而过渡相在缺陷和晶界处的形成，为非均匀形核，降低了合金强度。分级时效正好满足了过渡相在 GP 区处的形核，保证了组织均匀性，提高了强度。

预时效要保证时效温度低于 GP 区溶解温度（T_C）。T_C 取决于合金成分，如 Al-5.9Zn-2.9Mg 合金的 T_C 为 155℃，Al-4Cu 合金的 T_C 为 175℃。图 7-22(a) 为典型的分级时效工艺，预时效温度 $T_{A1}<T_C$，形成大量的 GP 区；随后的最终时效温度 $T_{A2}>T_C$，过渡相在 GP 区形核，形成了均匀分布的过渡相。通过改变 T_{A1} 和 T_{A2}，可调整时效相的结构和弥散度，获得需要的性能，如 Al-Zn-Mg 合金常采用这种工艺。如图 7-22（b）所示，当 $T_A<T_C$ 时，GP 区可连续形核和长大，获得高度细密均匀的组织。Al-Cu-Mg 和 Al-Mg-Si 的 T_C 温度较高，一般的单级时效属于这种类型。图 7-22（c）给出了当 $T_A>T_C$ 时，GP 区无法出现，过渡相在缺陷处形核，造成不均匀分布和尺寸较大的沉淀相，力学性能下降。Al-Mg 合金的 $T_C<50℃$，常规热处理获得该组织。

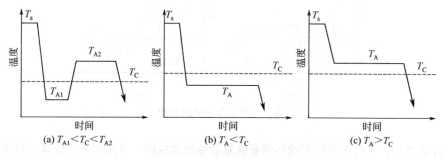

图 7-22　几种时效工艺示意图

晶界是沉淀相优先形核地点，晶界沉淀相的形态和分布对力学性能影响巨大。当沉淀相形成连续的网膜分布时，裂纹易沿晶开裂，严重降低合金的塑性、韧性和应力腐蚀抗力；而分散细小的质点，则对力学影响较小。晶界时效相在淬火及时效过程中均可形成。固溶温度低、保温时间短和冷却速度慢时，容易在晶界析出粗大第二相；而时效过程析出的沉淀相则尺寸较小，密度较高。为预防晶界沉淀相，应提高固溶温度，增加淬火速度；调整时效参数，变连续沉淀相为间距较大的孤立质点。

为了适应不同合金系及不同的使用要求，图 7-23 给出了几种典型的分级时效工艺。图 7-23(a) 为低温两级分级时效工艺，T_{A1}、T_{A2} 均低于 T_C，经 T_{A1} 成核后，可获得比只经过 T_{A2} 单级时效更加弥散的时效组织，相应综合性能较高。图 7-23（b）为高温分级时效，最终时效温度较高，强度稍有降低，但韧性较高，耐蚀性和抗应力腐蚀能力提高。图 7-23（c）为多级时效工艺，包括两次成核处理，一次是在淬火后的停放时间（T_d）进行，另一次在 T_{A1} 进行，最终时效根据性能要求可在 T_C 温度上下进行。经过三级分级时效，可获得极细的显微组织。图 7-23（d）为高温成核处理的分级时效。高温成核处理可消除室温停放的有害影响。

③ 回归处理

将自然时效的铝合金在 200～250℃ 加热几分钟，随后迅速冷却，可使合金的硬度和强度恢复到接近新淬火状态的水平，称为回归。经过回归处理的合金在室温下放置一段时间，硬度和强度又重新增加，接近自然时效后的水平。

回归处理中铝原子能以极快速度扩散，从而在几分钟内几乎全部重新溶入固溶体中，这与空位协助的扩散有关。在淬火过程中，由于溶质原子携带空位，能以极高速度形成 GP 区。一旦形成 GP 区，不同溶质原子与空位结合能不同，如溶质原子与空位结合能小，则大部分空位能逸出 GP 区，再与溶质原子起作用，形成新的 GP 区；如溶质原子与空位结合能大，则空位将大部分留在 GP 区。这种高浓度空位和溶质原子组成的 GP 区，在回归处理过程中，能以高的速度扩散，从而能在很短的时间内，重新溶入固溶体。

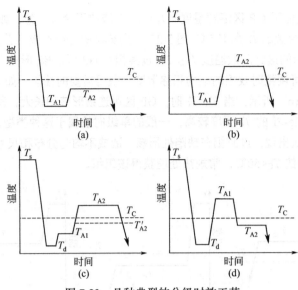

图 7-23　几种典型的分级时效工艺

在实际生产中，零件的修复和校形需要恢复合金的塑性时，可应用回归处理，特别是缺少高温淬火设备或防止高温淬火出现的较大变形。

7.1.5　变形铝合金的疲劳和断裂性能

金属的疲劳和断裂性能对制品的安全使用具有十分重要的意义。考虑到变形铝合金，尤其是硬铝和超硬铝，多应用于关键受力部位，这里重点分析它们的显微组织对合金疲劳和断裂韧性的影响。

铝合金的显微组织由基体和第二相组成，与疲劳和断裂韧性关系密切的有以下几方面因素：

a. 尺寸较大的难溶性硬相质点，尺寸在 0.1～10μm，它们主要是含铁、硅的杂质相，也包括一些热处理中未溶解的强化相，如 $CuAl_2$、Mg_2Si。粗大硬相质点的断裂强度低，脆性大，在变形及断裂过程中起着裂纹源的作用，严重降低合金的断裂韧性，并且合金的屈服强度越高，危害越明显。粗大硬质质点的数量与合金纯度直接相关。提高合金纯度及调整主要合金组元含量，是减少这类第二相数量和改善断裂韧性的有效途径。

b. 中等尺寸的硬相质点，尺寸在 0.05～0.5μm，通常是富含锰、铬、锆等元素的金属间化合物。这类组元在铸锭结晶后大多以过饱和形式固溶在基体内，均匀化及热加工时析出。这些质点虽然也可能断裂，但因其尺寸小，比第一类硬相质点破裂机会小得多；同时，锰、铬等微量元素可细化时效组织，促进均匀变形，故有减少沿晶开裂的作用；它们可以钉扎晶界，提高再结晶温度，阻止晶粒长大，易于获得细晶组织。因此，一般认为这些质点可以提高合金的断裂韧性。

c. 细小的时效沉淀相，尺寸在 0.01～0.05μm。这类质点主要受热处理控制。硬铝在自然时效下的屈服强度和塑性较好，可比人工时效具有更高的断裂韧性。超硬铝欠时效状态的断裂韧性最高，过时效次之，峰值时效最差。

d. 基体的晶粒结构，包括晶粒尺寸、形态、晶界性质及晶内位错结构等。晶粒越细，断裂韧性越高；晶粒形态也影响着断裂韧性，未再结晶的纤维状晶粒断裂韧性最高，晶粒长宽比降低的再结晶组织次之，而粗等轴晶粒最差。

7.2 铜及铜合金

纯铜为紫红色,又称为紫铜,其密度为 8.9g/cm³,熔点为 1083℃;具有优良的导电导热性能,无磁性,其导电性仅次于银;具有很高的化学稳定性,在大气、淡水和水蒸气中具有良好的耐蚀性能。

纯铜具有面心立方晶格,塑性好($A=40\%\sim50\%$),强度低($R_m=200\sim400$MPa),易于压力加工和焊接。纯铜经过冷变形后,强度可大幅度提高($R_m=400\sim500$MPa),但塑性降低($A=6\%$),而且导电率也下降,但降低不多。

工业纯铜的杂质主要有铅、铋、氧、硫、磷等,这些杂质降低铜的电导率,恶化加工工艺性能。我国工业纯铜的牌号由 T+数字组成,有 T1、T2、T3。数字越大,纯度越低。除了工业纯铜外,还有一类无氧铜,其氧质量分数极低,不大于 0.003%。牌号有 TU1、TU2,主要用于制造电真空器件及高导电性导线。纯铜的牌号、化学成分及用途见表 7-1。

表 7-1 纯铜的牌号、化学成分和用途

组别	牌号	代号	铜质量分数/%	杂质含量/%		杂质总含量/%	用途
				Bi	Pb		
纯铜	一号铜	T1	99.95	0.001	0.003	0.05	导电、导热、耐腐蚀器具材料,如电线、蒸发器、雷管、贮藏器等
	二号铜	T2	99.90	0.001	0.005	0.10	
	三号铜	T3	99.70	0.002	0.01	0.30	
无氧铜	一号无氧铜	TU1	99.97	0.001	0.003	0.03	电真空器材,高导电性导线
	二号无氧铜	TU2	99.95	0.001	0.004	0.05	

纯铜主要用于电工导体和配制铜合金,常用的合金元素有 Zn、Sn、Al、Mn、Ni、Fe、Be、Ti、Zr、Cr 等。合金的加入提高了强度,又保持了纯铜的特性,在工业中得到广泛应用。

7.2.1 黄铜

以 Zn 为主加元素的铜合金为黄铜。其中仅加 Zn 元素的为普通黄铜,在普通黄铜的基础上加入其他辅加元素的为特殊黄铜。

① 普通黄铜

铜锌二元相图如图 7-24 所示。α相是锌溶于铜中的固溶体,溶解度随温度下降而增加,在 456℃ 达最大(约 39%),这种单相 α 黄铜具有优良的冷变形能力,可冷加工,适于制作冷轧板材、冷拉线材等,称为压力加工黄铜。当含锌量超过 39%,合金组织中开始出现硬度高、脆性也大的β′相。β′相以化合物 CuZn 为基的固溶体,室温下脆性大,但高温塑性好。因此,组织为 α+β 双相黄铜适于热加工,可将双相黄铜热轧成棒材、板材;也可用于铸造成型,又称为铸造黄铜。若含锌量增加至 45%~47%时,合金组织全部为β′相;再增加锌量,将出现γ相,强度和塑性均急剧降低。因此,含锌量大于 45%的黄铜没有工业应用价值。

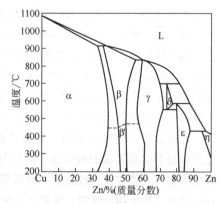

图 7-24 Cu-Zn 二元合金相图

普通黄铜牌号为 H+Cu 的百分数，如 H80，表示含铜量 80%，含锌量为 20%的普通黄铜。

普通单相黄铜的塑性好，适于制作冷变形零件，如弹壳、冷凝管等。但对于 Zn 含量超过 7%的冷变形黄铜，在海水、湿气或氨的作用下，易产生季裂（应力腐蚀开裂），因此，对于冷变形件，须进行去应力退火。

② 特殊黄铜

为了获得更高强度、抗蚀性能，在普通黄铜的基础上加入一些元素，形成特殊黄铜。常用的辅加元素为 Ni、Al、Fe、Si、Pb、Sn、Mn 等，其中 Si、Sn、Mn、Al 可提高黄铜的耐蚀性能，Pb 可改善其切削加工性，Si 可改善铸造性能。其牌号为 H+辅加元素符号+Cu 百分含量+辅加元素百分含量，如 HPb60-1 表示 60%Cu，1%Pb，余量为 Zn 的铅黄铜。牌号前如有 Z，则表示是铸造黄铜。常用黄铜的牌号、成分、力学性能及用途见表 7-2。

表 7-2 常用黄铜的牌号、成分、力学性能及用途

类别	牌号	化学成分/%		力学性能			用途
		Cu	其他	R_m/MPa	A/%	HBS	
普通黄铜	H80	79~81	余量为 Zn	320	52	53	适用于镀层及制装饰品、散热器管子
	H70	69~72	余量为 Zn	320	55		用于弹壳、冷凝器管子，以及工业用的其他零件
	H62	60.5~63.5	余量为 Zn	330	49	56	散热器垫圈、弹簧、垫片、各种网、螺钉
	H59	57~60	余量为 Zn	390	44		制造热压及热轧的零件
特殊黄铜	HPb59-1	57~60	0.8~0.9Pb 余量为 Zn	620	5	149	具有良好的切削加工性能，适用于热冲压和切削方法制作零件
	HAl59-3-2	57~60	2.5~3.5Al 2.0~3.0Ni 余量为 Zn	380	50	75	常温下工作的高强度零件和化学稳定性的零件
	HMn58-2	57~60	1.0~2.0Mn 余量为 Zn	400	40	85	制造海轮和弱电流工业用的零件
	ZHSi80-3-3	79~81	2.0~4.0Pb 2.5~4.5Si 余量为 Zn	250 300	7 15	90 100	耐磨性较好，作轴承衬套
	ZHAl67-2.5	66~68	2.0~3.0Al 余量为 Zn	300 400	12 15	90	海轮与普通机械中的耐蚀零件

铝加入黄铜中，可以显著缩小 α 相区，使 β 相增多，提高黄铜的强度、硬度和耐磨性，但降低塑性。铝在黄铜表面形成保护性氧化膜，增加了黄铜在大气、海水和稀硫酸中的耐蚀性能。常见的铝黄铜有 ZCuZn31Al2、ZCuZn25Al6Fe3Mn3 等，可用于制造重型机械上承受摩擦和高负荷的重要零件，如大齿轮、压紧螺母和大型蜗杆等。

锰可以固溶于 α 相提高黄铜强度，但当加入量较多时，会析出脆性 ε 相，显著降低塑性和韧性，工业上锰的含量一般不超过 4%。锰也能提高黄铜在海水和蒸汽中的耐蚀性，并提高耐热性能。常见的锰黄铜为 ZCuZn40Mn2，组织为 α+β 两相，强度、硬度、耐磨性和耐蚀性能有较大提高，可制造用于淡水和静止海水中工作的阀门。

硅可以显著地缩小 α 相区，并促使脆性 γ 相出现，提高强度，降低塑性，一般含硅量不超过 4%。硅可以显著提高黄铜的耐蚀性和抗应力腐蚀能力，其在大气、淡水及 300℃以下的蒸汽、石油、酒精等有机介质中耐蚀性良好。硅降低黄铜液相线温度，缩小结晶温度范围，提高了铜金属液的充型能力，减少缩松倾向。常见硅青铜为 ZCuZn16Si4，铸造性能优良，力学性能适中，切削和焊接性能良好，可用于自造泵壳、叶轮、小泵活塞和阀门等。

7.2.2 白铜

以 Ni 为主加元素的铜合金称为白铜，从 Cu-Ni 二元合金相图上看，Ni 与 Cu 在高温下可形成无限置换固溶体，如图 7-25 所示。仅加 Ni 元素的为普通白铜，牌号为 B+Ni 含量，如 B5 为含 5%Ni 的白铜。普通白铜具有较高的耐蚀性能和冷热加工性能，可用于海水及蒸汽环境下的精密机械等。在普通白铜的基础上加入其他辅加元素（如 Zn、Mn 等）的为特殊黄铜，牌号为 B+辅加元素符号+Ni 含量+辅加元素含量，如 BMn40-1.5 表示含 40%Ni、1.5%Mn 的锰白铜。特殊白铜耐蚀性好、强度塑性高，成本低，可用于制造精密机械、仪表零件等。

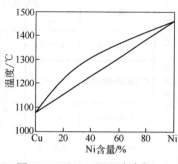

图 7-25　Cu-Ni 二元合金相图

从相图看，Ni 与 Cu 可以无限互溶，因此工业上使用的白铜组织为单相固溶体，塑性好，易于采用冷热加工成形，但不能热处理强化，主要的强化手段为固溶强化和形变强化。常用白铜的代号、成分、力学性能及其用途见表 7-3。

表 7-3　常用白铜的代号、成分、力学性能及其用途

组别	代号	化学成分			机械性能			用途
		Ni/%	主加元素/%	Cu	加工状态	R_m/MPa	A/%	
普通白铜	B30	29.0~33.0		余量	软	380	23	蒸汽、海水中工作的精密仪器、仪表零件
					硬	350	3	
	B19	18.0~20.0		余量	软	300	30	
					硬	400	3	
	B5	4.4~5.0		余量	软	200	30	
					硬	400	10	
锌白铜	BZn15-20	13.5~16.5	18.0~22.0Zn	余量	软	350	35	仪表零件、工业器皿、医疗器械
					硬	550	2	
锰白铜	BMn3-12	2.0~3.5	11.0~13.0Mn	余量	软	360	25	热电偶丝、精密测量仪表零件
					硬	—	—	
	BMn40-1.5	42.5~44.0	1.0~2.0Mn	余量	软	400	—	
					硬	600	—	

7.2.3 青铜

除黄铜和白铜外的铜合金统称为青铜。依据主加元素 Sn、Al、Be、Si、Pb 的不同，分别称为锡青铜、铝青铜、铍青铜、硅青铜和铅青铜。通常将青铜分为锡青铜和无锡青铜两大类。牌号为 Q+主加元素符号及其百分含量+其他元素百分含量，如 QSn4-3 为含 4%Sn、3%Zn 的锡青铜。常用青铜的牌号、成分、力学性能及用途见表 7-4。

表 7-4　常用青铜的牌号、成分、力学性能及用途

类别	牌号	化学成分/%		力学性能			用途
		Sn	其他	R_m/MPa	A/%	HBS	
铸造锡青铜	ZCuSn10	9~11	余量为 Cu	200~250 200~250	10 3~10	70~80 70~80	形状较复杂的铸件、管子的配件等
	ZCuSn10P1	9~11	0.8~1.2P 余量为 Cu	200~300 200~350	3 7~10	80~105 90~120	高速运转的轴承、齿轮、套圈和轴套等耐磨零件
	ZCuSn6 Zn6Pb3	5~7	5~7Zn 2~4Pb 余量为 Cu	100~200 180~250	8~12 4~8	60 65~75	飞机、汽车、拖拉机工业用的轴承和轴套的衬垫

续表

类别	牌号	化学成分/%		力学性能			用途
		Sn	其他	R_m/MPa	A/%	HBS	
压力加工锡青铜	CuSn4Zn3	3.4~4	2.7~3.3Zn 余量为Cu	350	40	60	弹簧、管配件和化工器械
	CuSn4Zn4Pb2.5	3~5	3~5Zn 1.5~3.5Pb 余量为Cu	300~350	35~40	60	飞机、汽车、拖拉机及其他行业中用的轴承和轴套的衬垫
	CuSn6.5P0.4	6~7	0.3~0.4P 余量为Cu	350~450	60~70	70~90	弹簧及其他耐磨零件，造纸工业用的铜网
无锡青铜	ZCuAl9Fe4	Al8~9	2~4Fe 余量为Cu	400 500	10 12		重要用途的耐磨、耐蚀零件，如齿轮、涡轮、轴套等
	ZCuPb30	Pb30	余量为Cu	76	5	28	大功率航空发动机及汽车上发动机的轴承
	ZCuMn5	Mn5 4.5~5.5	余量为Cu	300	40	80	有较高的强度和塑性，还具有良好的热强性、耐蚀性。制作化工、船舶零件
	CuBe2	Be2~2.3	余量为Cu	500	30	100	制造重要的弹簧和弹性零件，电接触器、电焊机电机、钟表及仪表零件

① 锡青铜

锡青铜是我国使用的最古老的一种铸造合金，其性能与锡含量密切相关，其相图如图7-26所示，相图结构较为复杂，包含一个包晶反应和两个共析转变。当Sn含量≤5%~6%时，Sn固溶于Cu基体中，组织为单相α固溶体，随含Sn量增加，合金的强度和塑性均增加；当Sn含量≥5%~6%时，组织中出现了硬而脆的δ相，δ相以Cu31Sn8为基的固溶体，复杂立方，硬而脆，由于共析δ相的存在，合金的强度持续增加，但塑性急剧下降；当Sn含量>20%时，由于出现过多的δ相，合金很脆，强度也迅速降低，在工业上使用较少，仅用于铸钟，故称为"钟青铜"。工业上应用的锡青铜，其含锡量一般在3%~14%范围内。含锡量小于5%的锡青铜塑性好，适于冷加工；含锡量为5%~8%的锡青铜塑性下降，适于热加工；含锡量大于10%时锡青铜强度较高，适于铸造。

锡青铜的结晶温度间隔较大（100~250℃），缩孔倾向大，铸件密度低，高压下易渗漏；金属液流动性差；吸气量大，易形成气孔，也形成夹杂；但体积收缩率低，适于铸造形状复杂、尺寸精度高的零件，线收缩率也较小，冷裂及应力较小。锡青铜存在明显的枝晶偏析和反偏析，常在铸件表面渗出灰白色颗粒状富锡分泌物，称为锡汗。其主要原因为当铜合金凝固时，铸件内的富锡溶液在铸件收缩和析出气体的压力下通过发达的树枝晶的间隙向表层挤出而形成。锡汗降低铸件致密度，也降低力学性能，可通过调整合金成分，提高冷却速度消除。

由于硬质δ相均匀分布在α软相基体之上，构成了理想的耐磨组织，同时微观显微疏松组织有利于润滑油的存储和分布，因此，锡青铜具有优良的耐磨性能，通常用作耐磨材料而有"耐磨铜

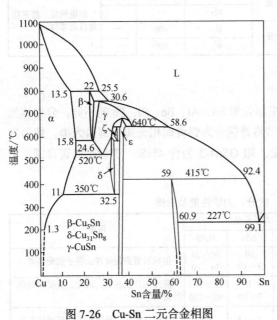

图7-26 Cu-Sn二元合金相图

合金"之称，广泛应用于轴承、叶轮、齿轮、涡轮等零件。锡青铜具有良好的耐蚀性，在大气、海水和无机盐溶液环境中耐蚀性好，主要是由于锡青铜组织中的δ相与α相的电极电位相近，微电池作用弱；同时在锡青铜表面易形成致密的SnO_2薄膜，提高了锡青铜耐蚀性能，但在硫酸、盐酸及氨水条件下耐蚀性差，故可广泛用来制造蒸汽锅炉、海船及其他机械设备的耐蚀零部件。也常用锡青铜铸造人像等工艺品。

锡青铜的强度低，气密性差，价格也较昂贵，可以通过在青铜基础上加入合金的方式解决，目前主要有磷青铜和锌青铜。

磷在锡青铜中的固溶度低，以Cu_3P形式存在，Cu_3P的硬度很高，可以增加锡青铜的耐磨性。磷与氧的结合力很强，反应形成的P_2O_5气体容易上浮析出，因此磷是铜合金优良的脱氧剂。磷可以降低铜合金液的表面张力，并在组织中形成高流动性的磷共晶体，故可以提高铜合金的充型能力，并降低浇注温度。

典型的磷青铜为ZCuSn10P1，组织含有较多的$\alpha+\delta+Cu_3P$共析体，强度与耐磨性较好，可用于制作重载、高速和高温下的强烈摩擦零件，如连杆的衬套、齿轮和涡轮等。

锌可以减少青铜的结晶温度间隔，提高充型能力，降低缩孔缩松倾向，锌的沸点为911℃，可利用其汽化作用去除气体，降低气孔形成倾向。锌对铜组织的影响与锡类似，但作用较小，可以加锌取代部分锡。常用的锡锌青铜为ZCuSn10Zn2，可制造中等载荷和转速下的衬套、齿轮和涡轮等零件。

② 铝青铜

Cu-Al二元相图如图7-27所示。当含铝量小于10%左右时，组织为α固溶体与层片状（$\alpha+\gamma_2$）共析体，铝青铜强度随含铝量增加而增加；若铝含量进一步增加，脆性相γ_2显著增多，将恶化力学性能。因此，铝青铜中的铝含量约为5%~10%。铝青铜价格低廉，硬度高、耐磨性好，是优良的廉价耐磨材料，在工业领域获得了广泛应用。通过淬火和回火可以进一步提高强度。但是铝青铜的干摩擦系数很大，因此，铝青铜不适于干摩擦及润滑不良的工况。因此，铝青铜可用于制造重要的弹簧、泵、齿轮、涡轮、轴承等。

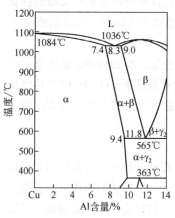

图7-27　Cu-Al二元合金相图

相比于锡青铜，铝在α相中的固溶度更大，有更显著的固溶强化效果，因此铝青铜的强度比锡青铜大得多。如含铝量小于11%的铝合金，抗拉强度可达400~500MPa，是普通锡青铜的一倍以上。

铝青铜的耐蚀能力与含铝量密切相关，当铝含量较低时，合金位于单相α固溶区，此时表面形成的Al_2O_3薄膜将有效地提高耐蚀性，且铝含量越高，Al_2O_3膜越厚，耐蚀性越好；但当铝含量增加到一定程度，组织中出现γ_2相，γ_2相具有较低的电极电位，优先腐蚀，在表面留下小空洞，即"脱铝"，腐蚀介质沿空洞向内部发展，降低材料的耐蚀性。铝青铜的化学稳定性比纯铜、黄铜好。铝青铜在盐酸、磷酸、有机酸的稀溶液、乳酸、海水以及大气中能耐腐蚀，但是由于碱会破坏铝青铜的Al_2O_3保护膜，所以铝青铜制件不能工作在碱溶液中。因此，铝青铜常用于海边工作的零件，如海边火电厂用的冷凝器管等。铝青铜的腐蚀疲劳强度很高，可以制作船舶螺旋桨。

铝青铜结晶温度范围小，熔体流动性好，不易产生缩松和枝晶偏析，铸件气密性好，但体收缩很大，易形成大缩孔，冷却快时出现裂纹。

为了进一步改善铝青铜的性能，通常在Cu-Al基础上加入一些合金元素，如Fe、Ni、Mn等。

铁在铝青铜中的溶解度很小，一般小于1%，当铁的加入量超过溶解度时，铁就会形成k相（CuFeAl化合物），凝固时该颗粒可以细化晶粒，提高铝青铜的强度和硬度，进一步提高耐磨性。但铁量不宜过多，否则使合金变脆，降低耐蚀性能，一般含铁小于4%。典型的铝铁青铜为ZCuAl10Fe3，组织为α+β+点状k，其强度和耐磨性较好。

锰可以固溶于铝青铜中的α相，提高合金的强度，同时也可以提高β相的稳定性，避免了共析反应β→α+γ_2的发生，减少了γ_2的数量，对铝青铜塑性有益。同时也能进一步提高铝青铜的耐腐蚀性能。典型的铝锰青铜有ZCuAl9Mn2、ZCuAl8Mn13Fe3、ZCuAl8Mn13Fe3Ni2等。

镍可固溶于α相中，起到固溶强化作用；当含量超过固溶度时，可形成Ni-Al新相，能够细化晶粒和进行时效强化，因此，铝镍青铜的强度、硬度及耐磨性能和耐热性能均有所提高。若铁、镍同加，可进一步提高强度，形成高强度的铝铁镍青铜，同时抑制了γ_2相的析出，保证了铝青铜的塑性和耐蚀能力。常用的铝镍青铜为ZCuAl9Fe4Ni4Mn2，具有高的强度，耐磨性和耐热性能良好，可在500℃以下工作，腐蚀疲劳强度也较高。

③ 铍青铜

其含铍量一般为1.7%~2.5%。铍青铜可时效强化，经固溶时效后，抗拉强度达1200~1400MPa，可与高强度钢媲美。铍青铜的强度和硬度比一般铜合金高，耐磨耐蚀性好，适当的润滑使得它比其他铜合金和许多铁基合金更耐磨，常用于介质润滑剂潮湿环境下的摩擦工况；如果在铍青铜中加入石墨可以制作自润滑零件。铍青铜弹性极限高，导电性和导热性均比其他铜合金高，并具有良好的加工性能，因此，铍青铜是优良的导电弹性材料，可用于制造各种精密仪表和仪器的弹簧等弹性元件，制造电接触器、电焊机电机、钟表和罗盘中的零件。但铍蒸气有毒，需谨慎使用。

④ 锰青铜

锰青铜的含锰量为5%左右，锰能溶于铜中，可提高合金的力学性能和耐蚀性能。锰还能改善铸造性能，降低合金的脆性。含锰量为5%的锰青铜，能抵抗碱溶液和高压下CO、H_2的混合气体在170~350℃时的腐蚀。锰青铜还有较好的耐热性，可用于制造高温下工作的零件。因此，锰青铜是化工及造船工业中应用广泛的合金。

⑤ 铅青铜

Cu-Pb二元相图如图7-28所示，室温组织为Pb+Cu两相组成，两相不互溶，为铜与铅的机械混合物。铅的硬度很低，润滑性好，以细小分散的颗粒分布在铜基体上，类似于铸铁中的石墨，具有很好的润滑性能，降低摩擦系数，提高耐磨性能。铅的熔点很低（327℃），在凝固最后阶段以富铅溶液充填枝晶间的空隙，大幅度降低青铜的显微缩孔体积，提高耐水压性能。铅孤立分散在铜基体上，在切削时易于断屑，提高了切削性能。

铅青铜的组织为固溶体软相和化合物硬相，由于铅青铜的低的摩擦系数，良好的耐磨性能，而铜基体保证了良好的疲劳强度和导热性能，是理想的轴承材料，可以制造高速高载荷的大型轴瓦和衬套。

铅青铜的含铅量为30%左右，典型牌号为ZCuPb30，可用于制造高速（8~10m/s）、高压、受冲击的重要轴套，导热性好，工作温度允许高达300℃。但铅青铜的偏析严重，这主要因凝固区间较大和二相密度相差较大所致。因此，一般采用快冷措施，如金属型或水冷金属型铸造；也

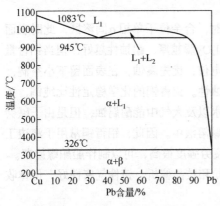

图7-28 Cu-Pb二元合金相图

可以加少量的 Ni、Sn、Mn 等元素，在凝固初期形成结晶骨架，减轻偏析现象，如工业上广泛使用 ZCuPb10Sn10、ZCuPb15Sn8 等。铅青铜的另一个缺点是强度较低，抗拉强度仅约 60MPa，可采用加入 Sn、Zn、Mn 合金元素。锡可以强化基体，促使 Pb 颗粒细化和均匀分布；锌可降低气孔量，提高强度；锰可以强化基体，降低摩擦系数和偏析。

7.3 钛及钛合金

钛元素表示为 Titanium，来源于 Titans。希腊神话中的 Titans 受到父亲的极端憎恨，被囚禁在地壳中，其情形与从矿石中难以提炼出这种元素相似。即使在现在，钛也只能分批、间歇式生产，由此导致其价格高昂。

纯钛是灰白色金属，密度小（4.5g/cm³），熔点高（1688℃），存在同素异构转变，在 882.5℃ 发生同素异构转变 α-Ti→β-Ti。α-Ti 存在于低温区，为密排六方晶格，塑性较差；而β-Ti 存在于高温区，为体心立方晶格，塑性较好，但由于高温，容易氧化。密排六方晶格的 α-Ti 具有明显的弹性各向异性，垂直于基面方向的杨氏模量为 145GPa，而平行于基面的杨氏模量为 100GPa。纯钛强度低，塑性、低温韧性和耐蚀性好，具有良好的成型性能。纯钛主要用于生产 350℃ 以下工作，对强度要求不高的零件，如石油化工用的热交换器等。

7.3.1 钛中的常见杂质

钛中的常见杂质有氧、氮、碳、氢、铁、硅等，这些元素与钛形成间隙或置换固溶体，过量时则形成脆性化合物。

氧、氮、碳可以提高β转变温度，扩大 α相区，是稳定 α相的元素。它们提高钛的强度，但降低塑性，其中氮的强化作用最大，降低塑性也更显著。当含碳量大于 0.2%时会出现 TiC，使钛脆化。因此，为了保证钛的塑性及韧性，在纯钛及钛合金中一般限制氧含量为 0.15%~0.2%，氮含量为 0.05%~0.08%，碳含量为 0.1%~0.2%。

微量铁和硅可与钛形成置换固溶体，故不如间隙杂质元素氧、氮、碳对力学性能影响那么大，一般要求铁含量小于 0.3%，硅含量小于 0.15%。

钛极易吸氢引起氢脆，对氢含量应严加控制，一般要求氢含量为 0.015%~0.02%。氢在β相中的溶解度比 α相中大得多，且在 α相中的溶解度随温度降低而剧烈减小。

当含氢的β钛共析分解以及含氢的 α钛冷却时，均可析出氢化物 TiH。氢含量低时 TiH 呈点状，含量高时呈针状。TiH 与基体的结合力较弱，且二者的弹性和塑性性能不同，受力后易引起应力集中，是裂纹萌生和扩展的优先位置，故 TiH 使合金变脆，称为氢化物型氢脆。

若温度下降时，氢以过饱和状态存在于晶格间隙中，在应力作用下，经过一段时间，通过扩散集中于缺陷处，并与位错交互作用，使位错被钉扎，使得钛变脆，产生应变时效型氢脆。

当氢含量较多时，可通过真空退火除氢。

综上所述，钛中的杂质虽能使钛的强度升高，但却严重降低了塑性和韧性，加快疲劳裂纹扩展。因此，不宜采用提高杂质含量的方法来提高钛的强度。目前一般通过合金化的方法来强化。不过，尽可能降低杂质含量，提高基体钛的塑性储备是发挥各种合金强力的必要条件。

7.3.2 钛的合金化

钛合金具有两大特性：高比强度和良好抗蚀性，可广泛用于航空航天、化学工业、医药工程和休闲行业等。在较高的温度下，钛合金的比强度特别优异，不过，由于受其氧化特性限制，传统钛合金一般只能在 500℃以下温度使用。由于钛铝化合物可以克服高温氧化限制，可与高温钢和镍基合金相媲美，成为了合金研制的重点。

钛合金的主要加入元素有 Al、Cr、Mn、Fe、Mo、V 等，这些元素能与钛形成置换固溶体，有些能与钛化合成金属化合物。加入的元素起固溶强化和弥散硬化的效果，从而显著提升钛合金的强度。加入 Sm、Zr 等元素，还能提高钛合金的耐热性能。

根据加入的合金元素种类和含量的不同，钛的α相区和β相区存在的范围，造成了室温下合金的组织差异。合金元素可分为α稳定元素（扩大α相区存在范围，如铝）、β稳定元素（扩大β相区存在范围，如钒）或中性元素（如锡和锆）。合金元素影响着相的稳定性，并进而决定着 T_β 温度。图 7-29 给出了钛合金按照晶格类型的分类图。

$T_\beta(℃)=882+21.1[Al]-9.5[Mo]+4.2[Sn]-6.9[Zr]-11.8[V]-12.1[Cr]-15.4[Fe]+23.3[Si]+123.0[O]$

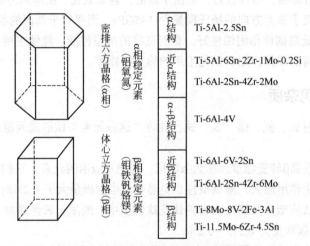

图 7-29 钛合金按照晶格类型的分类图

① α型钛合金

氧、氮、碳扩大α相区，以间隙固溶于钛中。这些元素强烈影响钛的机械性能，需要在工业纯钛中控制这些元素含量。

Al 是最重要的α型钛合金稳定元素，以置换方式固溶于钛中。由于其密度仅为 Ti 的一半，所以α合金的密度小；同时，Al 是控制合金氧化性能的主要元素。α相具有较高的抵抗塑性变形能力，较低塑性，更强的各向异性，较低的扩散速率和高的抗蠕变性能。具有中等强度，耐蚀性能优异，可应用于化学工业。不能热处理强化，可用冷变形引起的加工硬化提高强度。α钛合金牌号用 TA 加序号表示，序号数字大表示加入的合金元素含量多。

② β型钛合金

β型合金为含有足够的β相稳定性元素以抑制淬火过程中的相变，将β相保留至室温。为了描述 Mo、Cr、V、Al、Fe、Nb 等合金元素对β相的稳定效果，可引入 Mo 当量。Mo 当量超过 cs 后可得到稳定的β合金；Mo 当量在 cs 和最低含量 cc 之间时为亚稳定合金，大部分商用β合金为亚稳态。β钛合金塑性良好，可冲压成型，强度也较高，并可通过热处理进一步强化。β钛合金的牌号用 TB

加序号表示。

β合金的热处理工艺包括固溶、淬火和时效处理。在β相转变温度以上固溶会产生粗大β相晶粒，在稍低于β相转变温度固溶会析出α相（$α_p$）。可通过热加工工艺控制β相晶粒和$α_p$相的形貌和体积分数，如锻造可将针状的$α_p$相转变为球状，反复塑性变形和再结晶后可获得细小晶粒。

在锻造缓冷过程中，薄片状α相将沿晶界析出，恶化机械性能。可以采用快冷抑制析出，但对于大截面工件，则只能采用在α/β区域加工破碎晶界α相薄片。

在较低时效温度下，β合金中将析出细小弥散的次生α相（$α_s$）。$α_s$的强化效果取决于α相的尺寸和体积分数，可通过时效温度和时间控制。冷加工通常使$α_s$相分布更均匀，强化时效效果。

表 7-5 给出了常用钛及钛合金的牌号、成分、力学性能及用途。

表 7-5 常用钛及钛合金的牌号、成分、力学性能及用途

组别	代号	成分	热处理	室温力学性能		高温力学性能			用途
				R_m/MPa	A/%	温度/℃	R_m/MPa	A/%	
工业纯钛	TA1	Ti	退火	300~500	30~40				工作温度在350℃以下，强度要求不高，但耐蚀性、成形性要求较高的零件
	TA2	Ti	退火	450~600	25~30				
	TA3	Ti	退火	550~700	20~25				
α钛合金	TA4	Ti-3Al	退火	700	12				500℃以下工作的耐热、耐蚀件，如飞机蒙皮、导弹燃料罐、气压机叶片、超声速飞机的涡轮机匣
	TA5	Ti-4-0.005B	退火	700	15				
	TA6	Ti-5Al	退火	700	12~20	350	430	400	
β钛合金	TB1	Ti-3Al-8Mo-11Cr	淬火	1100	16				350℃以下工作的零件、气压机叶片、轴、轮盘等重载荷旋转件、飞机构件
			淬火+时效	1300	5				
	TB2	Ti-5Mo-5V-8Cr-1.5Mn	淬火	1000	20				
			淬火+时效	1350	8				
α+β型钛合金	TC1	Ti-2Al-1.5Mn	退火	600~800	20~25	350	350	350	400℃以下工作的零件，如发动机、压气机的叶片、飞机起落架、低温用部件、火箭外壳
	TC2	Ti-3Al-1.5Mn	退火	700	12~15	350	430	400	
	TC3	Ti-5Al-4V	退火	900	8~10	500	450	200	
	TC4	Ti-6Al-4V	退火	950	10	400	630	580	
			淬火+时效	1200	8				

β钛合金经过时效处理，可获得高的强度，屈服强度可达1400MPa以上，双级时效（高温/低温或低温/高温时效序列）可一定程度上改善合金的塑性与韧性。但时效处理降低了塑性与韧性。高的强度也导致高的疲劳极限，β钛合金具有优秀的疲劳性能，对于 Ti-10-2-3 合金，疲劳极限达700MPa。细化晶粒或双级时效工艺可进一步提高钛合金疲劳极限。但β钛合金冶炼工艺复杂，密度高，抗氧化性差，应用受到限制。

③ α+β型钛合金

该合金属于多元合金，既含有稳定α-Ti 的元素，又有稳定β-Ti 的元素，因此具有α型钛合金和β型钛合金的优点，强度高，塑性好，热强性、耐蚀性和低温韧性良好。α+β型钛合金适用于锻造、冲压、轧制，并有较好的切削加工性能。这类合金具有良好的综合力学性能，通过淬火和时效可进一步提高合金的强度；采用化学热处理，如氮化，可提高钛合金表面强度、疲劳强化和抗氧化性能。常加元素有 Al、V、Mo、Cr 等，其中 Ti-6Al-4V 合金应用最为广泛，约占钛合金使用量的 50%以上。α+β型钛合金牌号用 TC 加序号表示。

④ 钛铝金属间化合物

常规的金属材料体系经过长期发展，性能已经接近其极限，如果要取得进一步发展，就需要研制新型材料。目前，金属间化合物相γ（TiAl）和α₂（Ti₃Al）为基础的钛铝化合物以其突出的机械性能而获得了工程界的广泛关注，如表 7-6 所示。金属间化合物指以金属或类金属元素为主所构成的二元或多元合金系中出现的中间相化合物。金属间化合物原子间结合键既具有金属键特征，又具有共价键特征，所以它表现出高的高温强度、抗蠕变性能、高温组织稳定性和弹性模量等高温结构材料的特性；同时还具有一定的室温韧性、塑性和抗裂纹扩展性，其综合力学性能介于金属材料和陶瓷材料之间。其中，钛铝化合物是一种研究广泛的金属间化合物，它具有高的熔点（1460℃），低密度，高弹性模量，低扩散系数，优良的抗氧化性和抗腐蚀性，高的阻燃性。从表 7-6 可以看出，除了室温延性外，TiAl 基合金的力学性能与超合金相当，然而其密度不及超合金的一半，因此，TiAl 基合金是优良的高温结构材料。

表 7-6 几种高温合金的性能

性能	Ti 基合金	Ti₃Al	TiAl	超合金
密度/（g·cm⁻³）	4.5	4.1～4.7	3.7～3.9	8.3
屈服强度/MPa	380～1150	700～900	400～630	—
抗拉强度/MPa	480～1200	800～1140	450～700	—
蠕变极限温度/℃	600	700	1000	1090
室温模量/GPa	96～115	120～145	160～176	206
氧化温度/℃	600	650	900～1000	1090
室温延性/%	10～20	2～7	1～4	3～5
高温延性/%	高	10～20	10～90	10～20
晶体结构	Hcp/bcc	DO₁₉	L1₀	Fcc/L1₂
熔点/℃	—	1600	1460	—
无序转变点/℃	—	1125	1460	—

TiAl 基合金的脆性与其组成相有关。TiAl 基合金一般由γ-TiAl 相和α₂-Ti₃Al 相组成。γ相的点阵结构如图 7-30 所示，为面心正方结构，在[002]方向上由 Ti 原子面和 Al 原子面交替重叠组成。由于电子云密度在不同方向上的差异，造成了键的结合强度的方向性，导致在{010}和{110}晶面之间原子键的结合力较弱，易于沿这些面发生解理断裂，使得 TiAl 基合金脆性大。而且铸态 TiAl 基合金中的γ组织为粗大树枝状晶粒，更加大了脆性。但一定量的α₂-Ti₃Al 相可以降低γ相的含氧量，可以提高合金塑性变形能力。

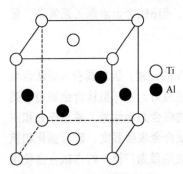

图 7-30 γ-TiAl 相晶格结构

TiAl 基合金低的室温塑性和韧性制约了它在工业中的应用，许多研究者从改变显微组织结构着手，开展了提高 TiAl 基合金断裂韧性的工作。TiAl 基合金具有四种典型的室温显微组织，分别为全层片组织、近层片状组织、双态组织和近γ相组织。一般而言，层片状组织的断裂韧性高于双态组织，双态组织的断裂韧性又高于等轴的γ相组织。层片状组织高的断裂韧性可归因于组织中存在较大的裂纹尖端塑性应变，增加了裂纹扩展的抗力，从而使材料韧化。

不同的显微组织可通过热处理获得。在α相区热处理，得到全层片组织，它由交叠出现的 α_2 和 γ 相板条组成；当在 $\alpha+\gamma$ 相区热处理时，依据温度的差异，得到的室温组织为近层片组织或双态组织。近层片组织是接近 T_α 转变温度的 $\alpha+\gamma$ 相区加热进行热处理形成的，由作为组成部分的层片状晶团和处于层片状晶团界面上的 γ 粗晶组成。双态组织由 γ 相晶粒和层片状晶团组在一起；在 $\alpha_2+\gamma$ 相区热处理时，显微组织由粗大的 γ 晶粒和少量的 α_2/γ 层片状晶团组成，为近 γ 相组织。

7.3.3 钛合金的机械性能

Ti 合金的性能不仅与 α 和 β 相的比例有关，还与其显微组织密切相关。钛合金存在两种基本的显微组织，成片状和等轴状，可通过热加工工艺获得不同的显微组织。热加工处理的关键参量是 β 转变温度 T_β。当温度降低至 T_β 时，α 相将在 β 晶界上成核，并以层片状长大进入 β 晶内。冷却速度决定着层片的粗细，随着冷却速度的降低，层片逐渐变厚。快速淬火导致 β 相发生马氏体转变，形成细小的针状组织。但与钢的淬火不同，钛合金淬火引发的马氏体相变对强度的提升有限。

等轴组织是再结晶的结果。首先在 $\alpha+\beta$ 相区进行强烈变形以引入足够的变形能，随后在两相区进行固溶处理，即可形成等轴再结晶组织。当在稍低于 T_β 进行固溶处理可获得双态组织，即在层片状 $\alpha+\beta$ 基体上分布着等轴 α 相。

不同的显微组织对钛合金力学性能有着强烈的影响。等轴状组织具有高的塑性和疲劳极限；而层状组织具有高的断裂韧性、优良的抗蠕变能力和抗疲劳裂纹扩展性能；双态组织综合了层状和等轴状组织的优点，具有优良的综合性能。

（1）强度

传统钛合金的屈服强度一般在 800~1000MPa 范围内，其中 β 合金强度最高。目前一般通过四种措施来提高钛合金的强度：细晶化、合金化、加工工艺和复合材料。

位错穿越界面将受到阻碍，增加界面数量将有效提高材料强度。界面包含晶界、孪晶界和相界等。强化效果可采用 Hall-Petch 描述：

$$\sigma = \sigma_0 + kd^{-1/2} \tag{7-14}$$

式中，k 为材料常数；d 为显微组织的结构长度参数（如晶粒尺寸、晶团尺寸和层片间距等）；σ_0 为恒定应力，与其他滑移障碍物有关。

添加合金元素主要有以下作用：

a. 形成沉淀相，这是提高钛合金强度的有效手段。如 Ti-6Al-6Mo-6Fe-3Al（TIMETAL 125），经过双级时效，可以在基体中析出细小沉淀相，提高材料的强度，强度水平远高于 Ti-6Al-4V 合金；

b. 合金元素可以改变单相区的扩展程度，进而改变合金组织；

c. 细化晶粒，如 B 可以作为晶粒细化剂；

d. 固溶强化，如 Nb 加入 TiAl 合金中，起到显著的强化效果。

通过热加工工艺，可优化组织结构，提高材料强度。以 Ti-25Al-10Nb-3V-1Mo 为例，可先在 1000℃ 以下对合金旋锻变形，将初始组织转变为含有 60%左右初生 α_2 相的细小等轴组织，随后在稍低于 β 转变温度下进行固溶并水淬，在有序立方 B2 相基体上生成细小初生 α_2 相，最后 700℃ 时效，从过饱和 B2 相中析出细小的 O 相，可将初始态材料抗拉强度 1100MPa 提高到 1800MPa。

复合材料可以获得极高的强度。如含 35%体积分数的 SiC 纤维增强 Ti-6Al-4V 合金，沿纤维方向的抗拉强度大于 2000MPa，但具有较差的横向强度，即复合材料表现出明显的各相异性。因此，工程应用要保证复合材料的载荷沿纤维方向。

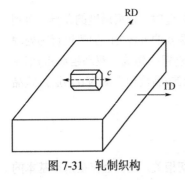

图 7-31 轧制织构

(2) 刚度

材料的刚度即为杨氏模量，反映了晶格点阵中原子间的结合力，随原子有序程度增加而增加。Ti-6Al-4V 合金由 α、β 固溶体组成，当其中一相变为有序时，合金刚度增加。

织构也影响钛合金的刚度。由于 α 相属于密排六方结构，在塑性加工过程中易形成织构，导致弹性模量出现各相异性。如对于轧制 Ti-6Al-4V 合金，多数 α 相晶粒的 c 轴平行于横向，如图 7-31 所示，导致了横向的杨氏模量大于轧制方向。

复合材料是提高刚度的一个重要手段。增强相 SiC、B_4C、TiB_2、BN、TiC 可显著提高钛合金的刚度。如体积分数为 30% 左右的显微增强 SiC 纤维复合材料的刚度是钛基体合金的 2 倍。复合材料的刚度可采用加合定律计算。

(3) 高温强度

钛合金主要应用于高温领域，因此，钛合金的首要工作就是提高合金的高温强度。目前基本上有三种方法，即发展传统的近 α 合金、发展弥散强化钛合金及以金属间化合物 Ti_3Al、TiAl 为基的 TiAl 合金。

发展近 α 合金的一个重要发现是 Si 可显著提高钛合金的抗蠕变性能。高温下 Si 以 SiC 形式在位错上沉淀析出，强烈阻碍位错攀移。

对于含有稀土氧化物的钛合金，通过快速凝固可以产生均匀分布的弥散粒子，但这种方法要避免使用过程中粒子的粗化，在提高使用温度方面作用有限。

以金属间化合物 Ti_3Al、TiAl 为基的材料可以显著提高钛合金的使用温度。这类合金具有有序结构，抗蠕变性能优异，但 TiAl 合金的脆性大，难以成型。目前一般采用合金化提高化合物的塑性，其中 Nb 是提高 TiAl 合金最有效的合金元素。

(4) 断裂韧性及疲劳性能

钛合金的断裂韧性约为钢的一半，需要进一步提高。虽然 β 合金的断裂韧性优于 α+β 合金，但合金化对断裂韧性影响并不大。显微组织对断裂韧性有较大影响，如层片状组织的断裂韧性高于等轴组织。

疲劳断裂是钛合金一种重要的失效形式。疲劳寿命由两部分组成，裂纹形核寿命和裂纹扩展寿命。对于低周疲劳而言，疲劳寿命主要由裂纹扩展寿命决定，而裂纹扩展寿命与材料塑性有关；而高周疲劳寿命主要由裂纹形核寿命决定，裂纹形核与材料强度有关。材料组织参数，如晶粒尺寸，对裂纹形核和裂纹扩展的影响是相互矛盾的。

晶粒细化可以提高材料的强度，也提高了疲劳极限，此时高密度的晶界有效地阻碍微观裂纹的生长。但当裂纹发展成宏观裂纹时，粗晶导致裂纹偏转及裂纹闭合，降低了抗裂纹扩展能力。对于时效强化材料也有类似结果。

钛合金的疲劳性能还与 α、β 两相的形貌和排列状态有关。钛合金中存在层片状、等轴状和双态组织。层片组织中的疲劳裂纹在 α 相片层内的滑移带或在 α 相沿 β 相的晶界萌生。对于等轴组织，疲劳裂纹沿着 α 相晶粒内的滑移带形核。双态组织的疲劳裂纹既能在层片基体内、层片与初生 α 相间萌生，也能在初生 α 相内萌生。等轴组织比片状组织具有更高的抗疲劳裂纹形核能力，但具有较差的抗裂纹扩展能力，因为片状晶粒易于导致曲折的裂纹途径。

第二相也显著影响疲劳极限。对于 β 合金 Ti-3Al-8V-6Cr-4Mo-4Zr 存在两种时效工艺：普通时效与分级时效。普通时效导致晶粒中出现无沉淀析出带，在整个材料中成为软区，是裂纹优先形核点，降低疲劳极限。而分级时效材料的强度与普通时效一致，但时效相分布均匀，可提高疲劳极限 50MPa。时效方式对裂纹扩展影响甚微。

机械表面处理，如喷丸、机械抛光和深度轧制，降低表面粗糙度，提高表面硬度（冷加工程度或位错密度），引入残余压应力。这些措施延迟了裂纹萌生，抑制微裂纹扩展，可以提高钛合金的疲劳寿命。

7.3.4 钛合金的氧化防护

钛合金主要的应用场合是航空航天应用领域，如燃气涡轮发动机的压缩机部件，工作于高温范围，其最高使用温度在 540~800℃之间。材料力学性能的发挥受到其相对较低的抵抗高温气体能力的限制。

腐蚀反应产物（主要是氧化物）的形成降低了承载截面积并限制在使用温度下零件能够保持完整性的时间。同时，进入零件表层区域的氧和氮通过脆化效应直接影响力学性能。氧化膜的形成也具有一定的积极意义，其可以将金属表面与环境隔离，减缓进一步的氧化反应并减少金属的消耗。否则，金属材料不可能长期工作于高温。因此，如何形成防护性的氧化层是所有高温金属材料抵抗炽热气体的关键问题。

具有防护性氧化层一般具有如下一些特点：
a. 在使用环境下具有高的热力学稳定性；
b. 氧化物蒸气压低；
c. 与金属具有良好的黏附性；
d. 与金属具有良好的热加工相容性；
e. 氧化层的生长速率低；
f. 具有裂纹自愈合能力。

目前，Cr_2O_3、SiO_2、Al_2O_3 是具有优良抗氧化能力的氧化物。然而，形成 Cr_2O_3 的材料由于会形成挥发性的 Cr_2O_3，所以仅限于 1000℃以下使用。在氧分压较低时，SiO_2 会分解成挥发性 SiO。而对于使用温度极高的零件，一般选用镍基或钴基超合金，这些合金表面通常采用 Al_2O_3 防护层。

钛合金在热暴露过程中氧化皮的形成既受到热力学因素，也受到动力学因素的影响。图 7-32 给出了不同含铝量钛合金在相同热暴露环境下氧化皮的示意图。对于纯钛，50%的氧溶入金属基体中形成氧扩散区，少量氧形成外部的 TiO_2 层。随着合金铝含量的增加，氧影响区范围变窄。氧化皮一般为多层结构，由不同比例的 TiO_2、Al_2O_3 组成。

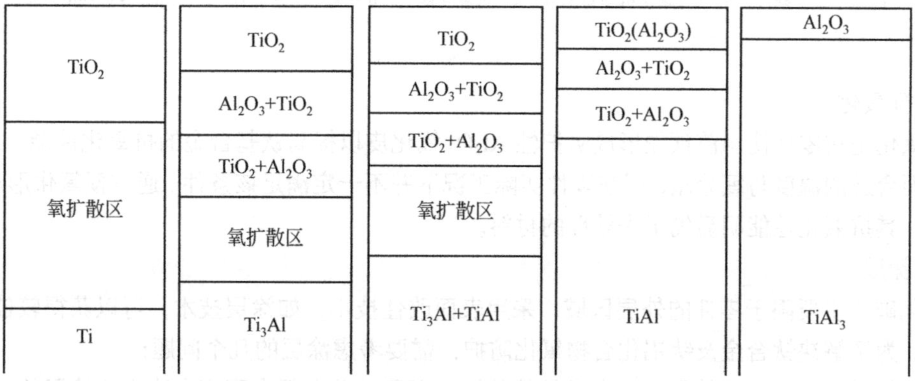

TiO_2	TiO_2	TiO_2	$TiO_2(Al_2O_3)$	Al_2O_3
	$Al_2O_3+TiO_2$	$Al_2O_3+TiO_2$	$Al_2O_3+TiO_2$	
	$TiO_2+Al_2O_3$	$TiO_2+Al_2O_3$	$TiO_2+Al_2O_3$	
氧扩散区		氧扩散区		
	氧扩散区			
Ti	Ti_3Al	$Ti_3Al+TiAl$	TiAl	$TiAl_3$

图 7-32 钛基合金表层氧化区域示意图

在长期的机械载荷作用下，金属中必然出现裂纹。只有当氧化皮能够封闭裂纹时，才能发挥氧化皮的防护功能，即氧化皮需具有裂纹愈合能力。只有向外生长的氧化皮才能愈合裂纹。同时，应变速率要足够低，以便于氧化皮的形成。如对于 Ti-Al 二元合金，裂纹愈合所需的临界应变速率约为 $10^{-5}/s$。添加 Nb 可以提高临界应变速率。

为了延长钛合金的使用寿命，必须通过材料改性的方法提高钛基合金的抗氧化能力，目前主要有三种方法。

① 添加合金元素

对于钛合金，目前对合金元素的作用缺乏系统的研究。Si、Nb、W 可以形成氧化皮减重，也可提高氧化层的黏附力，如表 7-7 所示。

而对于钛铝金属间化合物，合金的作用研究较为详细，如表 7-7 所示。但这种定性结果并不能提供合金浓度的明确数值。而且，钛基体中一般要加入大量的合金元素以调整力学性能，合金元素的交互作用通常难以预测。因此，为了选择合适的合金满足某种工程应用，需进行广泛深入地实验研究。

表 7-7 合金元素对钛合金及钛铝化合物氧化行为的影响

合金		合金元素										
		Si	Ti	V	Cr	Mn	Y	Nb	Mo	Ta	W	Re
Ti 合金	a	↑		↓	↑, ↓			↑			↑	
	b	↑, ↓			↑, ↓							
	c											
	d	+		?	+			?				
Ti$_3$Al	a			↑, ↓	↑			↑	↑, ↓			↑
	b											
	c			↑, ↓	↑			↑	↑			
	d			+	+			+	+			
TiAl	a	↑	↑, ↓	↑, ↓	↑	↓		↑, ↓	↑, ↓	↑	↑	↑
	b											
	c	↑	↑, ↓	↑	↑			↑, ↓	↑	↑	↑	
	d	+	+	+	+	+	+	+	+	+	+	
TiAl$_3$	a	↑		↓	↑	↓						
	b	↑										
	c			↓	↑	↓						
	d			+		+						

注：↑—提高；↓—降低；+—对氧化机理有影响；a—抗氧化能力；b—氧化皮黏附力；c—Al$_2$O$_3$ 保护层的形成；d—对氧化机理的影响。

② 预氧化

预氧化是在零件使用前预先形成防护性 Al$_2$O$_3$ 氧化皮以提高钛基合金的抗氧化性能。Al$_2$O$_3$ 的形成需要合适的温度与氧分压，但在零件实际工况下并不一定满足该条件。通过预氧化形成 Al$_2$O$_3$ 氧化皮，其抗氧化性能明显优于未处理的材料。

③ 涂层

氧化破坏主要限于零件的外层区域，采用表面改性技术，如涂层技术，可以获得较佳的抗氧化性能。为了解决钛合金及钛铝化合物氧化防护，需要考虑涂层的几个问题：

涂层的黏附性：黏附性是涂层有效性的前提。沉积工艺在很大程度上决定了涂层的黏附性。

高温工艺（CVD、等离子体喷涂等）可以促进涂层制备过程中的扩散，涂层一般可以获得良好的附着力；低温工艺（电弧PVD）制得的涂层需要热处理以提供足够的黏附力。同时，沉积工艺造成的残余应力会影响黏附力。在高温热暴露过程中，基体与涂层间不同的热膨胀系数、残余应力、界面处形成的脆性金属间化合物及力学载荷强烈影响着涂层的黏附性。

涂层的长期稳定性：延长热暴露时间会发生材料的剧增氧化。有几个现象会加速氧化：涂层与基体的互扩散消耗涂层中的氧化皮形成元素；大范围的互扩散导致形成Kirkendall空洞，降低附着力；涂层与基体热膨胀系数的差别导致裂纹的形成。

表7-8给出了一些涂层系统和制备技术。

表7-8 钛合金及钛铝化合物几种涂层系统和制备技术

涂层	基体	沉积工艺
Ni、NiTi	Ti-6-4、Ti-6-2-4-2	电镀
Pt	cp-Ti、Ti-5Al-2.5Sn	离子镀
Ti-Si	cp-Ti	CVD
Al	cp-Ti、Ti-6-2-4-2	EB-PVD
Al_2O_3、Al_2O_3/Ni、Al_2O_3/TiO_2	KS 50	等离子喷涂
Ti-Si	IMI 829	溅射
$TiAl_3$	TiAl	CVD
SiO_2、B_2O_3、P_2O_3、Al_2O_3	Cp-Ti、Ti-14Al-21Nb	溶胶-凝胶
$BaTiO_3$、$SrTiO_3$、$CaTiO_3$	TiAl	水热处理
Al	Cp-Ti	激光合金化
Cr、Y	TiAl	离子注入
Al、Si	TiAl	埋粉法
P	TiAl	浸蚀

7.3.5 切削性能

钛及钛合金可视为难加工金属材料。工业纯钛的切削性能与奥氏体不锈钢退火态大致相同，切削性比较良好，但最大缺点是导热性差（钛合金的导热性只有碳钢的1/6～1/5），切削热很难通过被切削材放出，又因为单位体积的比热容也小，局部温升很快，影响刀具寿命。

切削钛的工具可选用高速工具钢（W系、Nb系）、碳化钨硬质合金等。Ti-Fe的共晶温度约为1085℃，Ti-Co为1025℃。切削工具的前端温度，在散热不良的情况下，很容易升到1000℃。当达到熔点附近温度，空气中氧化和合金化反应激烈，钛制品或者黏着工具，或者产生划伤，如进一步发展，可能产生熔敷烧结。Ti-Fe、Ti-Co一旦发生熔敷，则生成金属间化合物，由于其硬而脆，容易剥落而改变工具的形状，急剧降低工具寿命，同时切削加工面也变坏。钛在切削中一般不产生刀瘤，当能很好散热，保持切削工具形状时，表面加工状态良好，可视为切削操作容易的材料。

7.4 镁及镁合金

纯镁为银白色金属，密度为1.736g/cm³，熔点为650℃，具有密排六方晶格。强度低，耐蚀性差，一般不用于制造承力零件，多用于配制合金。

通过在纯镁中加入 Al、Mn、Zn、Zr、RE 等合金元素，可以形成镁合金。镁合金的密度小，是最轻的金属结构材料；比强度和比刚度高；阻尼减震能力强；导热性好；碰撞无火花；还原性强，可用于提取活性金属，如钛等；铸造性能优良；具有良好的可切削加工性和可回收性。因而被称为 21 世纪的绿色工程材料。但镁合金耐蚀性能差，对其他结构金属都呈阳性，强度和弹性模量较低，易燃等。镁资源极其丰富，在地壳及海水中均有大量分布，为镁合金大规模工业应用奠定了物质基础。随着冶炼技术的提高及全社会对能源和环境保护的高度重视，镁合金迅速崛起，每年以 15%的速率保持增长。镁合金广泛应用于航空航天、交通工具、3C 产品、纺织和印刷工业等。

镁与氧的亲和力很大，镁被氧化后在表层形成疏松的氧化膜，无法阻碍反应物的通过，导致氧化持续进行。镁的氧化与温度密切相关。当温度较低时，镁的氧化速率不大；当温度高于 500℃，氧化速率加快；当温度超过熔点时，氧化速率急剧增加，遇氧发生燃烧，放出大量热。反应生成的 MgO 绝热性很好，使反应界面的热量迅速累积，提高了界面处温度，又反过来加速镁的燃烧。界面处的温度可能达到 2850℃，远高于镁的沸点 1107℃，引起镁溶液的大量汽化，甚至爆炸。

镁合金在汽车工业具有非常重要的作用。据测算，汽车自重减轻 10%，燃油效率可提高 5.5%。如果每辆汽车能使用 70kg 的镁合金，CO_2 的年排放量就能够减少 30%以上。镁合金作为最轻的结构金属材料，在汽车节能减排中的作用日益受到重视。

镁合金在电子信息和仪器仪表行业发展较快。电子信息行业由于数字化技术的发展，市场对电子及通信产品的高度集成化、轻薄化、微型化和复合环保的要求越来越高。镁合金具有优异的薄壁铸造性能，最小壁厚可达 0.5mm，有助于产品超薄、超轻和微型化要求。镁合金具有良好的电磁屏蔽、散热和阻尼抗震性能，可提高产品的信号质量和抗摔碰能力。

镁合金的标记方法有多种，其中美国 ASTM 标准的标记规则应用较为广泛，为主要合金元素代号（A、K、M、Z、E、H 分别代表 Al、Zr、Mn、Zn、RE、Th）+元素百分含量+标识代号（标识成分经微量调整，一般有 A、B、C、D）。字母顺序按实际含量排列，含量多的在前面，如果含量相同，则按字母的先后顺序排列。如 AZ31B 表示合金 Mg-3Al-1Zn，Al 和 Zn 各占 3%和 1%的镁合金。

我国对镁合金的标记方法比较简单，用两个汉语拼音字母和其后的合金顺序号（数字）组成。前两个汉语拼音字母将镁合金分为四类：变形镁合金（MB）、铸造镁合金（ZM）、压铸镁合金（YM）和航空镁合金。航空铸造镁合金牌号与其他镁合金略有不同，ZM 与代号之间加一个横杠。ZM1 为 1 号铸造镁合金，ZM-1 为 1 号航空铸造镁合金。目前，各国大多采用 ASTM 标准，我国镁产品也基本以 ASTM 标准规定的牌号供货。

7.4.1 镁合金分类

镁合金一般按三种方式分类，即合金化学成分、成形工艺和是否含 Zr 元素。按照化学元素，镁合金可分为二元、三元或多元合金系。为了分析的简化，一般突出合金中最主要的合金元素，并依此将镁合金划分为相应的二次合金系。

按照成形工艺，镁合金可分为铸造镁合金和变形镁合金，二者在成分、组织和性能上存在着很大的差异。镁合金铸造性能好，可通过铸造将合金直接铸成形状复杂，甚至是薄壁的成型件，而且浇铸后只需进行切削加工即可成为零件，目前的镁合金制品多为铸造态。为了保证流动性，通常铸造镁合金的组织中包含一定数量的共晶体，并且共晶体越多，合金铸造性能越好。如果共晶体中的第二相为硬脆的金属间化合物，则其含量不宜过多，否则合金塑性很低，不能作为结构件使用。但铸造镁合金强度很低。而变形镁合金通过塑性变形工艺，如挤压、轧制、锻造和拉拔等，可以消除铸造缺陷（缩孔和缩松等），并细化晶粒，大幅度提高镁合金的强韧性。目前，变形镁合金的应用量远小于铸造态，这主要是由于镁合金的密排六方晶格特点导致的塑性变形能力差，在含有硬脆第二相时，材料的塑性更差，一般需要加热到高温区获得足够的塑性以进行塑性加工，造成材料成本的增加。发展出行之有效的变形镁合金加工技术是扩大变形镁合金适用范围的关键一步。

依据合金中是否含有锆元素，可划分为含锆镁合金和不含锆镁合金两类。早期镁合金铸件容易产生不均匀的大晶粒，急剧恶化其力学性能，还导致较多显微疏松的出现，通过变形后，材料具有较大的方向性。但研究发现加入锆以后，镁合金的晶粒显著细化，可明显提高镁合金的室温性能和高温性能。但要注意的是，锆不能用于所有的镁合金晶粒细化中，如 Mg-Al、Mg-Mn 合金，Zr 与 Al 及 Mn 形成稳定的化合物，并沉入坩埚底部，起不到细化晶粒的作用。

由上述内容可知，由于同一化学成分系列的镁合金既有铸造合金，也有变形合金，按照合金化学成分，其中既有含锆合金，也有不含锆合金。因此按照化学成分对变形镁合金进行分类，并讨论起成分-组织-性能之间的关系。

① Mg-Li 系合金

Li 的密度为 0.53g/cm^3，该系合金是最轻的金属结构材料，被称为超轻镁合金。Mg-Li 合金属于共晶系，在 588℃下发生共晶反应：L→ α+β，其中 α 相是以 Mg 为基的固溶体，属密排六方结构，而 β 相为以 Li 为基的固溶体，属体心立方结构，塑性好，具有较高的冷成形性能。Li 在 α 相的最大溶解度为 5.7%，随着温度下降，溶解度基本不变。当锂元素含量超过 5.7%时，随着 Li 质量分数的增加，合金密度降低，β 相数量增加，导致强度降低而塑性增加，当锂元素含量超过 10%后，合金为单相 β 组织，晶体可从密排六方转变为体心立方晶格，此时材料具有良好的冷、热加工性能，如铸造的 Mg-Li 合金在室温下可加工成形，允许的变形量达到 50%~60%。

该系合金耐蚀性较差，存在较为严重的应力腐蚀倾向，在潮湿大气中的应力腐蚀敏感性较大，但可通过稳定化处理消除。Li 原子尺寸小，原子扩散能力强，因而耐热性能很差，在不太高温度下（50℃左右）就会发生过时效，故一般只用于室温条件。可通过加入其他合金元素适度提高 Mg-Li 合金的热稳定性。但 Mg-Li 合金缺口敏感性小，焊接容易。因此，Mg-Li 合金一般用于航空航天的辅助结构材料及其他要求质量轻的材料。

根据所含相，Mg-Li 合金一般分为 α、α+β 和 β 型合金。为了提高强度，合金中一般添加一些其他合金元素，如 Al、Zn、Mn、Cd、Ce 等。Mg-Li 合金的化学活性很高，Li 在空气中极易燃烧，因此熔炼和铸造需在惰性气氛中进行。

② Mg-Al 系合金

铝能提高镁的耐蚀性和强度，减少凝固时的收缩，改善铸造性能，是镁合金中最常使用的合金元素。该系合金发展最早，研究较为充分，也是目前牌号最多、应用最广的系列。大多 Mg-Al 系合金还包含其他元素，并以此为基础发展出三元合金系：Mg-Al-Zn、Mg-Al-Mn、Mg-Al-Si、Mg-Al-RE 等。

图 7-33 为 Mg-Al 二元合金相图。其共晶温度为 437℃，共晶成分为 32.3%，共晶反应为 L→δ(Mg)+γ(Al$_{12}$Mg$_{17}$)。Al 在 Mg 中的最大溶解度发生在 437℃，w(Al)=12.7%，并随温度下降而迅速减少，降至室温，其溶解度约为 w(Al)=2%。由于铝在镁中固溶度随温度下降具有明显的变化，因此利用淬火处理可获得过饱和 δ 固溶体，在随后的时效过程中，过饱和 δ 固溶体不经过任何中间阶

段直接析出非共格平衡相 $Al_{12}Mg_{17}$，起到一定的沉淀强化作用。$Al_{12}Mg_{17}$ 在形成方面有两种类型，即连续析出和非连续析出，这两种方式是共存的，但通常以非连续析出为先导，然后进行连续析出。非连续析出大多在晶界或位错处开始形核，$Al_{12}Mg_{17}$ 以片状形式按一定取向往晶内生长，附近的δ固溶体同时达到平衡浓度。整个反应区呈片层状结构，也称为珠光体沉淀。当从晶界开始的非连续析出进行到一定程度时，晶内开始产生连续析出。$Al_{12}Mg_{17}$ 以细小片状形式沿基面（0001）生长，与此相应，基体含铝量不断下降，晶格常数连续增大，因晶格常数的变化是连续的，故有连续析出之名。

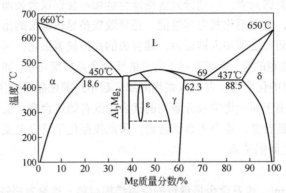

图 7-33　Mg-Al 二元相图合金

Mg-Al 合金一般还含有其他合金元素，最为重要的为 Zn、Mn，形成 AZ、AM 合金系列。Zn 在 Mg-Al 合金中主要以固溶状态存在于 α-Mg 固溶体和 $Al_{12}Mg_{17}$ 相中，有助于提高室温强度。当 Zn 量大于 2%时，会降低材料塑性，凝固时由于热应力的问题导致热裂。Mn 以游离态形式存在，也可以与 Al 化合形成 $MnAl_4$；当有铁存在时，则能生成 Mn-Al-Fe 三元化合物。锰能提高力学性能和耐蚀性。

β-$Al_{12}Mg_{17}$ 相的熔点低，仅为460℃，当温度超过120～130℃时，晶界上的β-$Al_{12}Mg_{17}$ 颗粒软化，无法完成钉扎晶界和抑制晶界滑动的作用，降低合金的持久强度和蠕变性能。为了改善 Mg-Al 系合金的高温抗蠕变性能，可以往 Mg-Al 合金中加入 Si 或 RE，形成 AS、AE 合金系。由于铸态组织中的 Mg_2Si、Mg_9Nd 相熔点高，并且较为稳定，可以大幅度提高合金的高温蠕变性能。其中，稀土元素比硅更能提高镁合金的抗蠕变能力，但由于成本较高，导致 AE 系列的应用范围不如 AS 系列镁合金。

③ Mg-Zn 系合金

Mg-Zn 合金相图较为复杂，如图 7-34 所示。富镁端于 340℃发生共晶反应：L→ α+Mg_7Zn_3；在 312℃时发生共析转变：Mg_7Zn_3→ α+MgZn。Zn 在 Mg 中的最大固溶度为 8.4%，并随温度降低而显著降低，室温下小于 1%，析出的 MgZn 化合物，对镁合金有较强的时效强化效果。且随着锌含量增加，合金强度增加，但引起缩松，增加热裂倾向。Mg-Zn 二元合金组织粗大，对显微缩孔非常敏感，导致该二元合金在工程上应用极少。但考虑到 Mg-Zn 二元合金强烈的时效强化效果，故一般寻求第三种合金元素来细化晶粒并减少显微缩孔倾向。

Cu 加入 Mg-Zn 合金中可以提高共晶温度，因而可在较高温度固溶，促使更多的 Cu、Zn 溶入合金中，增加了时效析出量。同时 Cu 也改变了合金的铸态组织。α-Mg 晶界及枝晶臂间的 MgZn 相形态由完全离异的不规则块状转变为片状。但 Cu 的加入降低了合金的耐蚀性。

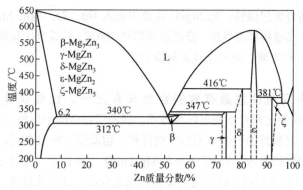

图 7-34 Mg-Zn 二元合金相图

Zr 是镁合金中常加的一种辅助元素。Mg-Zr 组成包晶系，包晶温度为 654℃，反应为 $L+\alpha(Zr)\rightarrow\alpha$。包晶温度时，Zr 在镁中的溶解度为 3.6%，随温度下降迅速降低，在 300℃ 时仅为 0.3%。熔融镁在冷凝过程中，首先结晶出 α-Zr，它与镁具有相同的晶体结构，起到了非自发晶核作用，因此 Zr 在铸造凝固时作为结晶核心，是细化镁合金晶粒最有效的元素，为了抑制 Mg-Zn 合金晶粒粗大，故在合金中加入一定量的 Zr。在热处理时 Zr 降低合金元素扩散速率，防止晶粒长大，因而 Mg-Zn-Zr 合金具有很强的时效强化效果，一般在直接时效或固溶后时效状态下使用，具有较高强度，属于高强度镁合金。Zr 的另一重要作用是对合金的净化作用，镁中的杂质铁在熔炼时与锆化合为 Zr_2Fe_3、$ZrFe_2$，密度较大而沉积在坩埚底部，提高了合金的纯净度。同时 Zr 还改善合金耐蚀/耐热性能。Mg-Zn-Zr 合金的显微组织 α-Mg 固溶体加上沿晶界分布的 MgZn 化合物，铸造时容易出现晶内偏析，Zr 主要集中于晶粒内部，偏析区中心浓度高，由中心向外浓度逐渐降低，侵蚀后偏析区呈年轮状或花纹状。Zn 大多富集于晶界处，由晶界向晶内浓度逐渐降低。该类合金的缺点是对显微缩松和热裂的敏感性较大，焊接性能差，也不适合于压铸。但可通过加入稀土元素，降低显微缩松倾向，改善铸态性能。

④ Mg-RE 系合金

稀土是我国富有资源，也是镁合金中的重要元素，对镁合金性能具有极大影响。稀土可降低镁在液态和固态下的氧化倾向。大部分 Mg-RE 系具有简单共晶反应，在晶界存在熔点较低的共晶体。这些共晶体一般沿晶界分布形成网络，起到了抑制显微缩松的作用。同时 Mg-RE 合金还具有良好的铸造工艺性和热变形能力。

稀土元素是改善镁合金耐热性最有效和最具使用价值的金属。在稀土元素中，Nd 的作用最佳，可对镁合金在室温及高温下强化；Ce 可以提高镁合金耐热性，但对常温强度作用差；Y 具有强烈的时效强化效果；La 的强化作用更弱一些。Mg-RE 合金高的耐热性是由于 α 固溶体及化合物的热稳定性高。Mg-RE 的共晶温度比 Mg-Al、Mg-Zn 高得多，在 200~300℃ 温度下，原子扩散速度很低；稀土元素提高镁合金中的电子浓度，增加了原子结合力，也减少了镁原子的扩散速度；同时镁与稀土形成的弥散相粒子热稳定好。如从室温加热到 200℃，Mg-Nd 中的 Mg_9Nd 相硬度下降约 20%，而 $Al_{12}Mg_{17}$、MgZn 相的硬度降低约 40%~50%。这些高稳定的 Mg-RE 化合物分布在晶界上，有助于阻止高温下的晶界迁移和扩散性蠕变变形，因此，Mg-RE 系合金具有优良的高温性能。Mg-RE 合金可在 150~250℃ 下工作。

Mg-RE 合金中可以加入其他合金元素进一步提高性能。加入 Zn 可以提高强度；加入 Zr 可以细化晶粒，并起到净化熔液作用，改善耐蚀性；加入 Mn 起到固溶强化，降低原子扩散能力，提高耐热性，也可以提高合金耐蚀性，如 Mg-Y 合金中加入 Nd、Zr，构成 Mg-Y-Nd-Zr。该合金具有非常高的室温强度和高温抗蠕变性能，使用温度高达 300℃，且具有比其他镁合金高的耐蚀性。但 Y 价格昂贵，与氧亲和力高，限制了其大规模应用。

⑤ Mg-Th 系合金

钍是提高镁合金高温性能最有效的合金元素之一。钍与镁可以形成沉淀硬化相（$Mg_3Th/Mg_{23}Th_6$），该硬化相分布在晶内与晶界，提高了合金的耐热性，可用于 300~400℃ 温度下工作的结构材料，是较好的轻金属耐热结构材料，但降低了室温强度。钍也可以改善镁合金的铸造和焊接性能。最常见的 Mg-Th 系合金为 Mg-Th-Zr 三元合金。通过热处理，晶内和晶界均可析出 Mg-Th 化合物，有效提高了镁合金的室温和高温强度。钍为放射性元素，在加工过程中产生的气体和粉尘对人体危害很大，因此需采取有效防护措施，如 Mg-Th 系合金曾应用于导弹和飞行器上，但现在使用很少。

⑥ Mg-Mn 系合金

Mg-Mn 系合金主要包括美国 ASTM 系列的 M1A（1.2%Mn）和我国 GB 系列的 MB1（1.3~2.5%Mn）和 MB8（1.5~2.5Mn，0.15~0.35Ce）。Mg-Mn 铸造性能较差，凝固收缩大，热裂倾向高，而且 Mn 对镁合金的强化作用弱，故一般不用于铸造态。但经过塑性变形，Mg-Mn 的强度可以得到提高，且挤压制品的强度高于轧制品。表 7-9 给出了 MB1、MB8 的力学性能。Mn 容易与有害杂质化合，清除有害杂质，尤其消除铁对镁合金耐蚀性的影响，能大幅度提高其耐蚀性能，尤其是耐海水腐蚀性能。因此，Mg-Mn 合金具有优良的耐蚀性。

表 7-9　MB1、MB8 力学性能

合金	抗拉强度 σ_b/MPa	屈服强度 $\sigma_{0.2}$/MPa	疲劳极限 σ_1/MPa	硬度 HBS	冲击韧性 α_K/(J/cm²)	伸长率 δ/%	断面收缩率 Ψ/%
MB1	210	100	75	45	6	4	6
MB8	250	170	85	55	12	18	28

MB8 合金在 MB1 的基础上加入少量稀土元素 Ce，细化了晶粒，提高了屈服强度，尤其是压缩屈服强度。Mn 和 Ce 均可以提高合金的耐热性能，且稀土作用更加显著。MB1 可在 150℃ 下长期工作，而 MB8 可在 200℃ 下长期工作。

MB1 的显微组织为 α 固溶体上分布着点状 β-Mn 相，β-Mn 实际为纯 Mn。MB8 的显微组织也是 α 固溶体上分布着点状 β-Mn 相及 Mg_9Ce 化合物。MB1 和 MB8 合金具有良好的冲压、挤压和轧制工艺性能，应力腐蚀倾向下，易于焊接。可用于制造飞机蒙皮、壁板及内部零件；模锻件可制造形状复杂的构件；管材可用于汽油、润滑油系统等要求抗腐蚀管路。

7.4.2　镁合金的织构

镁合金为典型的密排六方晶界结构，如图 7-35 所示，c/a 比接近 1.633，最密排面和滑移面为基面（0001），在室温条件下仅有 2 个独立的滑移系开动。因此在塑性变形过程中，极易形成织构。在张应力条件下，基面逐渐平行于应力方向；而在压缩应力条件下，基面逐渐垂直于应力轴。

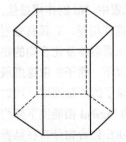

图 7-35　镁合金晶格结构

图 7-36 为镁合金挤压过程中，基压变形区内晶粒发生转动而形成基面织构的示意图。可见，绝大部分晶粒的基面平行于挤压方向。

图 7-37 为镁合金轧制过程中形成基面织构的示意图，多数晶粒的基面平行于轧面。

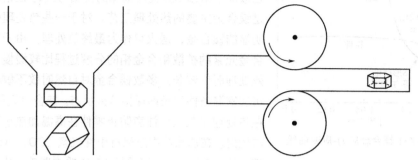

图 7-36　镁合金挤压织构形成示意图　　图 7-37　镁合金轧制织构形成示意图

7.4.3 镁合金拉压屈服不对称性

镁合金中最为重要的孪生模式为 $\{10\bar{1}2\}<\bar{1}011>$，与位错滑移不同，孪生具有极性。沿晶体 c 轴拉伸或垂直于 c 轴压缩，此时可以激发 $\{10\bar{1}2\}$ 孪生；相反，沿 c 轴压缩或垂直于 c 轴拉伸，$\{10\bar{1}2\}$ 孪生难以出现。简而言之，使 c 轴延伸的加载可以激发 $\{10\bar{1}2\}$ 孪生。因此，$\{10\bar{1}2\}<\bar{1}011>$ 孪生亦被称为延伸孪晶，如图 7-38 所示。

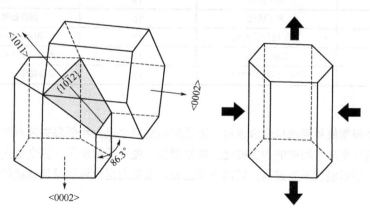

图 7-38　$\{10\bar{1}2\}<\bar{1}011>$ 孪生示意图

对于镁合金挤压棒材，大多数晶粒的 c 轴垂直于挤压方向。在沿挤压轴拉伸时，孪生难以开动，同时基面滑移的 Schmid 因子接近零，材料表现出较高的屈服强度；而沿挤压轴压缩时，利于 $\{10\bar{1}2\}<\bar{1}011>$ 孪生，此时孪生决定屈服强度。由于在拉伸状态下的基面滑移 Schmid 因子较小，因此，镁合金的压缩屈服强度远低于拉伸屈服强度，即拉压屈服强度不对称性，其压缩屈服强度与拉伸屈服强度之比通常可达 0.4～0.7。拉压屈服不对称性是变形镁合金的重要特征之一。

图 7-39 给出了挤压态 AZ31 镁合金沿挤压轴方向的拉伸和压缩应力-应变曲线。二者除了屈服强度不同外，硬化形式也显著不同。拉伸曲线表现出抛物线硬化，为典型的位错滑移特征；压缩曲线表现出 S 形硬化，为典型的孪生特征。

7.4.4 镁合金的热处理

多数镁合金可以通过热处理来改善材料的机械和加工性能。镁合金能否采用热处理强化取决

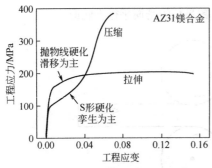

图 7-39 AZ31 镁合金应力-应变曲线

于合金在镁基体中固溶度是否随温度变化，析出相的多少，也取决于第二相颗粒与基体的位相关系。固溶和时效处理是镁合金主要的热处理工艺。对于一些热处理强化效果不明显的镁合金，退火可作为最终热处理。由于镁合金中的合金元素的扩散和合金相的分解过程比较缓慢，固溶和时效处理时间较长。多数镁合金对自然时效不敏感，淬火后可在室温条件下长期保持淬火状态。镁合金氧化倾向较大，在热处理工艺上应注意防止零件在高温加热过程中的氧化与燃烧。在加热炉中应保持中性气氛（CO_2、Ar）或通入保护气体（SO_2），也可采用 MgO 粉末覆盖。由于镁合金热处理强烈影响性能，为了清楚地描述某一镁合金的特性，有时可以在镁合金牌号中加上热处理工艺状态，表 7-10 给出了常见镁合金的热处理工艺符号及意义。如 ZK60-T5，表明镁合金化学成分为 6%Zn，0～0.5%Zr，采用了人工时效热处理工艺。

表 7-10 基本热处理种类的符号及意义

符号	意义	符号	意义
F	加工状态	T4	固溶处理
O	完全退火	T5	人工时效
H1	加工硬化	T6	固溶处理后人工时效
H2	加工硬化后退火	T7	固溶处理后稳定化处理
T2	去应力退火	T8	固溶处理后冷加工、人工时效
T3	固溶处理后冷加工	T9	固溶处理、人工时效后冷加工

① 退火

变形镁合金根据使用要求与合金性质，可采用高温完全退火和低温去应力退火。完全退火可以消除镁合金塑性变形过程中的加工硬化，恢复塑性，便于后续加工。完全退火一般会发生再结晶和晶粒长大，所以温度不宜过高，时间不宜过长。去应力退火可以减轻或消除镁合金工件中的残余应力。

② 固溶

固溶处理是形成过饱和固溶体的过程。由于镁合金导热能力强，在空气介质中就可实现淬火，即空淬。经过固溶处理，镁合金的强度和塑性均得到提高。为了获得最大的过饱和固溶度，加热温度通常只比固相线低 5～10℃。由于镁合金中原子扩散慢，因此需要较长的固溶时间以保证充分固溶，尤其是厚壁件。对于变形件，固溶处理既可导致强化相的熔解，也可导致晶粒的长大，需要考虑晶粒长大对镁合金强度的影响。

热处理可以调控镁合金的组织。对于 AZ91 镁合金，通过固溶处理，可以获得单相过饱和 α-Mg 固溶体，随后的时效会导致 β-$Al_{12}Mg_{17}$ 相的析出。β相不经过 GP 区和过渡相阶段，直接沿晶界非连续析出。随时效时间延长，β相数量增多，形态则由晶界颗粒状、块状与胞状到向晶内蔓延的胞状组织。从晶界开始的非连续析出一定程度后，晶内产生连续析出。由于晶内β相析出，β相周围基础的含铝量持续下降，导致晶格常数连续增大，因为该析出导致晶格常数的变化是连续的，故称为连续析出。当材料经历塑性变形后，基体中出现大量位错结构，随后的时效导致β相沿着位错线发生非连续的析出。

Mg-Zn-RE-Zr 系合金是高强度镁合金，但第二相 Mg-RE-Zn 化合物常以粗块状聚集在晶界处构成脆性网络，严重降低强度和韧性。这种晶界相非常稳定，常规热处理难以将其溶解和破碎，无法改进力学性能。如在氢气氛围下进行固溶处理，则连续的粗块状化合物将被断续的细点状化合物取代，提高材料力学性能。这种热处理为氢化处理。氢气氛围下，氢扩散到金属基体与 Mg-RE-Zn 化合物发生反应。氢与稀土亲和力高，可化合为稀土氢化物，为黑色小颗粒，原来的化合物中的锌不与氢反应，被释放处理固溶于基体。所以，氢化处理既改善了晶界结构，也提高了基体的固溶度，由此提高了 Mg-Zn-RE-Zr 合金的力学性能。但氢在镁基体中扩散缓慢，所需时间较长。

③ 时效

经过低温长时间保温，第二相将从基体中析出，可以显著提高镁合金强度。第二相对强度的提高程度与第二相与基体的惯习面有关，也与第二相数量有关，还与第二相的形貌有关。第二相沿基面析出如图 7-40 所示，由于镁合金的基面滑移是其主要变形机制，第二相对位错的阻碍能力较弱，强化效果一般。如对于 AZ31 合金，由于强化效果有效，其一般不采用时效处理；但对于 AZ80 合金，因为第二相析出数量较多，可采用时效强化。对于 Mg-Gd-Y 合金，第二相沿柱面析出，如图 7-41 所示，可以强烈阻碍基面位错运动，故可以显著提高镁合金强度。

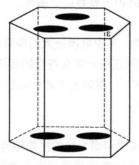 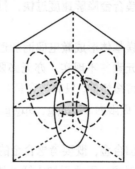

图 7-40 第二相沿基面析出　　图 7-41 第二相沿柱面析出

镁合金常见的热处理缺陷为不完全淬火、晶粒长大、表面氧化、过烧和变形等。对于压铸件，由于含有较多气体，特别是氢气，在高温长时间固溶处理时，由于气体的膨胀导致铸件表面起泡。

7.4.5 耐蚀性能

镁的化学活性极高，标准电极电位很低，一般作为阳极而腐蚀掉。纯镁在大气中的耐蚀性取决于湿度和杂质含量。在干燥洁净大气中，镁的表面易于氧化而形成一层氧化膜，具有一定保护性，但不够致密。在潮湿空气中，表面的腐蚀产物为碳酸盐、硫酸盐等混合物，成分大致为 61.5%$MgCO_3 \cdot 3H_2O$、26.7%$MgSO_4 \cdot 7H_2O$、6.4%$Mg(OH)_2$ 和 2.5%的含碳物质。纯镁的腐蚀速度随湿度增加而提高，当湿度达到 90%时腐蚀速度显著加剧。大气中的 SO_2 和盐分，也可以促使腐蚀。因此，镁在工业环境和海洋气氛下是不耐蚀的。

在酸性介质和中性盐溶液中，镁也容易遭受腐蚀，主要是表面的 $Mg(OH)_2$ 保护膜被溶解了。但在铬酸、磷酸和氢氟酸中，镁的腐蚀极小，主要是金属表面容易进入钝化状态，如在氢氟酸中生成不溶性 MgF_2 保护膜。但在这些酸中加入卤族元素离子将破坏镁的钝化能力。镁在碱性溶液中比较稳定，但若在碱性溶液中加入卤族元素离子，如氯离子，将破坏镁的钝化能力而腐蚀金属。

为了提高镁合金的耐蚀性，一般可以采用以下措施。

选择合适成分及热处理工艺，尽可能获得单相组织。如固溶处理可以使金属处于过饱和状态，消除或减少了第二相数量，耐蚀性得到提高，而人工时效状态，因强化相析出，增加阴极数量而加速腐蚀。

通过化学氧化处理，在镁合金表面形成耐蚀性较好的钝化膜层。化学氧化处理一般在铬盐、磷酸和氟化物溶液中进行，在镁合金表面生成不溶性氧化物、铬盐、磷盐构成的保护层，厚度约 $0.5\sim3\mu m$。镁合金的表面处理可分别称为氧化处理、铬化处理、磷化处理。化学处理的保护膜薄而软，很容易受到划伤、擦伤等机械损伤，因此单独的氧化膜只是起到暂时保护和装饰作用。

7.4.6 镁生物材料

镁及镁合金可作为新一代的生物材料，其典型优点是弹性模量为 45GPa 左右，与骨骼的弹性模量（$3\sim21$GPa）接近，可消除应力屏蔽效应；镁是人体新陈代谢必不可少的元素，并维持人体正常生理功能，其在体内大量存在，因此镁具有良好的生物相容性；镁在人体中可通过腐蚀而逐渐溶解，吸收或排出体外，是良好的体内可降解植入材料。目前，常用镁合金医用材料主要作为骨固定材料、口腔植入材料和冠状动脉支架材料。然而，镁合金化学性质过于活泼，在人体环境中腐蚀过快，导致骨组织尚未愈合而镁合金已降解完毕。

为了解决镁及镁合金降解速度过快，目前的腐蚀防护主要有以下措施。

（1）成分净化

杂质元素会与镁基体形成微电偶而加速基体的腐蚀，其中危害最大的杂质元素为 Fe、Cu、Ni。完全清除这些杂质元素并不现实，亦无必要。只要控制这些元素在各自的容许极限内，此时镁基体的腐蚀速率是非常缓慢的。只有当含量超过容许极限时，腐蚀速率才会迅速增加。一般 Fe、Ni、Cu 在纯镁中的容许极限为 $170\mu g/g$、$5\mu g/g$、$1000\mu g/g$。

（2）合金化

向镁基体中添加合金，既要考虑合金的耐蚀性，也要考虑合金的生物相容性。如 Al 元素会引起骨软化、贫血等疾病，不适于加入镁基体中。事实上，既能提高镁合金耐蚀能力，又具有良好生物相容性的合金元素并不多，一般仅 Ca、Zn、Mn 及少量的低毒稀土元素满足上述要求。

（3）表面涂层改性

涂层可以将基体金属与周围环境隔离，是提高镁合金耐蚀性能有效的手段。涂层应均匀一致，与基体结合紧密，且具有良好的生物相容性。根据镀层材料，可分为如下几种。

a. 高分子涂层。许多高分子材料，如甲壳素、聚乙醇酸等，具有良好的生物相容性和降解性，可作为镁合金的涂层材料。然而，该类涂层与基体多为机械结合，结合力差。

b. 金属镀层改性。指在镁基体涂镀上一层既耐蚀又具有良好生物相容性的金属材料。如纯钛就是一种较好的材料。要发挥钛的耐蚀能力，必须保证钛能完全覆盖镁基体，否则，将形成大阴极（钛）、小阳极（镁）的微电池，加速镁基体的腐蚀。

c. 碱热处理表面改性。指将镁基体在碱性盐溶液中浸泡一段时间进行碱处理，随后在较高温度下保温的热处理方法。碱处理可以在镁基体上沉积一层碱处理层，该层较疏松，无法隔离镁基体；随后的热处理，碱处理层熔化或半熔化，并伴随基体金属的氧化，最终在基体金属表面形成一层致密的保护膜。以 Mg-Sn 合金为例，在碱处理过程中，与 $NaHCO_3$ 溶液反应，表面形成 $MgCO_3$ 涂层，该涂层对镁表面形成的多孔 MgO 膜进行封孔，并随着碱处理时间延长，$MgCO_3$ 涂层的厚度增加，阻断基体与腐蚀环境的反应，提高镁合金耐蚀性能。但是碱处理涂层较为疏松，致密度小，并不能完全阻断镁基体与腐蚀环境的反应，因此需要对碱处理合金进行碱热处理。在热处理过程中，MgCO₃发生如下反应：

$$x\text{MgCO}_3 \cdot y\text{Mg(OH)}_2 \cdot z\text{H}_2\text{O} = x\text{MgCO}_3 \cdot y\text{Mg(OH)}_2 + z\text{H}_2\text{O} \uparrow \quad (7\text{-}15)$$

$$x\text{MgCO}_3 \cdot y\text{Mg(OH)}_2 = x\text{MgCO}_3 \cdot y\text{MgO} + z\text{H}_2\text{O} \uparrow \quad (7\text{-}16)$$

$$x\text{MgCO}_3 = x\text{MgO} + x\text{CO}_2 \uparrow \quad (7\text{-}17)$$

根据上述反应，碳酸镁会逐渐释放 H_2O 和 CO_2，生成稳定耐蚀的 MgO。当把碱处理后的试样加热至 773K 并保温 10h，原本垂直于基体的碳酸镁棱柱晶体呈现半融化状，转变为 $Mg(OH)_2$ 和 $MgCO_3$ 的混合物与基体结合在一起，构成致密的层状涂层，从而使镁合金获得较强耐蚀能力。

d. 磷酸钙涂层表面改性。磷酸钙包括羟基磷灰石（hydroxyapatite, HA）、磷酸八钙（octacalcium phosphate, OCP）和二水磷酸氢钙（dicalcium phosphate dehydrate, DCPD）等。其中羟基磷灰石是人体骨骼和牙齿的主要无机成分，在人体环境中很稳定。磷酸钙无毒且具有良好的生物相容性及骨诱导性，是良好的涂层材料。

e. 微弧氧化涂层表面改性。指在阳极氧化基础上，将铝、钛、镁等金属置于电解液中，当外加电压超过一定值时，阳极表面会出现电晕、辉光、火花、微弧放电现象，在阳极表面原位生成陶瓷涂层。该涂层硬度高、耐磨、耐蚀，与基体结合力强。图 7-42 给出了微弧氧化装置示意图。

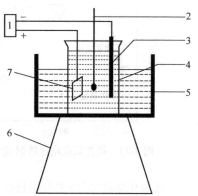

图 7-42 微弧氧化装置示意图
1—电源；2—温度计；3—石墨棒；4—电解槽；
5—水浴槽；6—磁力搅拌器；7—试样

微弧氧化电解液是影响微弧氧化陶瓷涂层的关键因素，目前常用的电解液一般为碱性的硅酸盐、铝酸盐、磷酸盐、硼酸盐等溶液或它们的混合溶液，并加入一些添加剂改善陶瓷涂层的成分和性能。这几种电解液体系中，SiO_3^{2-} 吸附能力最强，易于吸附到金属表面，形成外来杂质放电中心，产生等离子放电并放出大量的热，从而使 SiO_3^{2-} 与基体金属反应生成性能稳定的 $MgSiO_3$、Mg_2SiO_4 等陶瓷涂层。因此，以硅酸盐为主要成分的碱性溶液是目前应用较多的微弧氧化电解液。同时考虑到生物相容性，微弧氧化电解液一般不能含有有毒元素，如 Al、F 等，最终确定电解液的化学成分为 Na_2SiO_3、$Na_2B_4O_7$、NaOH。

电解液温度一般稳定在 20~25℃，温度过高，微弧氧化电压低且维持的时间短，陶瓷涂层薄也不致密；温度过低，微弧氧化过程的电化学反应速率及溶液中带电粒子的迁移速率降低，影响陶瓷涂层的生长速率。

图 7-43 给出了微弧氧化过程中电压随时间的变化规律。整个微弧氧化过程可分为四个阶段。在微弧氧化初始 I 阶段，微弧氧化电压迅速升高，直至达击穿电压。试样表面没有火花出现，但有微小氧气泡出现，与传统的阳极氧化过程一致，表面有钝化膜出现。当电压超过钝化膜的击穿电压，微弧氧化进入阶段 II。试样表面出现细密的火花，氧析出剧烈，此时开始微弧氧化。火花处的温度达 1000℃以上，持续时间短暂（<1ms），可迅速将钝化膜和基体熔化，部分熔体沿微小的放电通道喷向电解液并被急速冷却，在试样表面形成多孔陶瓷涂层结构。陶瓷涂层随着微弧氧化的进行不断加厚。由于熔体极大的冷却速率，可能导致微晶、纳米晶甚至非晶的形成。当涂层厚度达到一定程度，需要更大的能量才能击穿，此时试样表面出现白亮大火花，微弧氧化进入阶段 III，即弧氧化阶段，电压持续升高，但速率放缓，达到峰值后电压基本维持不变一段时间，氧析出更加剧烈。大火花能量高，作用范围广，涂层增长迅速，但表面比较粗糙。当涂层足够厚时，

即使大火花也无法击穿时，涂层生长结束，即进入阶段Ⅳ——熄弧阶段，电压迅速下降，火花和气泡消失，微弧氧化结束，此时涂层开始在碱性电解液中溶解。但有时阶段Ⅳ并不出现。

(4) 电化学腐蚀相关理论

根据电化学理论，当电极处于平衡状态时，电极无电流通过，此时的电极电位为平衡电位；当有电流通过时，电极电位将偏离平衡电位，随电流密度的增大，偏离平衡电位的程度愈显著。把这种电极偏离平衡电位的现象称为电极极化，极化曲线即为电极电位与电流密度的关系曲线，如图7-44所示。

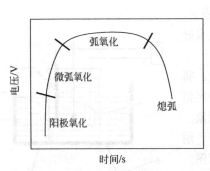

图7-43 微弧氧化电压随时间变化规律

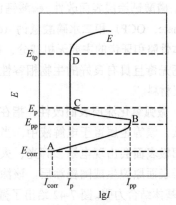

图7-44 金属阳极极化曲线

阳极极化曲线由四个特征电位值 E_{corr}、E_{pp}、E_p、E_{tp} 分为四个区域，分别为活性溶解区、活化-钝化过渡区、稳定钝化区和过钝化区。A 点对应的为金属的自腐蚀电位 E_{corr}，指金属作为孤立电极时所对应的腐蚀电位，以此为起始电位开始外加阳极电流进行极化。随着电极电位增加，电流密度也增加，当达到 B 点时，电流密度最大，B 点电位为金属的初始钝化电位 E_{pp} (primary passive potential)，此时电流为致钝电流密度 I_{pp}；当电位超过 E_{pp}，金属表面开始钝化；随着电极电位的进一步升高，电流密度开始减少，金属开始钝化，当电流密度降至 C 点，电流密度达最小，C 点电位为初始稳态钝化电位 E_p，对应的电流密度为维钝电流密度 I_p，此时金属表面形成一层耐蚀性好的稳定氧化膜，金属进入稳定钝态；继续升高电位，电流密度基本不变，当电位升高至 D 点，电流密度又开始随电极电位的升高而增加，D 点对应的电极电位为金属的过钝化电位 E_{tp} (transpassive potential)，此时金属的钝化膜遭到破坏，重新发生腐蚀溶解。

自腐蚀电位 E_{corr} 反映金属的热力学特征和金属表面状况，自腐蚀电位越正，表明金属越不容易失去电子，即腐蚀倾向越小。而自腐蚀电流密度 I_{corr} 反映了腐蚀速率的大小。致钝电流密度 I_{pp} 反映了金属是否容易钝化，I_{pp} 越小，金属越容易钝化。维钝电流密度 I_p 表明金属表面处于钝化状态所需要的外加阳极电流密度，是表征钝化膜稳定性的参数，数值越小，钝化膜越稳定。

(5) 镁合金的电化学腐蚀反应

Mg 与 H_2O 发生电化学反应生成 $Mg(OH)_2$ 和 H_2，其反应方程式如下：

$$Mg \longrightarrow Mg^{2+} + 2e \quad (阳极反应) \tag{7-18}$$

$$2H_2O + 2e \longrightarrow H_2 + 2OH^- \quad (阴极反应) \tag{7-19}$$

$$Mg^{2+} + 2OH^- \longrightarrow Mg(OH)_2 (生成腐蚀产物) \tag{7-20}$$

$$Mg + 2H_2O \longrightarrow Mg(OH)_2 + H_2\uparrow (总反应) \tag{7-21}$$

对于总反应，当 pH<11.5 时，腐蚀反应受反应物和产物通过表面膜的扩散过程控制，随着腐

蚀的进行，金属表面的 pH 值由于 Mg(OH)$_2$ 的形成而增加，腐蚀反应速率开始降低。

(6) 纯镁表面氧化过程

图 7-45 给出了纯镁的氧化过程随温度升高所经历的四个阶段。第一阶段在镁表面生成一层与基体结合牢固的黑色氧化薄膜，该氧化膜连续致密，可以很好地阻挡镁与氧的接触，防止镁基体的氧化。第二阶段则在黑色氧化层上部出现裂纹，并生成多孔的白色 MgO 膜。该膜对氧的扩散没有阻挡作用，因此，镁的氧化开始增加。第三阶段发生温度为约 630℃，该温度下原黑色氧化层中的裂纹开始扩展至镁基体。当镁基体暴露出来，固态镁就会发生汽化转变为镁蒸气。第四阶段时黑色氧化膜被完全破坏，镁基体表面覆盖一层厚的氧化物与液态镁的混合物膜。上述过程表明，在较低温度下，镁及镁合金表面生成的氧化膜能有效地阻止基体与氧的接触，从而对基体起到一定保护作用；而到了高温，氧化膜被破坏，镁基体才会与氧剧烈反应。但无论哪种氧化膜，在生理盐水中的耐蚀性均显著下降。

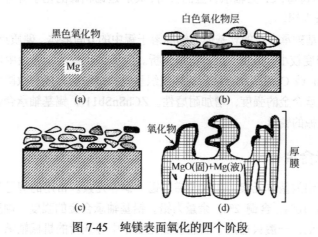

图 7-45 纯镁表面氧化的四个阶段

7.5 轴承合金

制造滑动轴承的轴瓦及内衬的合金称为轴承合金。轴承室支撑着轴进行工作的重要零件。轴在轴承内转动时，轴与轴瓦之间有强烈的摩擦。轴是转动机械中重要的部件，制造工艺复杂，价格较贵，更换困难，所以，轴承材料应保证轴不被磨损或仅有较少的磨损。因此，轴承材料须具备如下特性：低的摩擦系数，高的抗压强度及疲劳强度；硬度不能太高，最好比轴的硬度低，避免轴的磨损；能存储润滑油；有良好的导热耐蚀能力；制造容易，价格低廉。

为满足上述要求，轴承合金的组织一般由软基体及镶嵌在基体中的硬质点组成，如图 7-46 所示。轴承工作时，软的基体很快被磨损掉，镶嵌在基体中的硬质点便凸显出来，承受着轴的压力，起着支撑轴的作用。软基体被磨损掉后在组织中留下孔洞，可以存储润滑油。润滑油在轴转动时形成油膜，使轴颈与轴承在转动时不直接接触，因而摩擦系数减小，减少了磨损；流动的润滑油还带走了热量和磨屑。软基体具有抗冲击、抗震和能与轴较好磨合等优点。

此外，还存在硬基体上分布着软质点的轴承合金，其抗压强度比软基体硬质点高，多用于重载工况。

工程上常用的轴承合金如下。

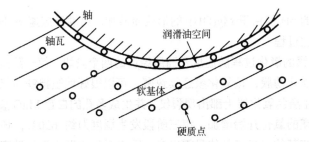

图 7-46　轴承合金组织

7.5.1　锡基轴承合金

锡基轴承合金以锡为主要元素，添加一定量的锑和铜等元素。最常见的锡基轴承合金的牌号为 ZChSnSb11-6，Z 为铸造，Ch 为轴承合金的代号，其后是锡和锑的化学符号，11 是含锑量 11%，6 是含铜量 6%，余量为锡。

ZChSnSb11-6 锡基轴承合金的软基体为锑固溶于锡中的 α 固溶体，硬质点为 SnSb 化合物，为 β 相。铸造时，β 相密度较小，α 相下沉，造成偏析。为了防止偏析，合金中加入了铜，结晶时优先析出 ε 相，为 Cu_3Sn 或 Cu_6Sn_5 化合物，这种组织呈针状或粒状，能有效防止 β 相上浮。同时，ε 相还能进一步提高轴承合金的强度，增加耐磨性。ZChSnSb11-6 锡基轴承合金主要用于汽轮机、发电机等高速重载机械的轴承。

7.5.2　铅基轴承合金

铅基轴承合金以铅为基本元素，加入了锑、锡、铜等元素。常用的牌号为 ZChPbSb16-16-2，表示含锑 16%，含锡 16%，含铜 2%，余量为铅。铅基轴承合金的强度、硬度、耐磨性和冲击韧性均比锡基轴承合金低，一般只适用于制造较低速度和中等载荷的机械轴承。在火电厂中用于制造磨球机、电动机、泵及风机等机械设备的轴承。

7.5.3　铜基轴承合金

常用的铜基轴承合金有 ZCuSn10P1、ZCuPb30、ZCuSn6Zn6Pb3 等青铜。

ZCuSn10P1 的成分为 10%Sn、1%P，余量为铜，用于制造大比压、高转速机械的轴承，还可制作轴套和涡轮等。

ZCuPb30 的成分为 30%Pb，余量为铜，这种铅青铜可作为锡基轴承合金的代用品，疲劳强度高，导热性好，因此可作为高负荷、高转速及高温下工作的轴承合金，如制造航空发动机、柴油机和汽轮机等机械的轴承。

ZCuSn6Zn6Pb3 的成分为 6%Sn、6%Zn、3%Pb，余量为铜。常用于制造机床上的轴承及涡轮、开口螺母等。

7.6　镍及镍合金

纯镍为银白色金属，密度为 $8.9g/cm^3$，熔点为 1455℃；属于面心立方晶格，无同素异构转变；具有良好的机械强度和延展性；具有良好耐蚀性能，可在金属表面形成致密的氧化膜。纯镍主要用于配制合金及用作催化剂。

镍合金中常加入的元素有 Cu、Cr、Mo、Co、Al、Ti 等。1905 年开发的 Monel 合金，其含铜量约 30%，是应用较早较广泛的镍合金。镍合金可作为精密合金、镍基高温合金、镍基形状记忆合金和耐腐蚀合金等，在能源开发、化工、电子、航海、航空航天等领域具有广泛的应用。

7.6.1 镍基高温合金

镍基高温合金的主要合金元素有 Cr、W、Mo、Co、Al、Ti、B、Zr 等，其中 Cr 起抗氧化和抗腐蚀作用，其他元素起强化作用。在 650~1000℃下有很好的强度和抗氧化、抗燃气侵蚀能力，是高温合金中应用最广、高温强度最高的合金。其主要用于航空发动机叶片和火箭发动机、核反应堆、能源转换设备上的高温零部件。典型的镍基高温合金牌号有 GH3030、GH3039、GH4049 等。

镍基高温合金的主要加工工艺路线为毛坯→固溶→时效→涂渗防护层→精加工。其中时效工艺是在基体中引入大量第二相，如γ'相、γ"相和碳化物等，这是保证镍基合金强度的重要强化方式。

7.6.2 镍基耐蚀合金

纯镍可耐活泼性气体，如卤素元素及其氢化物；耐苛性介质，如氢氧化物；耐还原性酸介质，如不含氧和氧化剂的稀盐酸、稀硝酸和磷酸。这些性质结合其良好的塑韧性，使得它成为耐蚀金属材料而获得大量应用。通过合金化，如加入 Cr、Mo、W、Cu、Si 等，可进一步提高其耐蚀性能。一般认为，以镍为基（Ni 含量≥50%）并含有其他合金元素且在一些介质中耐腐蚀的合金，则为镍基耐蚀合金。当耐腐蚀合金中含有铁和镍，且 Ni 含量≥30%，Fe+Ni 含量≥50%，则为铁镍基耐蚀合金。

镍基和铁镍基耐蚀合金是一类重要的耐蚀金属材料，广泛应用于化工、石油、冶金、海洋开发、航空航天等领域，解决了一般不锈钢和其他金属材料无法解决的工程腐蚀问题。

（1）镍铜合金

高温下，镍和铜可以以任何比例互溶而在冷却过程中形成固溶体。作为耐蚀合金，铜含量一般在 10%~30%范围内，其中含铜量 28%的耐蚀合金最为常见，如 Ni68Cu28Fe、Ni68Cu28Al。镍铜合金比纯镍更耐还原性介质腐蚀，比纯铜更耐氧化性介质的腐蚀。

Ni68Cu28Fe 是使用广泛、用量较大、综合性能较优的耐蚀镍铜合金，其主要由 68%Ni、28%Cu、1%~2%Fe 所组成。组织结构为单相奥氏体组织，不存在复相合金中不同相间电偶反应而引起的腐蚀。

Ni68Cu28Fe 合金是少数几个可耐 HF 酸的金属材料。当 HF 酸中含有氧时，Ni68Cu28Fe 的耐蚀性显著下降。同时，当 Ni68Cu28Fe 在 HF 酸中受到拉应力时，材料会出现应力腐蚀现象，可采用退火去应力方法减轻材料的应力腐蚀。

在低浓度、较低温度的不含空气的盐酸中，Ni68Cu28Fe 具有良好的耐蚀性。但在沸腾温度，合金不耐蚀。因此，该合金能用于室温下浓度不大于 15%且不充入空气的盐酸。Ni68Cu28Fe 合金在一些强氧化性酸（如硝酸、亚硝酸及铬酸）中，会受到严重腐蚀，在铬酸中还会脆断，因此不适于在这些酸中使用。

当 NaOH 溶液的浓度低于 75%，温度低于 135℃，Ni68Cu28Fe 合金表现出与纯镍一样较好的耐蚀能力。但当温度升高，或浓度增加时，Ni68Cu28Fe 合金的耐蚀性能不如纯镍。同时在高浓度或熔融 NaOH 中，受拉应力的 Ni68Cu28Fe 合金还会受到应力腐蚀断裂，用于此条件下的

Ni68Cu28Fe 合金需进行去应力退火。Ni68Cu28Fe 合金在 KOH 中的耐蚀性与 NaOH 基本类似。

在中性和苛性盐中，如氯化物盐、硫化物盐、硝酸盐、醋酸盐和碳酸盐中，Ni68Cu28Fe 合金的耐蚀性能很好。在酸性盐中，如硫酸铝、氯化铵和氯化锌中，Ni68Cu28Fe 合金在未充入空气和非氧化性溶液中是耐蚀的，但不耐氧化性酸盐和氧化性苛性盐的腐蚀。

考虑到 Ni68Cu28Fe 合金具有良好的耐蚀性和在冷加工状态下具有优秀的弹性性能，因此，常制作耐蚀的弹性部件。对于冷加工成弹簧的 Ni68Cu28Fe 合金的热处理工艺为：300～340℃加热 0.5～1h，空冷。Ni68Cu28Fe 合金弹性部件最高使用温度为 230℃，最低使用温度为-196℃。低的使用温度源自该合金并不存在韧脆转变现象。

(2) 镍铬合金

当 Ni 中含有 10%以上的 Cr 时，合金的耐蚀性和抗氧化性能等均有明显提高。为了进一步提高耐蚀性和强度、耐磨性等，除含 Cr 外，还附加 Al、Ti、Nb 等元素。针对不同的腐蚀环境，为了达到最佳耐蚀系能，Cr 含量有所不同。如在强氧化的热浓硝酸介质中，Cr 含量在 35%～50%可获得最佳耐蚀性。

0Cr15Ni75Fe 合金是镍铬合金中用量很大的一种，它兼有耐蚀、耐热、抗氧化、易加工等特点。0Cr15Ni75Fe 合金具有单相奥氏体组织，但在 550～950℃范围内停留，会沿着奥氏体晶界析出 Cr_7C_3、$Cr_{23}C_6$ 等铬碳化物，严重影响合金的耐蚀性能。

在较低温度下，C 在 0Cr15Ni75Fe 合金中的固溶度是很低的，如在 650℃时，C 的固溶度低于 0.01%。因此，当 0Cr15Ni75Fe 合金经 550～850℃敏化处理时，Cr_7C_3、$Cr_{23}C_6$ 等铬碳化物沿晶界析出，产生贫 Cr 区，从而导致 0Cr15Ni75Fe 合金的晶界腐蚀，其晶间腐蚀倾向一般高于 18-8 等 Cr-Ni 不锈钢。当 0Cr15Ni75Fe 合金低温长期工作时，要主要防范晶界腐蚀。

0Cr15Ni75Fe 合金具有较强的应力腐蚀倾向，如高温高压水和蒸汽环境中，可通过时效处理适当加以抑制，但不能完全消除。

为了固溶碳化物以得到最佳的固溶效果，0Cr15Ni75Fe 合金的固溶温度一般在 1093～1150℃范围内，此时，合金的耐蚀性能较好，抗高温蠕变和耐持久性能也最佳。但是为了得到高强度、耐疲劳和耐腐蚀的综合性能，对于室温和较低温度工况的，0Cr15Ni75Fe 合金采用获得微细晶粒的热处理工艺为宜，固溶温度取下限。为了消除冷却应力，可在 870℃左右加热。

思考题

1. 铸造铝合金和变形铝合金的区分依据是什么？
2. 可热处理合金和不可热处理合金的原理是什么？
3. 硅铝明为何具有优良的铸造性能？
4. 硅铝明可以热处理强化吗？
5. 铜为何可以显著提高铝合金的强度和耐热性？
6. 说明 Orowan 强化机理。
7. 什么是人工时效？什么是自然时效？
8. 简要说明铝合金的时效过程。
9. 对于欠时效和过时效铝合金，位错与时效相如何作用？
10. 分级时效的优点是什么？

11. 什么是回归处理?
12. 说明黄铜、白铜、青铜的定义。
13. 什么是季裂?
14. 什么是锡汗?
15. 锡青铜为什么是优良的耐磨材料?
16. 什么是铝青铜的脱铝现象?
17. 铅青铜为什么是优良的轴承材料?
18. 铅青铜为什么有良好的耐磨性?
19. 钛有几种晶格类型? 如何控制晶格类型?
20. Mg-Li 合金是最轻金属结构材料,有几种晶格类型? 如何调控?
21. Zr 是镁合金中的常加元素,有什么作用?
22. 什么是镁合金的拉压不对称性?
23. 镁合金为何是优良的生物材料?
24. 轴承合金的组织有什么特点?

第8章 工程材料的选用

工程构件和零件的设计不仅仅是结构设计,还包含材料的选用与加工工艺的制定。对于工程技术人员而言,不仅仅需要了解常见的金属材料类型及性能,更要具备一定的材料选择能力,能够从种类繁多的金属材料中选出合适的材料,既要满足设计的功能性,亦要具备较佳的经济性,还要符合使用环境条件和环保与资源供应情况。因此,材料选择是工程设计中必不可少的环节,甚至是首要的一步,并且贯穿于整个产品的零构件制造过程之中。但在实际的工程设计过程中,常存在"重设计、轻材料"的倾向,导致因选材不当而产品性能不达标或者价格偏高的后果。本章简要介绍工程设计中的一些常用选材方法,将工程设计和材料分析与选择结合起来,达到真正提高工程设计人员高质量设计能力的目的。

8.1 零件失效分析

失效是零件的尺寸、形状或材料组织与性能在使用过程中由于某种原因发生变化,导致其丧失了规定功能的现象。根据零件丧失功能的程度,失效表现为以下几种情况。

a. 零件断裂,丧失工作能力。如传动轴断裂、齿轮齿根折断、炮膛炸裂等将使机器无法运转。

b. 零件严重损伤,难以保证安全工作。如航空发动机零件出现裂纹后再继续工作可能很不安全,一旦断裂将导致严重的安全事故。

c. 零件虽然安全工作,但已不能实现预期的要求。如精密机床中的滚动功能部件(如滚珠丝杠等)受到磨损,虽然能安全运转,但精度与效率达不到设计要求。

有些零件在失效前无明显征兆,可能带来严重事故。因此,了解零件失效类型,确定失效成因,在此基础上提出避免或推迟失效的措施,对于机器设备的安全、高效运转具有重要的工程意义。

8.1.1 失效类型

根据零件所受载荷、环境条件和损坏特点,零件失效类型可归纳为以下几种。

(1)过量变形

过量变形是零件承受载荷后产生超过规定值的变形,可以是塑性的、弹性的或弹塑性的。发生过量变形的零件，一般无法承受规定的载荷，起不到预定的作用，还会与其他运动的零件发生干扰。

① 过量弹性变形

过量弹量变形与材料强度无关，而与零件形状、尺寸、材料的弹性模量、工作温度和载荷大小有关。在一定的材料和外加载荷条件下，零件的结构因素是影响弹性变形大小的关键。如横截面积相同的材料，在相同载荷下，变形量按照工字形、立方形、矩形、薄板的顺序逐渐增加。相同结构的零件，选用材料的弹性模量越大，则变形量越小，如采用碳钢制造的零件变形量小于铜、铝等有色金属。

② 过量塑性变形

因外加应力超过材料的屈服强度而发生了明显的塑性变形。引起过量塑性变形的因素，除了过量弹性变形中所讨论的影响因素外，还有材料缺陷、使用不当、设计问题及热处理不当等因素。如不合理的键槽设计可能引入应力集中，导致过量塑性变形。

(2) 断裂失效

断裂失效是零件在工作过程中发生破断的现象。断裂失效，尤其是突然断裂，会造成很大的安全事故。

① 断裂类型

按照零件在断裂前产生的宏观塑性变形量可以将断裂分为韧性断裂、脆性断裂和韧性-脆性断裂。

a. 韧性断裂。材料在断裂之前发生明显的宏观塑性变形。这是金属破坏的主要形式之一。韧性断裂的典型断口为杯锥状断口或剪切断口。杯锥状断口的底部，晶粒被拉长，宏观上呈纤维状；剪切断口平面与拉伸方向大致成45°，断口较灰暗，断口侧面可发现宏观塑性变形的痕迹。

b. 脆性断裂。材料在断裂前未发生宏观可见塑性变形。断裂之前无明显征兆，当裂纹长度达到临界尺寸，裂纹可以声速扩展，发生瞬时断裂。但在显微镜下，经常在断口的局部区域发现塑性变形的特征，如韧窝结构。工程上一般认为均匀延伸率小于5%的断裂称为脆性断裂。脆断断口一般与应力垂直，宏观断口表面平整，颜色较为光亮。

c. 韧性-脆性断裂。韧性-脆性断裂又称为准脆性断裂，是塑性和脆性混合的断裂类型。

同时，还可以按照裂纹扩展路径对断裂进行分类，包括沿晶断裂、穿晶断裂和混晶断裂。沿晶断裂是指裂纹沿着晶界萌生和扩展，一般会导致脆性断裂；穿晶断裂是指裂纹萌生和扩展均在晶粒内部，一般会导致韧性断裂；混晶断裂是裂纹的扩展在晶界和晶内都发生。

② 不同条件下的断裂

按照不同的工况，断裂又可以分为以下类型。

a. 室温静载下的断裂。在室温静载荷条件下，零件某一截面上的应力超出材料的强度极限而发生的断裂。它可表现为韧性或脆性断裂。

b. 应力与环境作用下的断裂。在一定的环境介质中工作的零件，在载荷作用下发生的底应力脆性断裂，也成称应力腐蚀断裂。典型例子是黄铜弹壳在潮湿环境下发生的季裂现象。

c. 疲劳载荷下的断裂。在交变应力/应变作用下，即使应力值低于材料的屈服强度，材料经过足够长的时间也会发生断裂。断裂之前无明显的征兆。目前，工程上的断裂大约80%与疲劳断裂相关。

d. 高温下的断裂。即随着温度的升高或保温时间的延长，材料的屈服强度和抗拉强度降低，由此导致的断裂。常见两种形式，一是蠕变断裂，这是长时间高温和应力共同作用造成的断裂；二是高温延迟断裂，这是长时间高温作用下，材料强度降低造成的断裂。

(3) 表面损伤失效

表面损伤主要包括磨损、接触疲劳和腐蚀。

① 磨损失效

相互接触并做相对运动的一对金属表面不断发生损耗或产生塑性变形，使金属表面状态和尺寸改变的现象称为磨损。磨损是零件表面失效的主要原因之一，直接影响设备的精度和使用寿命。

② 接触疲劳失效

两个接触面滚动或滚动滑动符合摩擦时，在交变接触压应力作用下，材料表面由于疲劳而产生材料缺失的现象称为接触疲劳失效。在交变载荷作用下，材料表面或亚表面产生裂纹，裂纹沿表面平行扩展而引起表面金属小片的脱落，在金属表面形成麻坑。齿轮副、滚动轴承的滚动体和内外套圈、轮箍与钢轨等都可能产生表面接触疲劳失效。

③ 腐蚀失效

腐蚀是材料表面与环境介质发生化学或电化学作用的现象，主要包括均匀腐蚀、点蚀和晶间腐蚀等。

8.1.2 失效原因

弄清零件失效的形式和原因，才能使选材有可靠的依据。导致零件失效的主要原因大致如下。

(1) 零件设计不合理

零件结构设计不合理会造成应力集中。如不合理的沟槽结构，截面尺寸过于悬殊等会在局部引起较大的应力集中，对零件工况考虑不周密，忽视了温度，腐蚀介质对强度的降低，甚至对结构尺寸计算错误等，这些都会造成零件承载能力降低。

(2) 选材错误

缺乏系统的材料专业知识的学习，对材料性能及使用场合缺乏全面了解，使所选材料性能指标达不到工作要求，造成失效。

(3) 加工工艺不合理

加工工艺不当也会造成缺陷。如铸造工艺可能引起缩孔、气孔、夹杂等；锻造工艺可能造成过热，甚至过烧组织；机加工可能深刀痕；热处理可能造成脱碳、变形、开裂等。这些缺陷都可能导致零件失效。

(4) 安装、使用不当

安装时的碰撞、对中不好、配合过紧或过松，在使用过程中，不按照规范操作，或超出了设备的使用范围，或缺乏足够的维护等，这些都可能导致零件的早期失效。

8.1.3 失效分析方法

零件失效原因是相当复杂的，材质、加工、设计、使用等多个环节都可能引发失效。因此，失效分析需要一个科学、全面的方法。目前，一般的失效分析程序大致如下。

a. 收集失效零件残体；

b. 全面收集零件的资料，包括设计资料、加工文件、使用和维护记录等；

c. 对失效零件做宏观和微观断口分析，确定失效源和失效类型；

d. 检测失效零件的必要性能，如强度、塑性、化学成分和组织等是否符合国标，分析零件上的腐蚀产物、磨屑的成分，必要时还可采用无损检测，确定是否有深埋裂纹等其他缺陷；

e. 综合上述信息，确定失效原因，提出改进意见，完成分析报告。

8.2 选材原则及一般过程

8.2.1 选材原则

产品是由一个个零件构成的，不同零件的形状、尺寸、受力和环境介质均有不同。选材即是针对具体的零件的，而非整体构件或机器。任何一个零件均需承担一定的任务，其承担任务的好坏由零件的使用性能决定。一个功能良好的零件需要好的结构设计、正确地选用材料，还要科学地控制成型工艺的每一个步骤，使得制造它的材料性能潜力得到较大程度的发挥。在零件的材料选用和加工工艺过程中，还要充分考虑经济性问题。在保证零件使用性能的前提下，财力的代价越小越好。综上所述，材料选择的三原则为：使用性能原则，工艺性能原则和经济性原则，这三原则要统筹兼顾。

(1) 使用性能原则

使用性能是保证零件实现规定功能和使用寿命的必要条件，是选材最重要的依据。使用性能主要指零件在使用状态下应具有的力学、物理和化学性能。

① 确定零件使用性能要求

零件的使用性能要在对工作条件和失效形式分析的基础上提出。零件的工作条件主要包括受力状况、工作环境和特殊性能。零件的受力状态有拉、压、弯、扭等；载荷性质有静载荷、动载荷；工作温度有低温、室温、高温、交变温度等；环境介质有润滑剂、酸、碱、盐、粉尘、海水、辐射等；特殊性能包括密度、电导率、磁导率、热膨胀性、导热性、吸波性等。

零件失效方式包括过量变形、断裂和表面损伤。确定了零件的失效方式后，通过分析设计、选材、加工工艺和安装使用四个方面的情况，找到零件失效的原因，如图 8-1 所示，可确定合格零件的使用性能要求。

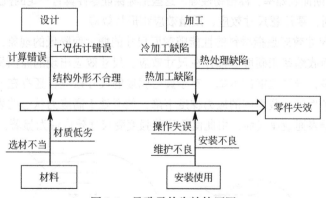

图 8-1 导致零件失效的原因

② 确定零件使用性能指标

通过分析零件的工作条件和失效形式，获得了零件对使用性能的具体要求，这些要求都是定性的，还必须将这些具体要求量化为对零件的性能指标数据，如表 8-1 所示。

表 8-1　几种常见零件工作条件、失效形式及力学性能指标

零件	工作条件			主要失效形式	主要力学性能指标
	变形形式	载荷性质	其他		
紧固螺栓	拉、剪	静		过量变形、断裂	强度、塑性
传动轴	弯、扭	循环、冲击	轴颈处摩擦、振动	疲劳破坏、过量变形、轴颈磨损	综合力学性能
齿轮	压、弯	循环、冲击	强烈摩擦、振动	磨损、疲劳破坏、齿折断	表面高硬度及高疲劳极限，心部高强度及韧性
曲轴	弯曲、扭	循环、冲击	颈部摩擦	疲劳破坏、过量变形、磨损	弯扭疲劳强度、屈服强度、耐磨性、韧性
弹簧	扭（螺旋簧）	循环、冲击	振动	弹性丧失、疲劳破坏	弹性极限、屈强比、疲劳极限
滚动轴承	压	循环、冲击	振动	疲劳破坏、过量变形	接触疲劳强度、耐磨性、耐蚀性
油泵柱塞副	压	循环、冲击	摩擦、油腐蚀	摩擦	强度、抗压强度
冷作模具	复杂组合变形	循环、冲击	强烈摩擦	磨损、脆断	高硬度、高强度、足够韧性
压铸模	复杂组合变形	循环、冲击	高温、摩擦、金属液腐蚀	热疲劳、脆断、磨损	高温强度、抗热疲劳性、足够韧性与热硬性

多数情况下，零件的使用性能数据可以直接作为材料的性能指标数据，但零件使用性能与材料性能并不等同。材料性能是材料本身必须具备的性能，是可以度量的指标值，包含力学性能、物理性能和化学性能。对多数零件而言，力学性能是主要的指标，如强度、塑性和韧性等。由材料加工而成的零件具有的使用性能不只取决于所选材料，决定零件使用性能的因素还包括设计、制造工艺和安装使用等方面。

材料性能指标根据其在设计中的作用可分为两类：设计性指标和安全性指标。设计性指标是在机械设计中用于计算零件尺寸、刚度和稳定性等的材料性能指标，如屈服强度、疲劳强度、弹性模量、断裂韧性等。而另一类指标，并不能用于设计计算，但却对于零件的安全使用非常重要，构成了安全性指标，如延伸率、断面收缩率、冲击韧性等，这些指标保证零件具有一定的抗过载能力和安全性。

选用材料性能时，要注意尺寸效应、质量效应和形状效应。

a. 尺寸效应。尺寸效应是指材料的性能随截面尺寸的增大而降低的现象，疲劳强度、抗拉强度、屈服强度、断面收缩率和硬度等都存在尺寸效应。尺寸效应出现的原因是材料尺寸的增大，其包含的缺陷也增多，导致性能的下降。对于疲劳强度的尺寸效应，还存在一个原因，即尺寸增大后，在扭转疲劳条件下，截面内的应力梯度下降，使得处于高应力状态的表面材料体积增大，而疲劳裂纹多萌生于表面或亚表面，由此使得疲劳强度受尺寸效应最为显著，如图 8-2 所示。

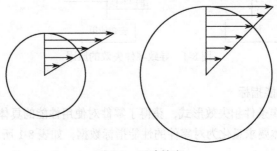

图 8-2　尺寸效应

b. 质量效应。质量效应指随零件截面尺寸增加热处理强化效果降低的现象。影响质量效应的原因是淬透层的深度。碳素钢零件的淬透性差，大尺寸零件不容易淬透，质量效应非常显著；而合金钢的淬透性较好，质量效应较弱。只要能淬透，就不存在质量效应。因此，影响质量的因素是零件截面尺寸大小和淬透性问题。

c. 形状效应。形状效应指零件形状引起的各个部位热处理强化效果的不同，主要指淬透层深度，如板、球、棒的淬火效果不一样，同一零件凸出和凹陷处的淬火效果也不一样。大尺寸、形状复杂以及材料的淬透性不能保证能将零件淬透时，要特别注意形状效应的影响。

手册和标准给出的力学性能数据是实验室小尺寸试样的试验结果，如无特殊说明，都是 $\Phi 25mm$ 尺寸试样数据，引用这些数据时要注意尺寸效应和质量效应。

(2) 工艺性能原则

一般情况下，工艺性能原则在选材中处于次要地位。但在某些特殊情况下，工艺性能也可能成为选材的主要依据，如当需要大量切削加工时，此时的切削加工性能就成了选材的主要依据，一般要选用易切削钢。零件常常要经历几个工艺过程才能得到满足使用性能的合格品，因此常常要求材料具有不同的工艺性能。当一个候选材料具有优良的性能，但极难加工或加工成本很高时，自然就会将其排除。因此，工艺性能原则是选材必须考虑的依据。

金属材料如采用铸造成型，一般选择共晶或接近共晶成分的合金，这样可以合金液具有良好的流动性，保证铸造性能；如采用锻造成型，最好选用固溶态合金，塑性较好；如采用焊接成型，最适宜的材料为低碳钢或低碳合金钢，防止开裂。如切削量较大时，一般控制钢铁材料的硬度在 170～230HBS 之间，如对于低碳钢，可以采用正火处理提高硬度；而对于过共析钢，可以采用球化处理，将片状渗碳体变为球状渗碳体；也可以采用合金化方法，在钢中加入 S、P 等元素，易于断削。不同材料的热处理性能是不同的，碳素钢的淬透性差，加热时晶粒易长大，淬火时容易变形，甚至开裂，所以制造高强度、大截面、形状复杂的零件，一般选用合金钢。总之，锻造工艺性能、铸造工艺性能、焊接工艺性能、切削工艺性能等既受到材料本身影响，还与工艺本身密切相关，即体现出工艺性能的双重性。工艺性能的双重性表明选择材料和选择制造工艺是同时并举的过程，材料应与加工方法相适应，而不是先选材，后选制造工艺的简单过程。

(3) 经济性原则

使用性能原则和经济性原则与材料类型联系很大，但不完全是材料本身的固有性质。在经济性原则中，材料单价只反映了买入价格，而制造成本等一系列成本并不包含在材料单价中。因此，选材的经济性，既包含材料本身价格，还包含所选材料在加工成零件时的生产过程中的一切费用，即总成本。设计任何零件首先应该从使用性能的角度选材，在保证使用性能的前提下，要尽量降低生产成本。合理的设计是用最小的成本去获得最好的性能，尤其是对于大批量生产的零部件，经济性是一个决定材料和加工工艺的关键因素。从材料的经济性原则考虑，选材时要注意以下两个方面。

a. 材料的价格。材料的直接成本在产品总成本中占有较大比重。各种材料的价格差别比较大，在满足使用性能前提下，应优先选用价格比较低的材料，必要时可以采用不同材料的组合。在金属材料中，铸铁和碳钢的价格较低，是大量使用的工程材料，在性能允许情况下是优先选用的材料。高合金钢和有色金属的价格较高，只有在铸铁和碳钢无法胜任的场合下或有其他规定的情形下才选用。同时也可以扩大非金属材料的适用范围，如一些叶片、泵轮、切削刀具等也开始采用非金属材料，可以大幅度延长寿命，减轻质量，降低成本。总之，能用便宜材料解决问题的，一般不选用昂贵的材料。

b. 材料加工成本。在制造过程中，材料改变程度越大，加工成本越高。如对于碳钢，形状复杂的型材的轧制成本可以接近碳钢材料的价格。材料一般要经过铸造、锻造或焊接等工艺成型，在满足使用性能前提下，选择合理的加工工艺可以有效地降低成本。选择零件的加工工艺一般要考虑零件外形尺寸特点、加工工艺性及生产批量等。形状复杂的零件，常选用铸造工艺；外形相对简单的零件可以采用锻造工艺；对于尺寸很大的零件，可以采用焊接成型。单件或小批量生产时，采用自由锻可以缩短生产周期，节约模具费用；而对于大批量生产的零件，多采用模锻件或精密铸造以减少机械加工工时，提高生产效率，虽然增加了模具成本，但大批量生产导致的生产成本的降低可以抵消购入成本的增加。

材料成本和加工成本对经济性有非常重要的影响，尽可能提高材料利用率和选择合适加工工艺，才能制造出有竞争力的产品。

除了上述的选材三原则外，还要考虑两个新的原则：可靠性原则和资源、能源和环保原则，这就构成了材料选择的五原则。

(4) 材料的可靠性原则

材料的可靠性原则是指材料制成的零件在预定的寿命周期内完成预定工作而不破坏的概率。产品的可靠性首先由设计的本身决定。设计所赋予的可靠性称为潜在可靠性，如果潜在可靠性低，后续的制造和使用中无论怎么努力，也不会取得好的效果。但是，如果潜在可靠性很高，在后续的制造过程中，没有使这种潜在可靠性得以实现的设备、技术和管理，也无法实现可靠性。因此，为了在制造阶段实现设计的潜在可靠性，要实施精心计划的质量控制步骤。可靠性控制的基本目的是掌握、评价和控制加工、装配、搬运和保管过程中影响可靠性的因素，尤其是能直接测量的质量指标。

可靠性的设计指标用可靠度 R 衡量，表征着零件在一定工作环境中，在规定试用期限内连续工作的概率。N 个相同零件在相同条件下工作，在规定时间内有 N_f 个零件失效，剩下的 N_t 个零件仍能工作，则可靠度为

$$R = \frac{N_t}{N} = \frac{N - N_f}{N} = 1 - \frac{N_f}{N} \tag{8-1}$$

失效概率为

$$Q = \frac{N_f}{N} = 1 - R \tag{8-2}$$

可靠性与失效概率的关系为

$$R + Q = 1 \tag{8-3}$$

如果一台机器是由 n 个零件组成的串联系统，单个零件的可靠度为 R_1、R_2、...、R_n，则机器的可靠度为

$$R = R_1 R_2 \cdots R_n \tag{8-4}$$

要提高整个机器（串联方式）的可靠度，应尽量提高单个组成零件的可靠度，同时要尽量将零件做成等可靠度，因为整个机器的可靠度低于组成机器的可靠度最差的零件的可靠度。对可靠性要求高的机械系统须进行可靠性设计，还要有一些备用系统，并经常维护保养。

(5) 资源、能源和环保原则

资源、能源和环保原则要求在材料生产、使用、废弃的全链条寿命周期过程中，对资源和能源的消耗尽量少，对生态环境影响小，材料在失效后可以再循环利用，或不造成环境的恶化。工业社会的高消费、高效率对于环境而言是高负荷、高索取。石油和金属矿物资源日渐枯竭，废气排放污染大气，塑料垃圾造成的白色污染，这些都表明了人类虽然享受着科技进步带来的便利，

但也面临着日益恶化的地球环境。因此，保护环境应成为所有人的社会责任，提高材料的循环利用率，实现人类社会的可持续发展。

8.2.2 选材制约因素

选材必须遵守的五原则，表明选材需要考虑方方面面的因素，这些构成了选材的制约因素，可以归纳如下。

① 选材五原则必须同时兼顾

分析选材五原则，同时满足五原则的材料自然是理想材料。理想材料具有以下特征：强度高，弹性模量高，塑性韧性好，尺寸稳定；耐腐蚀；质轻；工艺性好；价格低廉，供应充足；对环境、人体无害；可生物降解。

理想材料的出发点很好，但事实上在工程上很难实现，因此很难找到满足所有这些条件的材料，多数情况是满足某一条要求但却又不能满足另一条要求，如陶瓷材料高强度，高弹性模量，但加工性能很差。而且，多数零件也不一定要求满足所有要求，如干燥大气中工作的零件对耐腐蚀性能无特殊要求。

因此，按选材五原则选择材料时，第一是按照零件使用性能要求，对理想材料的特征进行适当取舍；第二是对决定采用的特征要同时兼顾，如存在特征冲突，要根据实际情况适当折中处理。

② 成本的考虑

一般而言，满足零件使用性能要求的材料不会是唯一的，此时成本就成为决定性因素。成本直接决定着产品的市场竞争力。

现以输电线路曳紧配重为例说明成本的重要性。为了保持输电线在一定的挠度范围内，如图 8-3 所示，需要对输电线施加曳紧力 Q，配重物体积为 V，密度为 ρ，则

$$V = \frac{Q}{g\rho} \tag{8-5}$$

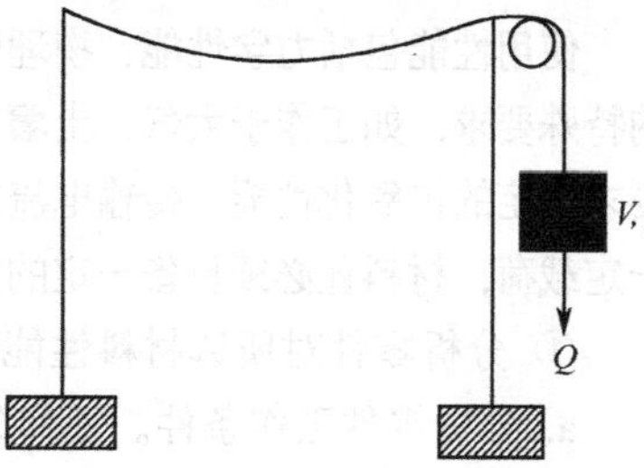

图 8-3 输电线路曳紧配重

材料单价（包括加工成本）为 P(元/m³)，配重物总成本为 T，则

$$T = PV = \frac{QP}{g\rho} \tag{8-6}$$

基准材料与对比材料的密度和单价分别为 ρ_1、P_1 与 ρ_2、P_2，则对比材料和基准材料的重成本比值 K 为

$$K = \frac{T_2}{T_1} = \frac{P_2 \times \rho_1}{P_1 \times \rho_2} \tag{8-7}$$

选择铸铁为基准材料，铸铁 ρ_1=7.33，单价 P_1=1；以混凝土为对比材料，ρ_2=1.8～2.45，P_2=0.2。代入上式得 K=0.6～0.81，表明混凝土作为配重材料比铸铁便宜。

③ 产品服役年限的考虑

产品服役年限对选材有很大影响。如发电机、城市水电气供应系统、水轮机等服役年限长，就要选用可靠性高的材料；而更新换代快的产品，如汽车和自行车零件、冰箱、洗衣机等，可选用质量和性能一般的材料。

④ 货源规格的考虑

原材料供货商能够按时、保质、保量地提供材料，也是选材的标准之一。某种材料即使性能

再好，但如果无法获得稳定的货源，也不在选材范围之内。

⑤ 材料的工艺性和批量的考虑

材料的工艺成本是成本的一部分。复杂高精度零件的加工成本可能远超材料成本。大批量零件的工艺成本较低，而单件、小批量零件的工艺成本很高。同时零件批量也是决定材料工艺性的重要因素。如某种塑料制品，如果生产有上万件或几十万件，采用注塑模具可以很快实现；而当批量很少时，则不适合注塑模具生产，此时加工很困难。

⑥ 材料的美学价值

金银、不锈钢、宝石等材料以其绚丽的色彩和特殊质感而受到消费者欢迎，在工艺品、装饰品、家具等方面用量较大。如汽车外壳喷锌，虽然具有良好的耐蚀性能，但颜色暗淡，并不受消费者欢迎；而如果喷铬，虽然牺牲了一定的耐蚀性，但颜色亮丽，销路较好。

8.2.3 选材的一般过程

选材五原则，每个原则都很重要，但一般采用使用性能原则作为选材的切入点，这是由于零件在一定环境下完成确定的功能必须由使用性能原则来保证。当选用的材料具有足够的使用性能后，再考虑是否满足工艺性能原则，成本原则，可靠性原则及资源、能源和环保原则。具体的选材过程一般可分为如下五个步骤。

(1) 分析零件对所选材料的性能要求及失效分析

使用性能包括力学性能、物理性能和化学性能。物理性能和化学性能是零件工作工况对材料提出的特殊要求，如工作于大气、土壤、海水等介质中的零件要具备一定的抗腐蚀性能，工作于高温条件要求一定的抗氧化性能，传输电流的导线要具备良好的导电性。同时，无论工况如何，零件总要承受一定载荷，材料还必须具备一定的力学性能，如果对于结构材料，力学性能可能是主要要求。

① 分析零件对所选材料性能的要求

a. 分析零件工作条件。工作条件包含工作环境和外力。工作环境包括温度、介质、润滑条件和磨料条件；外力可分为载荷大小、载荷分布、载荷谱和变形方式。

b. 由材料力学和弹性力学或试验计算零件的强度、刚度和稳定性。

c. 由强度、刚度和稳定性条件选择材料和尺寸。

② 零件失效形式分析

按上述的强度、刚度和稳定性条件选材只是在理论上做出了计算，实际上工况情况一般比较复杂，存在着超载、冲击、摩擦磨损、腐蚀等情况，而在零件制备过程中，各种加工缺陷，如夹杂、微裂纹、表面粗糙以及键或槽带来的应力集中，这就使得按某些零件难以完成预定的功能或寿命。此时需要通过零件失效分析导致失效导致的原因，对原有设计或选材做出调整。

零件失效的形式有两种：一为零件在使用中失效，通过对失效零件做出失效分析，找到失效原因，提出改进措施；二是在设计、选材阶段，根据零件的工况预先对零件的失效形式进行判断和预估，并对方案进行改进。通过对相近或相同的已知零件所积累的失效分析结论可以作为设计零件失效预测的借鉴。表8-1给出了常见零件工作条件和失效形式。

(2) 对可供选择的材料进行筛选

当确定了对材料的性能要求，就可以对可供选择材料进行筛选。这一阶段的重点是找到可供选择的方案，而不必过多地考虑可行性问题。当所有可供选择的方案提出后，再初步淘汰一些明显不合理的方案，最后得到几种看起来可以实现的方案。工程师的眼界和经验累计在这一阶段是非常关键的。

(3) 对可供选择的材料进行评估

经过上一阶段的筛选，可用材料的范围大大缩小，这些材料都能不同程度地完成预定的功能。这一阶段就是要对材料性能进行综合评估，充分考虑材料的长处和短处，做出折中和判断，确定最佳材料。

(4) 最佳材料的确定

在上一步骤，由于考虑的方面不同，选出的材料可能不止一种，这几种材料评估的结果不相上下，此时工程师就应该用经验做出最终的判断，确定唯一的最佳材料。当然，也可能存在最后没有一种材料满足各种要求，此时就要从根本上重新设计。

(5) 零件所选材料的实际验证

成批、大量生产的及非常重要的零件，如果在用户使用中发送早期失效或不能满足预定的可靠性要求，必然造成很大的经济损失。所以，对于大量生产的零件和非常重要的零件要先进行内部试生产，通过台架试验和模拟试验，确认无误后再投放市场。同时要不断接受从市场反馈回来的质量信息，作为改进产品的依据。

8.3 材料性能与设计指标

一个新产品的推出和原有产品的改进，产品的设计特征是最为重要的，因为它决定了是否能够吸引消费者的注意力，能否刺激消费者的投资欲望。从使用角度看，功能和可靠性是比较关键的。功能定义了产品应起的作用，不同产品有不同的功能。而可靠性是产品出厂后一种随时间变化的特征，可在生产过程中通过质量指标控制。这样，对于消费者而言，只有功能是直观的，是可以检验的。

设计特征与材料性能和零件使用性能密切相关，如表 8-2 所示。下面从设计特征出发，分析影响四个设计特征的因素。

表 8-2 材料性能、零件使用性能、设计特征的关系

材料性能	零件使用性能		设计特征
力学指标	设计		功能
	选材	材料性能 工艺性 可靠性 成本 资源、能源和环保	可靠性
			外观
	制造工艺		成本
	安装使用		

功能对设计的依赖很大。如果机器执行机构的某几个零件承受冲击、重载或者交变载荷，设计选材、制造工艺和安装使用的每个因素都受到影响。

可靠性依赖于影响零件使用性能的各个方面，如设计、选材、制造工艺和安装使用，所以可靠性的控制非常复杂。机器的每个零件的可靠性高于整机的可靠性。如某台机器的设计寿命为 10 年，则各个零件的寿命应大于 10 年。假如该机器由 10 个零件构成串连系统，要求整机在 10 年的寿命周期的可靠性为 0.9，则每个零件的可靠性要达到 $\sqrt[10]{0.9}=0.99$。因此要保证整机的可靠性，

就必须保证零件的可靠性，尤其是关键零件的可靠性。

对于外观有要求的机器，设计、选材、制造工艺和安装使用都会对其产生影响。设计结果直接决定了外观形态；选材影响了外观色泽和质感；制造工艺反映了外观设计的满足程度；安装不当可能破坏外观形貌；使用保养决定了外观的持久稳定。外观有时是决定消费者购买欲望的重要因素之一，如汽车的外观和内饰，玩具的色泽等。

成本的高低也由设计、选材、制造工艺和安装使用决定。

8.4 材料选择的经济性考虑

为一个具体零件选材时，总是先从材料性能评价开始，但最后决定往往要涉及成本方面的因素。在任何情况下，具有相同或相近性能的材料不会是唯一的，成本在决定材料的选择上具有重要的作用。零件的使用性能、材料性能、材料成本和制造成本都是同等重要的。一种材料的选择，要根据使用场合，在性能与成本之间做出选择，有时追求高性能而成本是次要的，如核潜艇和宇宙飞船等，而有时低成本是重要考虑目标，如汽车、电冰箱等，因此，要根据具体应用场合在性能与成本之间采取不同的权重。

影响材料的成本因素有以下方面。

① 资源的富集程度与提炼

材料的富集程度越低，提炼代价就越大，成本就越高。如从氧化物中还原铁比还原铜需要的能量要高，但铁矿的品位高，富集程度大，所以铁比铜便宜。典型的铁矿石含铁 60%～65%，典型铜矿含铜 1%～1.5%，铀矿含铀 0.2%，金矿石含金 0.0001%～0.001%。

② 供求关系

材料价格由供求关系决定。需求增加，价格上涨；需求减少，价格回落。

③ 数量影响

订货量大，单位成本就低；订货量小，单位成本就高。订货数量对成本的影响表现在管理费用和运费上。对使用材料的制造商而言，应使订购的材料保持合理的库存量。库存量过大，占用资金就多；库存量过小，可能会在生产过程中因材料的偶尔供应中断而停产。为了保持合理库存，设计选材时应尽可能使材料的牌号和规格减少。

④ 材料加工增值成本

材料在制造过程中，其改变程度越大，增值成本越高。如对于碳钢，形状复杂的型材的轧制成本可以接近碳钢材料的价格。对使用材料的产品制造商，只要有较大批量，一般不拒绝增值成本高的材料。虽然增值成本高，但大批量生产导致的生产成本的降低可以抵消购入成本的增加。

材料成本和加工成本对制造经济性有非常重要的影响，尽可能提高材料利用率和选择合适加工工艺，才能制造出有竞争力的产品。

8.5 零件制造工艺和设计选材

当确定了零件功能后，就需要设计零件图。零件图设计中，第一个需要考虑零件在机器中如何完成它承担的功能；第二个需要考虑保证这些功能的制造工艺应该受到哪些限制。多数情况下工程师对功能考虑非常细致，但对于制造工艺的限制却考虑较少。这样导致在制造阶段，常因无法制造而返工。因此，只有充分细致地考虑了这两个问题，零件图的设计才是高质量的。

(1) 零件设计的工艺背景

制造工艺保证了零件的使用性能，它的任务主要是达到规定的形状和尺寸，达到规定的精度和达到零件要求的使用性能。不懂工艺的设计和不懂工艺的选材很难保证零件的使用性能。因此，要充分考虑零件设计、选材和制造时的工艺背景。

① 选材和材料的工艺方法

当零件图上确定了材料牌号和性能要求后，制造工艺的各种工艺过程就有了确定的基础。如零件图上采用 HT200 生产箱体类零件，制造工艺由铸造、机械加工和热处理三个工艺过程组成；零件图采用塑料，多数情况下采用注塑一个工艺过程；如零件图采用陶瓷材料，可根据零件形状、尺寸和批量情况选择等静压、注浆、注射等方法。

材料的工艺性能也影响工艺选择，如有色金属 Ti 在氮气中可以燃烧，焊接时宜选用氩气保护，而非氮气保护；高锰钢切削性差，宜采用铸造成型；陶瓷硬度高，耐腐蚀，一般经烧结直接使用，而无后续机械加工。

② 生产类型

生产类型的重要特征是加工对象的不同。加工对象批量的不同导致选用不同的机床设备。大量生产的加工对象在较长时间内固定不变，一般使用专用机床和自动机床，毛坯精度较高，余量较小；成批生产的加工对象周期性改变，一般选用通用机床和部分专用机床，毛坯精度适中，余量中等；而单件生产的加工对象经常改变，一般选用通用机床，毛坯精度较低，余量较大。毛坯制造方法与生产类型相对应。大量生产时，有金属的模锻，压铸，塑料的注塑成形，陶瓷的干压成形等；小批单件生产时，有金属的自由锻，铸造的木模手工造型，陶瓷的等静压成形等。

③ 尺寸和质量

零件的尺寸和质量也影响到加工工艺方法选择。铸、锻、焊、冲压等工艺和各种机械加工设备有自身加工的尺寸和质量限制。如砂型铸造对铸件尺寸没有要求，而熔模铸造的铸件一般小于 25kg，压力铸造一般小于 10kg。

④ 形状复杂性

形状复杂的金属零件，特别是有复杂内腔的箱体、阀体、泵体等宜适用铸造成形。形状复杂的陶瓷件宜采用注浆或热压铸成形。

切削加工可将块料加工成任何复杂的形状，生产较为自由，对批量、零件尺寸均没有特殊要求，精度和表面粗糙度可调。但切削加工成本较高，尤其是高精度和低表面粗糙度要求时。

⑤ 精度和表面粗糙度

各种加工工艺都有自己所能达到的精度和表面粗糙度。砂型铸造精度低，金属性铸造精度较高，压铸精度很高；自由锻精度较低，模锻、挤压精度较高，精密锻造精度更高。表面粗糙度对加工工艺的依赖与精度大致一样。

⑥ 加工工艺与零件的使用性能

采用加工工艺制备出的零件必须要实现零件的使用性能。工程师选择加工工艺时要考虑零件使用性能的实现程度。

对于铸件，可以采用冷铁和冒口控制凝固顺序和补缩，采用金属型细化晶粒等措施，改善铸件性能。

应力集中部位易引发失效。零件的应力集中可分为结构应力集中和切削应力集中。结构应力集中主要指各种键槽和悬殊截面等，设计时尽量减少键槽，加大圆弧过渡，消除悬殊截面带来的应力集中；而切削应力集中主要指过深的切削刀痕，可改善工艺方法予以消除。对于一些关键零件，应力集中的危害很大。

在加工过程中，零件会产生残余应力。工程师要尽量避免残余拉应力，并尽可能在材料表面建立起残余压应力，以提高零件的使用性能，如喷丸、滚压和内孔挤压等。

对于要求高疲劳强度和耐磨性的零件，可采用表面改性技术，如表面淬火、渗碳、碳氮共渗等。

⑦ 全球采购

零件也不一定全部要自己生产，许多零件可以采用对外协作和全球采购，有时在成本上是合算的。

(2) 各种工艺的特性和局限性

了解各种工艺过程的工业特性和局限性，对于合理地选择材料和制造工艺具有重要的指导意义。

① 铸造

铸造是将液态金属倒入特定形状的铸型中，凝固成形的加工工艺。铸造对材料没有限制，只要是可以熔化的金属均可以采用铸造工艺成形。灰口铁的抗压强度远大于抗拉强度，且具有良好的减振能力；球铁的强度大幅度提高，可与45锻钢相比较，而成本却远低于钢。铸铁的塑性和韧性较差，故铸铁一般不能承受大的冲击载荷；铸铁成分一般选择共晶成分，流动性较好，可铸造形状复杂的铸件。铸钢的力学性能优于铸铁，但铸钢流动性不如铸铁，铸件复杂性不如铸铁。对于一些脆性材料，如TiAl合金，铸造可能是唯一可行的工业化成形工艺。铸造的精度和表面粗糙度随铸造方法而定：砂型铸造的精度和表面粗糙度较低，但砂子可重复使用，经济性较好，批量不受限制；而压铸的精度和表面粗糙度较高，但压铸模和压铸机投资较大，适用于大批量；目前兴起的净成形铸造工艺，铸件可直接使用。因此，可根据具体要求选择合适的铸造工艺。

② 塑性加工

塑性加工是利用金属在外力作用下产生塑性变形，获得具有一定形状、尺寸和力学性能的原材料、毛坯或零件的方法。金属材料经过塑性变形后，缩孔缩松体积减小或消失；各种夹杂尺寸减小，偏析程度得到缓解；晶粒细化，使得材料的性能大幅度提高；少、无切削加工，材料利用率高。塑性成形远不如金属液充填铸型容易，故塑性加工件的形状相对比较简单；表面质量较差。典型的塑性加工工艺有以下几种。

a. 锻造。在锻压设备及工模具作用下，使坯料或铸锭产生塑性变形，以获得一定几何尺寸、形状和质量的锻件的加工方法。一般可分为自由锻和模锻。

自由锻件的表面要切削掉以后材料才形成零件。考虑到切削成本较高，自由锻一般适合于单件小批量生产。模锻是金属坯料在锻模模腔内形成，复制模腔形状的方法。模锻件的精度很高，许多表面可直接使用，提高了材料利用率，降低切削成本。同时模腔的约束使得金属流线容易达到理想的走向。模锻件的强度和精度很高，但由于模具成本较高，故模锻用于重载、冲击、交变载荷下的重要件，适宜大批量生产。

b. 轧制。金属坯料依靠摩擦力被卷入两个回转轧辊的缝隙中，经受压变形以获得产品的加工方法。主要产品有型材、圆钢、方钢、角钢、铁轨等。轧制在制备板材、箔材等方面具有突出的优势。

c. 挤压。金属坯料在加压模具内受压被挤出模孔而变形的加工方法。

d. 拉拔。金属坯料被拉过拉拔模的模孔而变形的加工方法，主要用于线材的生产。

e. 冲压。金属板料在冲模之间受压产生分离或成形。

f. 旋压。在坯料随模具旋转或旋压工具绕坯料旋转中，旋压工具与坯料相对进给，从而使坯料受压并产生连续、逐点的变形。

③ 焊接

焊接有熔化焊、固相焊和液固焊，其中广泛应用的是熔化焊。熔化焊相当于一个连续移动的铸造过程，因此焊缝区组织有铸造组织特征。焊接适用于几何尺寸大而材料又较分散的结构，如船体、桥梁、容器等。机器制造中可以利用铸-焊工艺或锻-焊工艺以小拼大完成大型零件的生产，替代铸造和锻造工艺，节省成本，也保证了质量。当焊接用于两种不同材料时，可节约贵重金属，如将钻头 W6Mo5Cr4V 焊接于基体 45 钢上。

(3) 制造工艺的成本

制定机械加工工艺时，在同样能满足零件精度和表面粗糙度的前提下，一般可拟定出几种不同的工艺方案，其中有些工艺方案可以达到高的生产率，但是设备投资大；有些方案投资少，但生产率低。因此，不同的工艺方案就有不同的经济效果。为了选出技术上比较先进，经济上比较合理的方案，就需要对不同方案进行技术经济分析。

制造一个零件所需的一切费用总和称为零件的生产成本。生产成本包括工艺成本和非工艺成本。生产成本的 70%以上与工艺过程有关，称为工艺成本。工艺成本又可分为可变费用和不变费用。

可变费用与零件产量直接相关，包括毛坯材料和制造费用、操作人员工资、通用机床折旧费和维修费、刀具费和电费等。而不变费用与零件产量不直接相关，主要包括专用机床折旧费和维修费。因此，零件全年的工艺成本为

$$C = VN + S \tag{8-8}$$

式中，C 为全年工艺成本；V 为可变费用单件成本；N 为年产量；S 为不变费用。单件工艺成本 C_d 可表示为

$$C_d = V + \frac{S}{N} \tag{8-9}$$

由上述式子可以得到全年工艺成本 C 与年产量 N 的关系（如图 8-4 所示），单件工艺成本 C_d 与年产量 N 的关系（如图 8-5 所示）。可以看出，单件工艺成本随着年产量的增加而减少，且各处变化率不同。当 N 很小时（小批生产），变化率很大；当 N 较大时（大批生产），变化很小。因此，对于每一个待选的工艺方案，当不变费用一定时，一定会有一个与此设备的生产能力相适应的产量 N_p，N_p 成为最佳生产纲领。

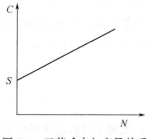
图 8-4 工艺成本与产量关系

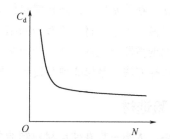
图 8-5 单件工艺成本与产量关系

年产量小于最佳生产纲领时（$N<N_p$），由于 S/N 比值大，单件工艺成本高，表明该工艺方案是不经济的。可以通过适当减少 S，使 N_p 值减少到 N_p'，达到 $N_p'\approx N$，达到较好的经济性。年产量

大于最佳生产纲领时（$N>N_p$），由于单件工艺成本曲线变化率很小，并不能显著降低单件工艺成本，此时可以适当增加 S，减少 V，使得 $N_p'\approx N$，达到降低单件工艺成本的目的。

(4) 资源、能源和环保

随着资源、能源和环保问题的日益突出，机械工程在设计、选材、制造和使用过程中要节能节材，用尽量低的能耗实现产品的正常运转。

节能的第一个途径是产品轻量化。如汽车质量与能耗呈线性关系，质量减少，燃料消耗降低，同时也减轻了环境污染。因此，产品轻量化在交通运输领域具有重要的节能效果。但是轻量化的障碍在于价格与强度的比值，高的比值限制了轻量化的应用。

节能的第二个途径是在铸造、热处理等加热设备的设计和制造中，使用新型材料（如陶瓷耐火纤维），减少加热炉的热损失。

节能的第三个途径是选择能耗低而性能又满足要求的工艺，如用高频淬火代替渗碳，利用锻造余热对材料完成热处理等。

除了节能，提高材料的利用率是另外一个减轻环境压力、降低资源消耗的重要途径。尤其对于机械工业这样的用材大户，提高材料利用率具有非常重大的经济意义。目前，节材途径主要有三个方面。

第一是采用先进制造技术，推广近净成型技术，提高铸件、锻件精度，减少加工量；推广精密、自动、数控编程的切割技术；采用先进焊接技术，减少焊条用量；采用先进热处理技术，提高零件使用寿命；推广可控气氛加热技术，减少金属氧化烧损；采用表面处理技术，提高材料表面性能，减低材料磨损消耗。

第二是采用新材料，推广各种高强度低合金钢、非调质钢、冷成形钢以及适应零件截面形状的型材；使用易切削钢、新型模具钢、感应淬火钢等；推广粉末冶金材料、工程塑料和复合材料的应用。

第三是提高零件设计水平，充分发挥材料潜力，降低材料消耗；采用计算机辅助设计、有限寿命设计、仿生设计等方法，提高产品的可靠性。

8.6　工程设计中常用的选材方法

选材一般由设计人员对零件各种使用要求在形式和程度上进行定量分析，了解材料性能及可能的失效形式，在此基础上，选择满足使用要求，并具有良好经济性的材料。但事实上，选材需要综合掌握机械、力学、材料等领域的相关知识，设计人员很难综合掌握所有的知识，一般都是自觉或不自觉地按照自己的习惯，使用某种方法在自身专业领域内完成选材工作。本章归纳一些常见的材料选择方法，希望能提高设计人员的选材水平。

8.6.1　经验选材

几千年来，人类一直在使用材料制造各种工具和零件，发展了材料的使用价值，建立起了工艺与使用性能的关系，并由此积累起了丰富的经验知识。当需要选材时，一般参考同类零件的用材方案即可；当无先例可循时，查阅手册选定一种本企业内最普通常用的材料，如45钢等。

事实上，材料的使用性能是与其微观结构密切联系的。按照经验选材的设计人员忽视了材料内部的微观结构，只是掌握了材料的宏观性能，对材料知识的掌握处于较为肤浅的水平，由此导致了材料利用率不高，容易导致重大质量事故。但是经验选材是相当一部分企业的现状，并且一些成熟零件的用材和材料失效方式是企业的宝贵财富，设计人员不能完全依赖经验，也不能忽视前辈积累的经验。

(1) 行业传统选材

这是囿于行业习惯和行业用材的便利性而普遍存在的一种选材方法。如对于生产滚动轴承的轴承行业，中小型轴承零件（轴承环和滚动体）大量采用 GCr15 轴承钢制造。GCr15 轴承钢具有良好的抗压强度和接触疲劳强度、高的硬度和耐磨性、一定的韧性和抗蚀性，是制造轴承零件的理想材料。除了制造轴承零件外，由于 GCr15 良好的便利性，轴承工厂的设计人员大量使用 GCr15 制造其他零件，如各种轴、冷作模具和热作模具等。这样的选材方法具有很大的盲目性，甚至都谈不上"选"材了，并导致以下几个弊端。

a. 选材容易出现大材小用，材料性能未能充分发挥，造成浪费，降低经济性。如采用 GCr15 制作丝锥、量具和钻头等，虽然工件性能达标，但提高了成本。

b. 选材导致了小材大用，无法达到设计功能和寿命，在重要使用场合甚至会带来安全隐患。如将 GCr15 应用了热作模具，导致模具热疲劳破坏和龟裂。

c. 造成了设计人员不再去做失效分析或力学计算，不能主动学习材料相关知识，很难再开展实质意义上的选材工作。

(2) 试行-错误法选材

试行-错误法长期被用于材料选择过程中，部分设计人员自觉或不自觉地采用这种方法。这些人员缺乏系统的材料科学的知识，在材料选择过程中虽然心中没有底，存在相当的盲目性，但通过不断尝试，虽然有所失败，但仍然反复工作，目标明确，直至获得较为合适的材料。因此，试行-错误法就是通过不断地试验和无数次失败获得成功的经验积累，取得较为丰富的成果，并形成了手册，供后来者参考，但会耗费大量的人力、物力和时间。

目前，试行-错误法仍是材料选择的重要方法，这些宝贵的经验指导着设计人员开展选材工作，还为现代科学的选材方法积累了丰富的基础资料，奠定了基础。

8.6.2 半经验选材

半经验选材是设计人员将产品资料、已有经验和材料科学知识综合起来，有思考地按照某种或某几种比较科学的途径进行选材的方法。半经验选材处于选材的中级水平阶段，设计人员对于设计方法和细节的把握以及对于材料知识的理解已经达到较为深刻的程度。具体有两种情况：一种是资深技术人员，他们长期以来积累了丰富的经验，并能自觉地对这些经验进行分析总结，而且能将零件的使用性能要求与材料行为及性能相对照，能用零件失效分析的结果来审视所用材料，从而做出理性的判断和选择；另外一种是较为年轻的设计人员，他们能主动学习，掌握最新的材料科学的知识，能在较短时间内汲取本单位积累的经验，有意识地将工程设计与工程材料联系起来。这两类人员能够胜任单位的选材工作，并能解决本行业内的失效分析、产品更新和新产品的研制工作。

半经验选材主要有以下方法：类比法、筛选法和按使用性能设计选材等。

(1) 类比法选材

类比法选材是通过同类产品用材对比分析、不同规规尺寸的产品对比分析以及国内外产品对比分析后进行选材的方法。

要注意类比法与经验法选材的差别。经验法是对同类产品用材的照搬而已，而类比法选材的目的明确（或达到一定寿命，或保证某些重要性能），同时汲取国内外产品的长处，以保证自己的选材设计不落后，甚至达到先进水平。在类比时有分析、有对比、有判断。如果已有的选材不理想，设计人员还会考虑其他性能更好的材料，甚至是新材料，或者对现用材料采取某些特殊处理，如热处理新技术和表面改性处理，以提高材料的某些性能。

类比法表明设计人员具有良好的工程设计能力和丰富的经验，具备了相当的材料专业知识，但也存在一定局限性，如类比法选材还是基于经验，与设计人员的视角、素质等有密切相关，存在一定的人为性和随意性，因此，材料结果会因人而异。由于缺乏统一准则，当零件要求多种材料性能时，不同材料的各种性能常常高低不一，此时很难就不同材料分出优劣上下来，也就难以做出较好的选择。

(2) 筛选法选材

筛选法选材就是先经过初选确定材料范围，然后再进行终选确定最后的用材。筛选法是工程设计人员常用的材料选择方法。设计人员首先根据一定的使用性能要求，然后结合自身积累的经验和对不同类型材料的了解，确定可选的材料范围，随后进一步按照设计要求，对候选材料进行全面综合考虑，最终确定所用材料。在从初选到终选的过程中，有大量的工作要完成。

整机的设计必然对每一个零件提出一定的功能要求，零件的功能要求又必然对所用材料提出一定的要求，即主要性能指标。每个零件都有多种材料可供选择，要根据使用性能、工艺性能和经济性三方面原则，全面权衡，从中选择最佳材料。这项工作，不仅需要材料学和工程技术支持，还必须有经济观点和实践经验。选择的材料要适应加工要求，而加工过程又会改变材料性质，从而使选材过程变化复杂。

选材的任务贯穿于产品设计、制造等各个阶段，在开发过程中还要及时采用新材料、新工艺，对产品不断改进。所以，选材是一个不断反复和完善的过程。如果在开发的初期不经过初选就简单地确定所用材料，很有可能导致零件失去作用，影响整机的功能实现。这一片面是由于所需要的是材料的多方面性能和可供选择材料的多样性，另一方面是选材不是一个孤立事件，它与零件的功能、加工方式、加工过程对材料性能的影响以及零件的成本等多种因素相关，有时还涉及新材料、新工艺的应用。这些因素交织在一起，具有相当的复杂性。因此，正确的选材必须经历由初选到终选的全过程，这个选材过程有时甚至要反复几次才能最终确定。

① 材料预选择

根据零件的功能对材料提出的主要性能指标，再结合材料的工艺性能，就可对材料进行预选择。材料预选择的目的是提供一组候选材料。由于可供选择的材料多种多样，除了金属材料，还有陶瓷材料、高分子材料和复合材料，为了便于对材料初步筛选，可将对材料的要求区分为硬要求和软要求两种。

硬要求是材料必须满足的基本要求。可加工性和可获得性就是硬要求，主要性能指标也是硬要求。如果一种材料不容易获得，或者无法制成需要的形状，自然就要将其排除在外。软要求是相对要求，是可以妥协的要求。非主要使用性能要求就属于软要求，如密度、成本和某些力学性能。各种软要求的相对重要性取决于应用场合，可根据软要求的相对重要性对它们进行比较。某些要求根据用途，可以属于硬要求，也可以属于软要求。如对于燃气轮机叶片而言，高熔点是硬要求，但对导电材料而言，则高熔点就不是硬要求了。因此要根据具体的使用场合，确定硬要求和软要求。

除了按照硬要求和软要求对材料性能进行分类外，还可以根据具体应用按性能的重要性进行分类，分为主要性能、相关性能和次要性能。主要性能是决定零件功能的关键性能，是材料必须具备的性能；相关性能是为零件主要性能服务的辅助性能，是材料最好具备的性能；而次要性能是与零件功能关系不大的性能，是材料可有可无的性能。

② 材料的终选与验证

材料终选的任务是在初选材料中进行综合评价，为特定用途选取一种最佳材料。

材料终选是筛除掉不符合硬要求的材料，在保证硬要求的前提下，寻求能更好满足软要求的材料。材料终选需要进行一系列工作，如确定最佳性能的衡量准则，各种性能的相对重要性，对初选材料进行利弊分析等。由于考虑问题的出发点不同，有时终选的材料可能不同，只能在实践中检验选材的效果。如果发现初选材料都无法满足零件要求，则要适当放宽要求，或者修改原设计，或者开发新材料。

对于终选出来的材料，必要时应进行实验室实验、台驾试验和工艺试验，以获得确切的数据资料，这对于大量生产的零件具有非常重要的意义。只有通过实验验证，才能投入大量生产。

(3) 按使用性能设计选材

材料的使用性能是材料制成的零件在正常工作条件下完成设计规定的功能并达到预期寿命。当材料的使用性能不能达到零件工作条件的要求时，就会导致失效。

不同零件所要求的使用性能是不一样的，有的零件要求高强度，有的要求高刚度，有的要求耐磨性，有的要求高蠕变强度。因此，在选材时要准确判断零件的主要使用性能。主要使用性能是在对零件工作条件及失效分析的基础上提出来的。

因此，材料的使用性能是选材的首要条件。按使用性能的设计选材，必须对零件的工作条件及失效情况作深入全面的分析，并进行科学定量地计算。

① 零件的使用性能和材料性能

零件的使用性能和材料性能是材料科学与工程的两个要素，是进行材料选择的基础出发点。

材料性能是材料的固有属性，它包含材料的物理性能（电、磁、光、热等）、化学性能（抗氧化、抗腐蚀等）和力学性能（强度、塑性等）。材料性能可在实验室检测并可定量描述。

零件的使用性能指材料在服役过程中表现的行为，又称为服役性能。它是材料性能与产品设计、工程能力和社会需求相融合在一起的一个要素，必须以使用性能为基础进行设计材料得到最佳方案。零件的使用性能是影响工业产品在市场中竞争力的重要因素，是材料科学与工程的制高点。

使用性能与材料性能密切相关而又有不同。首先，使用性能取决于材料的基本性能，材料的性能是在设备实现预期的使用性能过程中得到利用的。因此，建立使用性能和材料基本性能相关联的模型，确定二者定量关系，了解失效形式，开发仿真程序以及开展可靠性、寿命预测等工作，以最低代价延长寿命，对正确选材、充分发挥材料潜力、开发新材料是至关重要的。

其次，材料的性能在使用过程中可能会发生变化，直接影响零件的使用性能，如橡胶在使用过程中会老化，金属在循环载荷下会产生疲劳损伤。因此，材料使用时不仅要考虑初始性能，还要考虑导致材料性能发生变化的使用条件，如载荷、环境气氛、介质、温度等。

最后，同一种材料，在不同工况下的表现也可能大不相同，如纯铝在大气中耐蚀，但在酸、碱、盐介质中耐蚀性降低。

综上所述，使用性能是材料在实际使用状态的表现，使用性能具体而实际，含义丰富，而且多为复合性能；而材料性能为材料单一特性，可在实验室条件下用符合国家标准的试样尺寸和实验条件确定。以切削刀具为例，表8-3给出了使用性能和材料性能的区别。

表 8-3 对切削刀具材料的要求

使用性能		材料性能
功能要求	刀具使用寿命	室温和高温硬度
	容许的最大切削速度	高温硬度、韧性
	刀刃韧性	韧性
	刚度	杨氏模量
可加工性	可热处理性	淬硬性、尺寸变化
	刀具具有复杂性能的可能性	成形性、可切削性、可磨削性
成本	刀具制成后的总成本	材料和加工成本
可靠性	刀具断裂的概率	韧性、均匀性
耐用性	抗振性	韧性、杨氏模量
	抗机械冲击性	韧性
	抗热振性	膨胀系数、热导率、塑性

② 对材料使用性能要求的分析和分类

在产品设计阶段根据零件的应用功能、预计行为及工作环境等，给出材料应具备的使用性能，并将使用性能转化为材料性能，包括机械性能、物理性能和化学性能。任何产品对材料使用性能的要求大致可分为以下几种。

功能要求：功能要求与产品要求直接相关。但是给这些产品赋予定量的数值通常比较困难，不过，仍然需要通过各种途径尽可能精确地和适当的物理性能、化学性能和力学性能发生关系。

可加工性要求：这是材料被加工成成品形状的能力的度量。由于加工操作几乎都要影响材料性能，因此，可加工性要求与功能要求密切相关。

成本：包括原材料成本和加工成本。

可靠性：材料在预计的寿命内完成预定工作而不破坏的概率。可靠性不仅取决于材料特性，还与加工方法有关。

对工作条件的耐用性：零件的工作环境决定着材料应具备的性能要求。如零件之间存在相对运动时，应考虑材料的耐磨性能，在设计时应为接触面提供润滑，否则要选择自润滑材料。

③ 由使用性能提出的材料性能

通过对零件的工作条件和失效形式的分析，可以提出零件的使用性能；随后需要将对使用性能的要求转化为可量化的材料性能；然后才可以根据这些材料性能进行选材。

金属材料的性能主要包括强度、塑性、韧性和硬度等，工程设计人员要根据具体工况确定合理的材料性能。如对于刀具材料，需要考虑室温硬度和高温硬度减少磨损，考虑韧性防止切削刃的崩裂；而对于一些承受循环载荷的构件，则需要考虑疲劳强度。但是材料性能指标的确定并不容易，要根据零件具体的几何形状及尺寸、载荷大小，计算零件的应力分布，并根据安全性和使用寿命的要求确定材料性能指标，有时还要参考已有或类似零件的情况，进行适当的修订。

确定了材料性能指标之后，就可以参考手册选出最后的材料了，这里要考虑材料性能指标之间的关系的外推情况。一般手册仅限于材料的屈服强度、抗拉强度、均匀延伸率、断面收缩率和冲击韧性，但在很多情况下，设计的材料性能指标并不仅仅局限于这些常规性能，如高温强度及韧性、疲劳强度、疲劳裂纹扩展速率和断裂韧性，还有介质作用下的力学性能等。针对这种问题，一方面要尽可能扩大资料收集范围，从其他专业资料上查阅材料性能指标；另一方面要从一些比较简单、易于测量的性能去外推较复杂的性能，或从材料的成分、显微组织去估算有关性能。目前，在这方面已经积累了一定的经验表达式，如从屈服强度及冲击韧性计算材料的断裂韧性，从材料的强度计算疲劳强度，从短时高温性能估算长时高温性能等。但要注意，这些经验表达式是从有限的材料通过实验得到的，不一定有普遍意义，必须根据实际情况考虑是否可以应用，必要时可以辅以实验验证。

8.6.3 产品与制造信息反馈选材

产品与制造信息反馈选材指选材工作完成后，设计人员仍需注意材料加工制造的情况、零件的服役状况。通过关注从材料下料到整机使用的全过程，设计人员对所选材料的性能进行多方位地全面验证、不断改进、不断完善产品的选材工作。

① 材料缺陷反馈

金属材料的冶金缺陷一般包括气孔、夹杂、偏析、氧化等。而在加工过程中也会引入缺陷。铸造工艺容易造成冷隔、浇不足、缩孔、缩松、热裂、冷裂等；锻造工艺易造成折叠、分层、流线不顺、内部裂纹等；焊接工艺易造成焊接裂纹、未焊透等；热处理工艺易造成过热、过烧、氧化、脱碳、回火脆性等；机械加工容易在表面留下粗糙刀痕、精度尺寸不符合要求、存在烧伤等。

材料的固有缺陷强烈影响着材料性能的发挥，并有可能导致构件失效，因此要检查材料中的缺陷并进行适当评估。由于加工过程复杂，在制造的各个阶段都有可能引入缺陷，导致了缺陷的数量和尺寸超出了预期，使得材料性能未达到预定水平。因此，最好对实际样机进行现场实验。一旦遇到失常而又判定与材料缺陷有关，则必须采取改进措施，严重时要考虑重新选材。

② 使用和失效情况反馈

产品必须保证在额定寿命内的正常工作。防止失效的关键是设计人员对产品的使用和失效情况有清楚的认识，并且了解可能的失效机制。因此，设计人员要注意到使用性能的反馈信息，尤其是使用过程中产生的全部失效形式，并根据这些信息来修改设计，不断提高产品的竞争力。

失效分析需要设计人员系统全面地掌握材料科学与工程的知识，能将失效机制与材料的组织结构、化学成分和材料加工因素联系起来。确定了失效原因后，就要寻找合适的解决办法。失效一方面可能是原材料冶金缺陷造成的，此时需要与材料供应商商讨改进的方案；但是更多情况下，失效是由制造方法不符合技术条件导致的，如不合理的沟、槽导致应力集中，此时需要改进设计，并提出更加严格的质量控制规定。

在某些情况下，失效分析的结果可能揭示出另一些零部件的潜在危险。对于这些零部件，可以彻底更换以消除隐患，但这样代价较大；但如果更换零件并不能保证原来的预期寿命，此时，可以严格限制工作载荷在较低的水平，或者缩短更换期，这样可以保证经济性。同时，对于产品失效事件要注意使用中的差错，如在使用过程中的过载现象、过高的使用温度都可以导致失效。而且，不合理的维修也可能导致失效。

③ 市场信息

选材必须在产品的使用性能与价格之间达到某种程度的平衡。为了保证产品乐于被大众接受，产品除了具备较好的功能之外，价格也是重要的因素。因此，制造商并不一定以最高的技术水平生产产品，而是要保证它的产品比其他竞争者的性能-价格比高。当前的消费性社会使得产品更新换代的速度加快，因此产品设计的额定寿命也应该越来越短，这对于技术改进是极为有利的，当然也对如何合理、经济地选材产生重要影响。

备件消耗也是市场信息反馈的一个重要方面。备件用量也是产品质量与使用性能好坏的一个信号。备件消耗过多，表明此零件性能有待改进，除结构设计改进外，还要考虑选材是否合适，技术条件是否合理。高的备件消耗会引起用户的强烈不满。但是，备件消耗极少也是不必要的，尤其是备件超过了与整机质量的相互匹配，导致整机已达预期寿命，而备件却完好，这意味着大材小用，也是属于不合理的选材。

8.6.4 现代选材方法

经验选材、半经验选材都是基于长期实践和积累基础之上，在相关学科发展和计算机技术的促进下，材料选择已逐渐进入考虑成本经济分析、价值工程以及计算机辅助选材的现代方法阶段。

（1）成本经济因素

一个成功的设计应当考虑功能、材料性质及制造方法，这三者都与成本密切相关。设计人员常常在产品的功能性和经济性之间做出权衡。在市场经济下，一款成功的设计必须具有较高的经济可行性。而成本在很多情况下是产品价值的度量，也是决定产品利润的一个决定性因素，因此，设计人员需要掌握一定的成本知识，才能进行正确的选材。

① 材料成本

根据成本，可以将工程材料分为两类。第一类是常用材料，一般是大规模生产出来的，价格便宜，如各种碳素钢、铝型材等。第二类是为了满足特殊需求，专用的高性能材料，如某些特殊合金和功能材料，这类材料一般较贵。当然，这种区分是有时效性的，如一种新材料的出现，一般属于第二类材料，但随着时间的延长，由于应用广泛，使得生产量大增，可能转变为常用材料，如高速钢百年前属于第二类材料，但现在已经属于第一类材料了。

材料成本有几种度量方法。可以以单位质量材料的成本为度量依据，即为质量成本；也可以以单位体积材料的成本为度量依据，即为体积成本；还可以以材料性价比为度量依据，如成本/强度。要根据实际情况，适当地选择合理的度量方法来确定材料成本。这里举例说明性价比选材方法。对于轴类零件，其所传递的扭矩 M 为

$$M = \frac{1}{16}\pi\tau d^2 \tag{8-10}$$

式中，τ 为切应力；d 为轴的直径。材料费用 C 可以表示为

$$C = \frac{1}{4}\pi d^2 l \rho P \tag{8-11}$$

式中，l 为棒料长度；ρ 为材料密度；P 为材料单价。

由上述两式可得材料单位长度成本 C/l 为

$$C/l = \frac{1}{4}\pi\rho P \left(\frac{16}{\pi\tau}\right)^{\frac{2}{3}} M^{\frac{2}{3}} = KM^{\frac{2}{3}} \tag{8-12}$$

式中，K 是随材质而变的常数。根据不同材料的 K 值，可以绘制出材料单位长度成本与扭矩的关系曲线，依此开展选材。

② 材料加工制造的成本

材料成本占总成本很大比例，但这并不意味着设计人员一定要选择材料成本最低的材料，因为还需要对材料进行加工后制成零件，加工成本也会影响到总的成本。如果一种材料虽然便宜，但加工困难，加工费很贵，那么这种便宜的材料可能并不合适；而有的材料虽然较贵，但加工容易，加工成本低，那么可能选择这种材料更有经济性。如黄铜的材料成本较高，但它能高速切削，因此在一些需要大量切削的场合黄铜零件并不比冷轧碳钢贵。

加工制造的精度也是影响加工成本的重要影响因素。过高的精度不仅大幅度增加了加工成本，

而且也增加了为了保证质量所必需的检验和质量控制程序，这些都将计入总成本。适当降低加工精度，就可能采取比较廉价的加工方法，降低成本。同时，在一些情况下，可以适当降低检验标准，允许少量有缺陷的产品通过检验关卡，为维修、替换这些有缺陷的产品而支付必要的费用比消除所以缺陷所要付出的成本更加经济。显然，用户满意是做出这种决定必须考虑的一个重要因素。

在各种加工方法的选择中，产品批量是一个重要的因素，如表 8-4 所示。决定加工方法生命力的主要因素是工具成本和生产速度。如开模锻造不需要昂贵的模具，但生产速度慢；而闭模锻造的模具昂贵，但是生产速度快，所以开模锻造适用于小批量，而闭模锻造适用于大批量。

表 8-4　几种铸造和锻造方法的比较

加工方法		件数				
		1~10	10~100	100~1000	1000~10000	10000~100000
铸造	砂型铸造	√	√	√	√	√
	壳型铸造			√	√	√
	压力铸造				√	√
	熔模铸造		√	√	√	√
锻造	开模锻造	√	√	√		
	闭模锻造				√	√
	粉末锻造					√
	超塑性成形		√	√		

③ 无盈亏分析

如表 8-4 所示，产量是设计人员选择加工工艺的一个重要参考依据，也决定着产品的利润，无盈亏分析就是用来计算有利经营所必需的产量范围。图 8-6 给出了简单的无盈亏临界图，即产品的总成本与产量的关系。图中的固定成本与产量无关，主要包括资产税、行政管理开支、建筑折旧等；而可变成本与产量密切相关，主要包括在生产中使用的直接劳动、直接材料和某些消耗品。

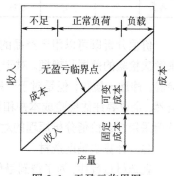

图 8-6　无盈亏临界图

一般而言，设备在正常负荷条件下运转效率最高。当产量低时，设备运转低于其正常负荷条件，运转效率低，造成浪费；当产量过时，设备过载运行，能耗和维修费增加，设备寿命缩短，存在一个合理的产量区间以保证利润。因此，设计人员要根据无盈亏分析确定工厂的生产能力，设备的替换周期等问题。

(2) 价值分析法

价值分析的目的是为消费者提供所需产品使用价值的最经济的方法，但不能降低零件的功能性和安全性。为了获得较大利润，需要在设计和制造的各个阶段开展价值分析。

价值分析首先要鉴别产品的主要功能和次要功能，随后是通过比较评定各功能的价值。这里的价值既包括使用价值（它与完成一项任务的特点有关），也包含综合价值（如外形和颜色对消费者的吸引性、服务便利性等）。最后根据价值对各种供选择的设计方案、材料和制造工艺进行分析，拟定价值的比较方案，并对价值方案进行分级。

根据产业性质和产品类型，价值分析的评定可以着眼于性能，或着眼于价值。军工或航空航天的价值分析多侧重于性能，选用的优质材料和精良加工工艺几乎保证了零件达到极限性能。而在一般的工业领域中，价值分析主要是以大众可以接受的价格生产出功能满足需求的产品。这里，产品的价值可以表示为产品功能与成本之比，即性能-价格比。产品功能可以包括强度、寿命或其他使用性能。因此，价值分析既不是单纯地提高产品的功能，也不是纯粹地最求低的成本，而是要把功能和成本进行综合考量，以达到系统高度的优化组合。要进行价值分析，需要系统地分析产品的各种功能，确定各种功能的制约条件，审定各功能之间的从属关系，制作出功能系统图。价值分析不能闭门造车，而应集思广益，要求开发、工艺、制造、采购、销售等部门的人员参加，甚至还要开展市场调研，了解客户观点。只有这样，才能发现哪些是高性能低成本的零件，哪些是高成本低性能的零件，有针对性地提出改进措施来保证质量而又避免浪费，实现产品利润的最大化。这里举一个简单的例子说明按照价值分析选材。

某厂生产的旋转轴，采用 45 钢制造，坯料重约 3kg。材料费约 1 元/kg，正火费用为 0.5 元/kg，调制费用为 1.25 元/kg。正火后 σ_s=355MPa，δ=27%，α_K=50J/cm²；调质后 σ_s=490MPa，δ=25%，α_K=100J/cm²。试分析哪一种热处理工艺较为合理经济。

这里的功能以强度、塑性和韧性为指标，成本包含材料费用和热处理费用两项，表 8-5 给出了不同热处理工艺的价值对比。

表 8-5　45 钢采用正火和调质工艺的价值对比

工艺	成本 C				功能 F							价值 V
	材料费/元	热处理费/元	合计	比值	σ_s/MPa	比值	δ/%	比值	α_K/(J/cm²)	比值		
正火	3	1.50	4.50	1	355	1	27	1	50	1		1
调质	3	3.75	6.75	1.5	490	1.38	25	0.93	100	2		1.46

价值分析既可以用于产品的价值评价，也可以用于产品生产过程的监控和检验，如它可以用来解决检验的范围和规模。对于关键件或者构件破坏可以危急人身安全的情况下，需要进行 100%检验，即逐一检验；但是对于一些不太重要的零件，可以适当抽检即可，这样可以节约检验成本。当然，企业要评估检验成本并和如果不进行大规模检验而在后期出现废品所产生的成本进行比较，从而采用复合价值分析原理的对策。

(3) 计算机辅助选材

在选材过程中，为了得到最佳选择，设计人员需要对具有多种性能的各类材料进行全面比较。目前的材料型号繁杂、品种各异，每一种材料都有其不同的具体化学成分及各种性能。早在 1973年，有人估计材料可能超过 15000 种，现在当然更多了。同时，材料的结构、性能还随制备工艺而变，使得材料系统更加复杂。如果单纯依靠人工，很难全面正确地评估材料，极有可能漏选材料。为了进行大规模选材和加工评价，需要把各种材料相关的数据总结归纳成有用的信息，而目前利用计算机辅助系统可以实现简化数据处理的任务。

计算机巨大的存储能力和数据库系统的快速查询可以容易地找到材料数据。20 世纪 80 年代美国国家材料顾问委员会的报告《材料特性数据管理——紧急的需要》提出了材料数据应作为国家的资源以及在美国主要的工作是有效地管理和存储材料数据。有了材料数据库，设计人员可以迅速准确地找到所需材料的相关信息，避免了四处查找手册的麻烦。

为了实现计算机辅助选材，要实时更新材料数据，保证存储的数据全面有效，防止漏选；用于选材的数据库除了具备基本的查询功能外，还可以在经验公式的基础上进行一定的推理、预测和比较等,即具有一定的智能,除了给出系统认为的最佳材料外,还要能给出几种相似的可用材料,让用户可以结合工程实际进行必要的分析和判断,找出最为合适的材料;人机界面要简洁,用户不必掌握复杂的计算机细节就可以直接使用,这样可以直接为普通设计人员所用,起到辅助选材的作用。

思考题

1. 零件有几种失效形式?
2. 材料选择的三原则是什么?
3. 什么是尺寸效应、质量效应和形状效应?
4. 经济性是否就是材料价格?
5. 什么是可靠性?如何表征?
6. 节能有几种途径?
7. 如何在设计中节约材料?
8. 有哪些半经验选材方法?
9. 零件的使用性能与材料性能有什么区别?
10. 备件消耗过多或过少有什么问题?
11. 说明无盈亏分析。

参考文献

[1] 刘瑞堂, 刘锦云. 金属材料力学性能[M]. 哈尔滨：哈尔滨工业大学出版社，2014.
[2] 齐民, 于永泗. 机械工程材料[M]. 大连：大连理工大学出版社，2017.
[3] 张新平, 颜银标. 工程材料及热成形技术[M]. 北京：国防工业出版社，2011.
[4] 张彦华. 工程材料学[M]. 北京：科学出版社，2010.
[5] 蔡启舟, 吴树森. 铸造合金原理及熔炼[M]. 北京：化学工业出版社，2020.
[6] 朱张校, 姚可夫. 工程材料[M]. 北京：清华大学出版社，2011.
[7] C.莱因斯, M.皮特尔斯. 钛与钛合金[M]. 陈振华, 译.北京：化学工业出版社，2005.
[8] 陈振华. 变形镁合金[M]. 北京：化学工业出版社，2005.
[9] 刘秀晨, 安成强. 金属腐蚀学[M]. 北京：国防工业出版社，2002.
[10] 于惠力. 机械设计与材料选择及分析[M]. 北京：机械工业出版社，2019.
[11] 杨瑞成, 邓文怀, 冯辉霞. 工程设计中的材料选择与应用[M]. 北京：化学工业出版社，2004.
[12] 钟顺思, 王昌生. 轴承钢[M]. 北京：冶金工业出版社，2000.
[13] C.罗格, 里德. 高温合金基础与应用[M]. 何玉怀, 赵文侠, 曲士昱, 译. 北京：机械工业出版社，2016.
[14] 崔春翔, 赵立臣. 镁合金生物材料制备及表面处理[M]. 北京：科学出版社，2013.
[15] 谢敬佩. 耐磨奥氏体锰钢[M]. 北京：科学出版社，2008.
[16] 张永振, 沈百令. 蠕墨铸铁的干摩擦[M]. 北京：科学出版社，1995.
[17] 赵忠魁. 含锂铝合金的组织与性能[M]. 北京：国防工业出版社，2013.
[18] 刘锦云. 结构材料学[M]. 哈尔滨：哈尔滨工业大学出版社，2008.
[19] 卡曼奇U. 曼德里, R.贝德威. 高氮钢和不锈钢：生产、性能与应用[M]. 李晶, 黄运华, 译. 北京：化学工业出版社，2006.
[20] 连法增. 工程材料学[M]. 沈阳：东北大学出版社，2005.
[21] 钟平, 肖葵, 董超芳, 等. 超高强度钢组织、性能与腐蚀行为[M]. 北京：科学出版社，2014.
[22] 杨道明. 金属力学性能与失效分析[M]. 北京：冶金工业出版社，1991.
[23] 张俊善. 材料的高温变形与断裂[M]. 北京：科学工业出版社，2007.
[24] 齐宝森, 张琳, 刘西华. 新型金属材料：性能与应用[M]. 北京：化学工业出版社，2015.
[25] 孙希泰. 材料表面强化技术[M]. 北京：化学工业出版社，2005.
[26] 陆世英. 不锈钢概论[M]. 北京：化学工业出版社，2013.
[27] 张俊善. 材料强度学[M]. 哈尔滨：哈尔滨工业大学出版社，2004.
[28] 孙茂才. 金属力学性能[M]. 哈尔滨：哈尔滨工业大学出版社，2003.
[29] J.P.谢弗. 工程材料科学与设计[M]. 于永宁, 等译. 北京：机械工业出版社，2003.
[30] 姚寿山, 李戈扬, 胡文彬. 表面科学与技术[M]. 北京：机械工业出版社，2005.
[31] 李铁藩. 金属高温氧化和热腐蚀[M]. 北京：化学工业出版社，2003.
[32] 郝石坚. 现代球墨铸铁[M]. 北京：煤炭工业出版社，1989.
[33] 黄伯云. 钛铝基金属间化合物[M]. 长沙：中南工业大学出版社，1998.
[34] 刘正, 张奎, 曾小勤. 镁基轻质合金理论基础及其应用[M]. 北京：机械工业出版社，2002.
[35] 宋琳生. 电厂金属材料[M]. 北京：中国电力出版社，2006.
[36] 王祖滨, 东涛. 低合金高强度钢[M]. 北京：原子能出版社，1996.
[37] 罗海文, 沈国慧. 超高强高韧化钢的研究进展和展望[J]. 金属学报，2020，56（4）：494-512.